Chris McChesney | Sean Covey | Jim Huling | Andreas Maron

Die 4 Disziplinen der Umsetzung

Chris McChesney | Sean Covey | Jim Huling | Andreas Maron

Die 4 Disziplinen der Umsetzung

Strategien sicher umsetzen
und Ziele erfolgreich erreichen

Übersetzung
aus dem amerikanischen Englisch
von Almuth Braun

REDLINE | VERLAG

Bibliografische Information der Deutschen Nationalbibliothek:
Die Deutsche Nationalbibliothek verzeichnet diese Publikation in der Deutschen Nationalbibliografie; detaillierte bibliografische Daten sind im Internet über **http://d-nb.de** abrufbar.

Für Fragen und Anregungen:
lektorat@redline-verlag.de

1. Auflage 2016

Nymphenburger Straße 86
D-80636 München
Tel.: 089 651285-0
Fax: 089 652096

Übersetzung: Almuth Braun
Redaktion: Desirée Simeg, Gersthofen
Umschlaggestaltung: Melanie Melzer, München
Satz: Helmut Schaffer Grafik + Satz, Hofheim a. Ts.
Druck: CPI books GmbH, Leck
Printed in Germany

ISBN Print 978-3-86881-622-8
ISBN E-Book (PDF) 978-3-86414-879-8
ISBN E-Book (EPUB, Mobi) 978-3-86414-878-1

Weitere Informationen zum Verlag finden Sie unter

www.redline-verlag.de

Beachten Sie auch unsere weiteren Imprints unter
www.muenchner-verlagsgruppe.de

Inhalt

Für Jim Stuart, unseren Freund und Kollegen und Urheber dieser Inhalte – für deine Brillanz, deine Erkenntnisse und deine Leidenschaft für eine exzellente Umsetzung.

Stimmen über *Die 4 Disziplinen der Umsetzung*

»Anstelle der kontrollorientierten Top-down-Managementtechniken des Industriezeitalters bieten die ›4 Disziplinen‹ im Zeitalter der Wissensarbeiter einen Ansatz zur Umsetzung von Zielen und Strategien, der die Eigenverantwortlichkeit fördert. Dabei handelt es sich um einen Ansatz, der Herz und Verstand aller Beteiligten auf ein gemeinsames Ziel ausrichtet – etwas, was ich in dieser Form noch nicht erlebt habe. Wirklich ein profundes Buch!«

Stephen R. Covey, Nummer eins auf der Bestsellerliste der New York Times *mit dem Titel* The 7 Habits of Highly Effective People *und* The 3rd Alternative: Solving Life's Most Difficult Problems

»Das Modell Die 4 Disziplinen der Umsetzung *besticht und überzeugt durch seine Einfachheit und seine Praxisnähe. Der Ansatz lässt sich auf alle Bereiche der Arbeitswelt anwenden und hat sich in unserem Unternehmen als unentbehrliches Werkzeug für alle Führungskräfte hervorragend bewährt. Die weltweite Einführung und die permanente Pflege dieses Prozesses hat viel zur effektiven Teamarbeit und zum wirtschaftlichen Erfolg von Georg Fischer beigetragen, dies dank der Schaffung einer gemeinsamen Sprache und dem Verständnis über das, was wirklich zählt, um auf Erfolgskurs zu bleiben. Dieses Buch beschreibt detailliert ein erprobtes Werkzeug für die Umsetzung aller strategischen Ziele.«*

Dr. Alain M. Ritter, Head Strategic Learning, Georg Fischer AG, Switzerland

»Ich würde darauf wetten, dass sich die Einführung der 4 Disziplinen der Umsetzung *in der Rückwärtsbetrachtung noch zu*

einer der wichtigsten Meilensteine der Unternehmensgeschichte entwickeln wird. Die Methodik passt zu 100 Prozent zu unserer Idee und unserer Unternehmenskultur. Während des gesamten Prozesses war FranklinCovey sowohl von der emotionalen als auch von der professionellen Seite ein außergewöhnlicher Partner.«

Sam Zibuschka, Geschäftsführer ePunkt

»Marriott wurde mit der Philosophie ›Pflege deine Mitarbeiter und sie werden deine Kunden pflegen‹ gegründet. Mit den Prinzipien aus Die 4 Disziplinen der Umsetzung *können wir unseren Mitarbeitern wirksame Instrumente an die Hand geben, damit sie auf den für uns wichtigsten Aspekt fokussiert bleiben: die Erfahrung, ›unser Gast‹ zu sein. Ich kann dieses Buch nur jedem empfehlen, der bahnbrechende Ergebnisse anstrebt.«*

David Grissen, Präsident des Amerikageschäfts,
Marriott International, Inc.

»Die Umsetzung stets im Blick zu behalten ist die wichtigste Aufgabe für jede Führungsperson. Dieses Buch bietet Führungskräften, die sich auf ihre wichtigsten Ziele konzentrieren wollen, eine hervorragende Orientierung. Es ist ein praktischer Leitfaden, um über alle Ebenen und Bereiche der Organisation hinweg eine Kette der Verantwortlichkeit zu erzeugen. Es ist für Europa ebenso relevant wie für den Rest der Welt; es ist eine ausgezeichnete Lektüre und eine hervorragende Methode zur Erzielung überzeugender Ergebnisse.

Sanna Rydberg, Head of Healthcare, Subregion Nordeuropa,
AGA Gas AB, ein Unternehmen der Linde-Gruppe

»Jenseits aller Theorie ist Die 4 Disziplinen der Umsetzung *ein wirklich nützlicher Leitfaden für die Strategieumsetzung. Mit seiner Hilfe konnte unsere Organisation sich auf jene Themen konzentrieren, die für die Erreichung unserer Ziele wirklich wichtig sind. Dieses Buch ist ein hervorragendes Instrument, das unseren Führungskräften dabei hilft, die häufigsten Fallstricke bei der Umsetzung unserer Strategie zu vermeiden, welche unsere vielfältigen Geschäftsbereiche weltweit mit sich bringen.«*

Dr. Pietro Lori, Präsident, Georg Fischer Piping Systems

»Nach ungefähr sieben Monaten, in denen wir mit den 4 Disziplinen der Umsetzung *gearbeitet haben, haben wir in meinem Bereich die folgenden Verbesserungen erzielt: Kosteneinsparungen zwischen 5,9 und 26,1 Prozent und eine Ergebnisverbesserung zwischen 3,7 und 43,3 Prozent. Das wichtigste Ergebnis war jedoch eine deutliche Steigerung des Engagements und des Vertrauens unserer Mitarbeiter.«*

Per Birkemose, Regional Manager, Euromaster Dänemark

»In unserem Geschäftsumfeld, das sich durch stete Veränderung und ständig wechselnde und neue Informationen auszeichnet, haben wir mithilfe von Die 4 Disziplinen der Umsetzung *eine deutliche Verbesserung der organisationalen Effizienz erzielt, und zwar durch die Priorisierung unserer Ziele und die Formulierung transparenter Ziele und Maßnahmen unter enger Einbindung unserer Mitarbeiter.«*

Jens Erik Pedersen, Senior Vice President,
Power Production, Dong Energy, Dänemark

»Die praktische Orientierung, die Die 4 Disziplinen der Umsetzung *in Bezug auf Zielsetzung und Zielmessung bieten,*

überzeugt die Beteiligten auf allen Ebenen unserer Organisation. Zahlreiche Teams haben diesen intuitiven Ansatz angewandt, um Engagement zu erzeugen und die praktische Umsetzung und Verantwortlichkeit zu steigern.«

Dave Dillon, Chairman und CEO, The Kroger Co.

»Wir glauben, dass Die 4 Disziplinen der Umsetzung der Schlüssel zu Wachstum und Erfolg sind. Jahrelang haben wir uns bemüht, unsere Mitarbeiter dauerhaft zu fokussieren. Wir haben Priority-Sheets, Standards-of-Performance-Indikatoren und andere Methoden verwendet. Wir sind von den Konzepten ›Wirbelsturm‹ und ›WIG‹ vollkommen begeistert! Wenn Sie dieses Buch lesen, werden Sie die Arbeit und das Leben mit völlig anderen Augen sehen!«

Danny Wegman, CEO, Wegmans Food Markets, Inc.,
Nummer eins auf der Fortune-Liste der
»100 besten Arbeitgeber« von 2005

»Sie haben kein Strategieproblem, Sie haben ein Umsetzungsproblem! Die 4 Disziplinen der Umsetzung liefern Ihnen alles, was Sie wissen müssen, um Ihre wichtigsten Ziele zu verwirklichen. Dieses einfache und effektive Modell ist leicht verständlich, leicht anzuwenden und führt zu Ergebnissen. Ich habe es in meiner Organisation und in meinem Privatleben mit meiner Familie angewendet. Es funktioniert!«

Richard Stocking, President und COO, Swift Transportation

»Ich habe viele hervorragende Initiativen scheitern sehen, weil der Übergang von der Strategie zur Umsetzung nicht geklappt hat. Die Autoren dieses Buchs haben einen realitätsorientierten, praktischen Leitfaden für die Überwindung von Hindernis-

sen auf dem Weg zur Zielerreichung formuliert. Während der Lektüre dachte ich immer wieder: ›Ich wünschte, ich hätte diese Methode schon vor zehn Jahren gekannt.‹«

Terry D. Scott, 10th Master Chief Petty Officer of the Navy, April 2002 bis Juli 2006, im Ruhestand

»Wenige Dinge im Geschäft sind schwieriger, als eine Handvoll einfacher Handlungen zu finden, die jeder Mitarbeiter durchführen kann, damit das Unternehmen seine wichtigsten Ziele erreicht. Die 4 Disziplinen der Umsetzung *liefert einen einfachen, vernünftigen Weg zur Erzielung echter Ergebnisse.«*

Rob Markey, Partner, Bain & Company und Koautor von The Ultimate Question 2.0

»Die Methodologie und der Prozess, die in Die 4 Disziplinen der Umsetzung *enthalten sind, haben sich für unsere Organisation als extrem nützlich erwiesen. Das hat uns in die Lage versetzt, unsere wichtigsten Ziele aufeinander abzustimmen und über alle Ebenen unserer Organisation zu transportieren. Das hat zu einer deutlichen Verbesserung des Mitarbeiterengagements, des Kundenservice und der Projektumsetzung geführt. Im Rahmen unserer nachhaltigen Investitionen in unsere Mitarbeiter ist und bleibt dieser Prozess von zentraler Bedeutung für die Erreichung unserer Unternehmensziele.«*

Andrew Frawley, President, Epsilon

»Ich habe den Prozess und die Prinzipien, die in diesem Buch beschrieben werden, viele Jahre lang angewandt und kann bestätigen, dass sie ein großartiges Konzept darstellen, das Unternehmen dabei hilft, ihre strategischen Ziele zu erreichen.«

Roger Morgan, President und CEO, Retail Products Group

»Die 4 Disziplinen der Umsetzung *ist ein praktischer Leitfaden für organisationelle Exzellenz. Er liefert eine einfache, leicht umsetzbare Erfolgsmethode auf allen Organisationsebenen. Der Prozess erzeugt einen strikten Fokus und führt zu ungewöhnlichen Ergebnissen. Zwar wird der Begriff ›proaktiv‹ in Unternehmen reichlich überstrapaziert, aber selten umgesetzt. Der 4DX-Prozess erzeugt hingegen tatsächlich eine proaktive Dynamik und nachhaltige Ergebnisse.*«

Matt Oldroyd, President und CEO, Partsmaster

»*Nach 35 Jahren in der Verwaltung in akademischen Ausbildungsinstituten und einer zunehmenden Managementverantwortung sowohl an einer privaten als auch einer staatlichen Universität habe ich gelernt, dass die größte Hürde, mit der jede Führungskraft in der akademischen Bildung konfrontiert ist, die Umsetzung ist – das heißt konstant und erfolgreich die strategischen Kernziele der Institution zu verwirklichen. Zwar beginnt das Buch* Die 4 Disziplinen der Umsetzung *mit Theorie, und das muss es auch, aber der für Führungskräfte der Verwaltung von akademischen Bildungseinrichtungen wertvollste Beitrag ist der eindrucksvolle Fokus auf die Grundlagen des Umsetzungsprozesses. Aus diesem Grund ist das Buch Pflichtlektüre für jede Führungskraft in der Verwaltung von Colleges und Universitäten mit Verantwortung für die Erreichung strategischer Ziele.*«

Angelo Armenti jr., Ph. D., President,
California University of Pennsylvania

»*Meine erste Erfahrung mit den 4 Disziplinen der Umsetzung hatte ich in einem Meeting mit einer Gruppe Frontline-Manager, die über ihre ersten Halbjahresergebnisse berichteten. Ich sah einen Raum voller Sieger. Nach der Anwendung dieser Diszipli-*

nen und dieser Methodologie in meiner gesamten Organisation konnten wir trotz Personalabbau eine Verbesserung des Mitarbeiterengagements und der Teamarbeit verzeichnen. Außerdem konnten wir unsere anspruchsvollen Geschäftsziele erreichen.«

Alex M. Azar II, President, Lilly USA, LLC

»Die 4 Disziplinen der Umsetzung *ist ein bahnbrechender Führungsansatz, mit dem Strategien in die Praxis umgesetzt werden können. Auf Basis umfassender Recherchen enträtselt das Buch die Umsetzung von Wissen in Handeln. Mit diesem Ansatz wird jeder zum Gewinner! Und was das Wichtigste ist: Die Mitarbeiter engagieren sich stärker für ihre Arbeit, weil sie klar erkennen und erleben, dass ihre Anstrengungen und Ergebnisse zur Umsetzung der Unternehmensstrategie beitragen. Ihre Arbeit gewinnt an Bedeutung. Sie trägt zum Team bei und die Mitarbeiter können stolz auf ihre Leistungen sein.«*

Tom Halford, General Manager
and Marketing, Whirlpool

»Nach Jahren der Arbeit in Organisationen, die sich Exzellenz zum Ziel gesetzt hatten, empfehle ich dringend die Lektüre von Die 4 Disziplinen der Umsetzung*! Es ist eine wahrhaft praktische Anleitung für Teams, die sich vorgenommen haben, ihre kühnsten Träume umzusetzen, und Pflichtlektüre für Unternehmensführer, die beschlossen haben, wirklich Großes zu leisten!«*

Ann Rhoades, President, People Ink, ehemalige
Excecutive Vice President von JetBlue, ehemalige CPO
von Southwest Airlines und Autorin von Built on Values

»Ich kämpfe immer darum, meine Unternehmensmission umzusetzen … und frage mich, warum das nicht geschieht … Jetzt, mit 4DX, erübrigt sich diese Frage. Mein Team und ich sind uns sicher, dass wir unsere Hauptbeiträge und damit unser Hauptziel gewinnen.«

Nirranjan Kani, Executive Director,
VVD and Sons Pvt Ltd

Hinweise für den Leser

Gelegentlich werden in diesem Buch Personen oder Unternehmen genannt, die als illustrative Beispiele der Erfahrungen der Autoren dienen. Sie sollen jedoch keine bestimmte Person oder Organisation repräsentieren.

Videoinhalte stehen unter www.4dxbook.com zur Verfügung. Der Aufruf kann mit Kosten verbunden sein. Die Videoinhalte sind unter Umständen nicht unbegrenzt abrufbar.

Vorwort zur deutschen Ausgabe

Führungskräfte stehen vor großen Herausforderungen: Einerseits gilt es mit Hilfe von strategischen Zielen die Organisation zu optimieren, andererseits durchkreuzen kurzfristige Anforderungen immer wieder das Tagesgeschäft und sind nicht selten äußerst zeit- und kraftraubend. Wir bezeichnen dieses Phänomen als »Wirbelwind«. Dieser kostet uns alle eine Menge Energie und Zeit und führt zu großen Ablenkungen.

Wie also halten wir das Unternehmensziel im Blick und schaffen es gleichzeitig, dem täglichen Wirbelwind zu entkommen? Wir müssen neu denken! Und dazu bedarf es klarer und zugleich anwendbarer Prinzipien, an denen wir uns orientieren, um unsere kostbare Zeit, unsere Aufmerksamkeit und Energie mit höherer Wirksamkeit für die Ziele unseres Unternehmens zu nutzen.

Basierend auf den erprobten Managementprinzipien der *7 Wege der Effektivität* identifizieren die vier FranklinCovey-Autoren Sean Covey, Chris McChesny, Jim Huling und Andreas Maron die *4 Disziplinen der Umsetzung* und eröffnen damit neue und effektive Werkzeuge hin zur erfolgreichen Umsetzung unternehmerischer Ziele. Sie vermitteln dabei Methoden, die Ihnen helfen, sich auf das Wichtigste zu fokussieren anstatt auf Dringendes zu reagieren: ein anspruchsvoller Prozess, der nicht über Nacht geschieht und kontinuierlich geübt werden möchte. Das vorliegende Buch unterstützt Sie dabei, sich im Wirbelwind des Tagesgeschäfts zu orientieren, auf das Wichtigste zu fokussieren und leitet Sie hin zur erfolgreichen Umsetzung Ihrer Unternehmensziele.

Das FranklinCovey Leadership Institut ergänzt die Lektüre des vorliegenden Buches um Seminare und Trainingsprogramme für den Einzelnen sowie für Organisationen rund um Unternehmenskultur. Dabei sind unterschiedliche Wege möglich: von Online-Learning über trainergeführte Workshops bis hin zu Transformationsprozessen ganzer Organisationen. Selbstverständlich immer begleitet durch unsere erfahrenen Berater und Trainer. Darüber hinaus entwickelt FranklinCovey auch maßgeschneiderte Programme zur Führungskräfteentwicklung auf allen Ebenen des Unternehmens vom Topmanagement bis hin zum Führungsnachwuchs.

Viel Freude beim Umdenken und beim Erreichen Ihrer Unternehmensziele durch die *4 Disziplinen der Umsetzung*. Behalten Sie dabei das Ziel im Auge und denken Sie daran: Veränderungen passieren nicht über Nacht. Wenn wir Sie dabei unterstützen können, lassen Sie es uns wissen.

Hans-Dieter Lochmann, President und CEO
FranklinCovey Leadership Institut GmbH, Grünwald
Deutschland Schweiz Österreich

info@franklincovey.de / www.franklincovey.de

Vorwort Prof. Clayton Christensen

> Die 4 Disziplinen der Umsetzung *bieten mehr als Theorie für die strategische Entwicklung von Organisationen. Die Autoren erklären nicht nur was das Ziel ist, sondern auch wie effektive Umsetzung erreicht wird. Anhand von zahlreichen Beispielen zeigen sie, wie das immer und immer wieder erfolgreich gelingt. Ein Buch, das jede Führungskraft lesen sollte.*
>
> *Clayton Christensen, Professor, Harvard Business School, Autor von* The Innovators Dilemma

Andy Grove, einer der Intel-Gründer und langjähriger CEO und Vorsitzender des Chipherstellers, hat mir Außergewöhnliches beigebracht. Ich erinnere mich zum Beispiel an ein Meeting mit ihm und einigen seiner engen Mitarbeitern zur Einführung des Celeron Microprozessors. Ich war zu der Zeit Berater. Die Theorie der »*Disruption*« wurde damals als Bedrohung von Intel wahrgenommen. Zwei Firmen – AMD und Cyrix – hatten durch niedrigpreisige Chips den Halbleitermarkt angegriffen, einen anständigen Marktanteil erobert und entwickelten sich rasch weiter. Intel war also im Zugzwang.

Während der Pause fragte mich Grove: »Wie gehe ich damit um?« Ich antwortete, dass er eine neue unabhängige Geschäftseinheit gründen solle, die flexibel und mit einem eigenen Vertrieb agieren könne. Andy entgegnete in seiner typischen ruppigen Stimme: »Du bist so ein naiver Wissenschaftler. Ich habe gefragt, wie ich es tun soll, und du antwortetest, was ich tun soll.« Er fluchte weiter: »*Ich weiß, was ich zu tun habe. Ich weiß nur nicht, wie ich es tun soll.*«

Ich fühlte mich so, als ob ich einem Gott gegenüberstand, ohne mich verstecken zu können. Grove hatte Recht. Ich war tatsächlich ein naiver Wissenschaftler. Ich hatte gerade gezeigt, dass ich den Unterschied zwischen *was* und *wie* nicht kannte. Als ich zurück nach Boston flog, dachte ich darüber nach, ob ich den Fokus meiner wissenschaftlichen Arbeit auf das »Wie« verlegen sollte. Ich verwarf die Idee, da ich mir wirklich nicht vorstellen konnte, wie ich eine Theorie des »Wie« entwickeln könnte. Der Fokus meiner Recherche blieb weiterhin auf dem »Was«, also auf der Strategie, und ist sehr produktiv. Die allermeisten Wissenschaftler, Berater und Autoren präsentieren statische Blicke auf strategische Themen – Momentaufnahmen von Technologien, Unternehmen und Märkten. Diese Momentaufnahmen beschreiben zu einem bestimmten Zeitpunkt die Eigenschaften und Vorgehensweisen erfolgreicher Firmen und Führungskräfte im Gegensatz zu weniger erfolgreichen. Das impliziert immer, dass man – wenn man Erfolg haben will – sich an den besten Firmen und den erfolgreichsten Firmen orientieren solle.

Meine Kollegen und ich haben diese »fotografische« Darstellung stets gemieden. Wir ziehen es vor, »Filme« von Strategien zu machen. Es sind jedoch keine typischen Filme wie im Kino, wo man Geschichten von Produzenten und Drehbuchautoren sehen kann. Unsere Harvard-»Filme« sind Theorien. Sie beschreiben, warum Dinge passieren. Diese Theorien sind in den Filmen enthalten. Im Gegensatz zu Kinofilmen, die von Spannung und Überraschung leben, sind unsere Filme komplett vorhersehbar. Man kann sogar die Akteure in unseren Filmen ersetzen – andere Menschen, Firmen und Branchen – und den Film noch einmal sehen. Man kann die Handlungen der Akteure bestimmen. Da die Handlungen dieser Filme auf Theorien und kausalen Zusammenhängen basieren, sind die Resultate komplett vorhersehbar.

Langweilig – finden Sie? Vielleicht, wenn Sie nach Unterhaltung suchen. Aber Manager, die wissen müssen, ob ihre Strategie – also das

Was ihrer Arbeit – die richtige oder falsche ist, brauchen so viel Sicherheit wie möglich. Theorie ist wie eine Handlung, die man zurückdrehen und wiederholen kann, um besser zu verstehen, was und warum Dinge zu einem bestimmten Zeitpunkt passiert sind. Auch kann man mit dieser Art von Filmen, in die Zukunft blicken. Man kann Pläne ändern – je nach vorhersehbarer Situation – und sehen, was dann passiert.

Ohne prahlen zu wollen, glaube ich dass es fair ist zu sagen, dass unsere Recherche zu Strategie, Innovation und Wachstum vielen Managern geholfen hat, die sich Zeit genommen haben zu verstehen, wie die Theorien, oder Filme von Strategien mehr oder weniger erfolgreich wurden als ursprünglich gedacht.

Was bleibt ist das »Wie« des Managements in Zeiten des Wandels. Dieses »Wie« wurde bislang selten untersucht. Bis zu diesem Buch. Der Grund, warum gute Recherche über das »Wie« sich so langsam entwickelt hat, liegt in den Anforderungen der Messbarkeit. Kausale Strategietheorien – das »Was« – entstehen typischerweise aus der tiefgründigen Kenntnis *eines* Unternehmens. Im Gegensatz dazu entsteht das »Wie« des strategischen Wandels interessanterweise in jedem Unternehmen. Eine Theorie des »Wie« zu entwickeln, bedeutet, dass man dieses Phänomen nicht nur einmal untersuchen kann. Man kann nämlich vom »Wie« keine Schnappschüsse machen. Man muss tatsächlich jedes *Detail* immer wieder untersuchen, über viele Jahre und in vielen Unternehmen. Die Schwierigkeit dieses Unterfangens begründet, warum ich und viele andere Forscher das »Wie« des strategischen Wandels ignoriert haben. Wir konnten es nicht untersuchen. Hier ist der Weitblick, der Einblick und die Erfahrungen hinsichtlich der Messbarkeit eines Unternehmens wie FranklinCovey gefragt.

Aus diesem Grund freue ich mich über dieses Buch. Es ist kein Buch voller Anekdoten über Firmen, die einmalig Erfolg hatten. Nein, dieses Buch enthält eine Theorie der Kausalität darüber, wie effektive Umsetzung erreicht werden kann. Die Autoren haben uns keine Schnappschüsse präsentiert, sondern echte Filme, die man wiederholen und von Neuem studieren kann. Filme, in die man Sie als Führungskraft, Ihr Unternehmen und Ihre Mitarbeiter einbauen kann. Und in denen man sich die Zukunft ansehen kann. Dieses Buch entstand aus intensiven Studien in zahlreichen Unternehmen, in denen diese über viele Jahre das »Wie« durchgeführt haben: Unternehmen für Unternehmen, Industrie für Industrie, Abteilung für Abteilung.

Ich hoffe, dieses Buch gefällt Ihnen genauso gut, wie es mir gefallen hat.

Clayton Christensen
Harvard Business School

Strategie und Umsetzung

Zwei entscheidende Faktoren beeinflussen die Zielerreichung: die Strategie (beziehungsweise der Plan), die zum Ziel führen soll, und die Fähigkeit der Verantwortlichen, diese Strategie umzusetzen.

Denken Sie einen Moment nach und beantworten Sie sich die folgende Frage: Mit welchem Aspekt tun sich Manager schwerer: mit der Entwicklung einer Strategie oder mit deren Umsetzung? Jedes Mal, wenn wir Managern irgendwo auf der Welt diese Frage stellen, erhalten wir prompt die Antwort: »Mit der Umsetzung!« Und nun stellen Sie sich eine zweite Frage: Was haben Sie in Ihrer MBA- oder einer ähnlich gearteten Ausbildung intensiver gelernt: Umsetzung oder Strategie? Auch diese Frage ist schnell beantwortet: Strategie! Kein Wunder, dass der Bereich, der Managern die größte Mühe bereitet, zugleich derjenige ist, in dem sie am wenigsten ausgebildet wurden.

Nach unserer Zusammenarbeit mit Tausenden von Managern und Mitarbeiterteams in allen erdenklichen Industrien, Bildungsinstituten und Regierungsbehörden weltweit haben wir eines gelernt: Wenn Sie Ihr Ziel und die Strategie zu seiner Erreichung definiert haben, besteht die größte Herausforderung darin, Ihre Mitarbeiter dazu zu bewegen, diese Strategie mit der angestrebten Exzellenz umzusetzen. Doch warum ist die Umsetzung so schwierig? Wenn die Strategie klar ist und Sie als Manager den notwendigen Anschub zu ihrer Umsetzung leisten, sollte man dann nicht annehmen, dass Ihr Team sich für die Zielerreichung engagiert? Die Antwort lautet »Nein« – und es ist sehr wahrscheinlich, dass Ihre eigenen Erfahrungen das mehr als einmal bestätigt haben.

Das vorliegende Buch liefert Ihnen die gesammelten Erkenntnisse unserer langjährigen Erfahrung, die leicht umsetzbar und höchst effektiv sind. Sie werden eine Reihe von Disziplinen kennenlernen, die von vielen Tausend Führungskräften und Hunderttausenden von Mitarbeitern an der Basis außerordentlich erfolgreich angewandt wurden.

Ein Brief

Uli Seeberger, Eigentümer und CEO von Seepex, schreibt diesen Brief:

Ich kann mich noch gut daran erinnern, als ich das Buch *The 4 Disciplines of Execution* zum ersten Mal gelesen habe.

Mein Gefühl sagte mir schnell, dass ich hier etwas in den Händen hatte, was unser erfolgreiches mittelständisches Familienunternehmen für das notwendige gesunde Wachstum in den nächsten Jahren und Jahrzehnten würde rüsten können. Es war bestimmt nicht so, dass wir in den letzten Jahrzehnten einen schlechten Job gemacht hätten. Wir sind ein führendes Unternehmen im Bereich Maschinenbau und haben in den letzten Jahren ein Wachstum von durchschnittlich zehn Prozent erreicht.

Aber wie in vielen anderen Unternehmen auch, liegt der Fokus auf der Bearbeitung des operativen Tagesgeschäfts. Unsere strategisch wichtigen Themen, welche unseren zukünftigen Erfolg absichern, stehen immer in Konkurrenz zum Tagesgeschäft und es ist schwierig, sie mit der notwendigen Professionalität durchzuführen. Ich entschloss mich also, diese Art von »Betriebssystem für das Umsetzen wichtigster Ziele« topdown einzuführen.

Ich hatte zunächst mit meinem Managementteam – aus einer Zahl von möglichen strategischen Zielen für den Einstieg der Methodik – ein recht traditionelles Ziel gewählt: Wir wollten den geplanten Umsatz unserer Kern-GmbH konsequent erreichen oder übertreffen. Das erschien uns zunächst am einfachsten, um das System bei uns einzuführen. Bereits der erste Workshop mit den Abteilungsleitern brachte für mich die ersten positiven Überraschungen. Es war schnell zu spüren, dass meine operative Führungsebene positiv auf die Initiative reagierte. Das bestätigte sich auch im Fazit eines Abteilungsleiters: »Jetzt bin ich schon 20 Jahre im Unternehmen, aber zum ersten Mal habe ich das Gefühl, dass wir alle gemeinsam an einem Strang ziehen, anstatt dass jede Abteilung für sich und manchmal sogar gegen eine andere arbeitet!« Genau solche Effekte habe ich mir gewünscht: höheres Engagement in meiner Organisation, bessere Kooperation innerhalb des Unternehmens und – last, but not least – das Erreichen oder Übertreffen des absolut wichtigsten Zieles. Alle drei Effekte trafen gleich im ersten Jahr ein.

Mit dieser Erfahrung wurden wir im zweiten Jahr mutiger und nahmen uns für dieses Umsetzungsbetriebssystem ein paralleles, zweites absolut wichtiges Unternehmensziel vor: die Steigerung der Kundenzufriedenheit. Auch das habe ich als Geschäftsführer nicht einfach vorgegeben, sondern dies haben wir mit der gesamten Führungsmannschaft gemeinsam verabschiedet.

Die Organisation ist dankbar dafür, dass sie sich auf inhaltliche Ziele fokussieren kann, anstatt mit reinen Finanzvorgaben gepusht zu werden. Das mag auf oberster Führungsebene noch funktionieren, auf den operativen Ebenen braucht man primär inhaltlich sinnvolle Ziele für das notwendige Engagement. Nach nun über zwei Jahren Erfahrung mit den 4 Disziplinen der Umsetzung müssen wir sagen, dass wir dieses System in der Organisation nicht mehr missen wollen. Wir fühlen uns bereit, im nächsten Jahr sogar ein drittes strategisches Ziel hinzuzunehmen. Dann werden wir die Implementierungsphase abgeschlossen haben.

Mit der 4DX-Methode haben wir einen Weg gefunden, uns auf die absolut wichtigsten Unternehmensziele zu fokussieren. Jeder Organisationsbereich ist jetzt eigenverantwortlich daran beteiligt und kann mit der notwendigen Disziplin an den Ergebnissen des Unternehmens mitwirken.

Seepex mit Hauptsitz in Bottrop ist weltweit führender Spezialist im Bereich Fördertechnologie. Das Unternehmen entwickelt, produziert und vermarktet weltweit Exzenterschneckenpumpen, Maceratoren und Steuerungssysteme zur Förderung niedrig- bis hochviskoser, aggressiver und abrasiver Medien.

Eine Inspiration

Wir sind ein selbstkritisches und lernendes Unternehmen und in einer dieser kritischen Selbstbetrachtungen mussten wir erkennen, dass unsere größte Schwäche in der klaren Zielsetzung und der konsequenten Umsetzung lag. Auf der Suche nach Literatur zu diesem Thema sind wir auf die *4 Disciplines of Execution* gestoßen und waren von der Theorie sehr angetan – sie erschien uns simpel und effektiv.

Während der 4DX-Zertifizierung mussten wir erkennen, welch außergewöhnliches und kreatives Potenzial in unseren Mitarbeitern schlummerte. Die Ergebnisse haben nicht nur unsere Mitarbeiter begeistert, sondern auch unsere Vorstellungen bei Weitem übertroffen.

So kam es zum Beispiel dazu, dass sich eine Abteilung von Softwareentwicklern plötzlich einen Frühindikator gesetzt hat, der auf ein Vertriebsziel wirkte; das wäre zuvor undenkbar gewesen.

Ein sehr schönes Beispiel ist auch, dass sich eine größere Abteilung mit sehr ambitionierten Umsatzzielen einen Frühindikator gesetzt hat, der die Mitarbeitermotivation beeinflusst. Man ist davon ausgegangen, dass diese Ziele nur erreichbar sind, wenn die Motivation im Team permanent sehr hoch ist.

Nach den ersten Monaten nach Einführung von 4DX habe ich Folgendes beobachtet:

- Die Mitarbeiter empfinden es als hohe Wertschätzung, ihre Ziele und Commitments selbst zu bestimmen.
- Man hat den Mut entwickelt, gegebenenfalls auch Frühindikatoren anzupassen, wenn sich diese nicht so auswirken, wie man sich das vorgestellt hat.
- Es wird durch die Visualisierung viel früher auf negative Entwicklungen am Scoreboard reagiert.
- Es macht viel mehr Spaß zu sehen, wie sich ein Commitment am Scoreboard auswirkt als in einer Excel-Liste.
- Ich kann zu jedem beliebigen Zeitpunkt jeden beliebigen Mitarbeiter nach den Unternehmenszielen befragen und er kennt sie.

Sam Zibuschka, Geschäftsführer ePunkt

Eine Erfahrung

Es gibt besondere Momente im Leben – und diese kommen meist mit außergewöhnlichen Gefühlsregungen einher. So geschehen auch in einem großen Konferenzraum einer deutschen Fabrik eines amerikanischen Nahrungsmittelherstellers.

Im Raum befand sich die höchste deutsche Managementriege des Konzerns und sie erwarteten eine 15-minütige Präsentation über die Ergebnisse einer Initiative, die der damalige Fabrikleiter in einer Nacht-und-Nebel-Aktion einführte, um die Performance der Fabrik signifikant zu steigern.

Ich saß als Gast der Veranstaltung in der Nähe des Podiums und konnte sehr gut beobachten, wie die Managerriege etwas erstaunt dreinblickte, als der Fabrikleiter nach einer kurzen Begrüßung das Wort an einen seiner Schichtleiter in der Fabrik abgab. So etwas hat es scheinbar in diesen Sphären noch nicht gegeben – anders konnte ich mir das Raunen im Raum nicht erklären.

Ich kannte den Schichtleiter sehr gut aus unserer gemeinsamen Projektarbeit der letzten Wochen und aus einem 7-Habits-Kurs, den der Fabrikleiter vor der besagten Initiative zur Steigerung der Performance als Grundlage für die Veränderungen in der Fabrik für alle Mitarbeiter durchführen ließ.

Da stand er nun – zum ersten Mal in seinem Leben vor einer Riege Entscheidungsträger in Anzug, Schlips und gewienerten Schuhen. Der Raum war totenstill und meine eigene Anspannung konnte ich nur durch einen Griff zum Wasserglas etwas besänftigen. Und dann geschah etwas, was ich den Rest meines Lebens nicht vergessen werde: Der Mann, der noch nie in seinem Leben vor so einem Gremium eine Präsentation hielt, ging zunächst zum Flipchart, nahm einen Stift und seine allerersten Worte waren: »Meine Herren, was ist das Ergebnis dieser Gleichung?« Während er mit einer Riesenschrift »1 + 1 = ?« auf das Papier malte.

Fast hätte ich mich am Wasser verschluckt und die Augen der Manager wurden immer größer. Irgendwo aus den hinteren Reihen kam die Antwort »2« und unser Schichtleiter lächelte und sagte: »Das dachte ich bisher auch, aber das stimmt nicht immer.«

Und so begann er seine Präsentation und ich sah niemanden mehr verstohlen auf sein Handy schauen, um die neuesten E-Mails abzurufen. Sie alle schauten nach vorne und waren gespannt auf das, was unser Schichtleiter zu berichten hatte.

Er erzählte davon, wie er zum ersten Mal mit den 4 Disziplinen der Umsetzung in Berührung kam. Er hatte schon viele Initiativen in seiner Zeit in der Firma kommen und gehen sehen. Aber dieser Ansatz erschien ihm von Anfang an plausibel. Er erzählte davon, wie er von seinem Abteilungsleiter in einer Sitzung für alle Schichtleiter das absolut wichtigste strategische Abteilungsziel, abgeleitet vom strategisch wichtigsten Fabrikziel, vorgestellt bekam und nun vor der Aufgabe stand, für sein Team der Mehlverpackung zwei eigene Team-WIGs zu definieren (Disziplin 1), dann sich mit seiner Mannschaft passende Frühindikatoren beziehungsweise Hebel zu überlegen, wie sie diese beiden strategischen Teamziele wohl erreichen könnten (Disziplin 2), ein einfaches, aber motivierendes Scoreboard zu entwickeln, um im Tosen des Tagesgeschäfts immer zu wissen: »Gewinnen wir oder verlieren wir?« (Disziplin 3), und schließlich ein kurzes regelmäßiges Meeting einzuberufen, um sich und sein Team gegenseitig immer wieder verantwortlich für ihre beiden Teamziele zu halten.

Er blendete schließlich seine ersten Slides ein und erzählte davon, wie sie diesen Prozess relativ schnell bei sich etablierten. Auf dem ersten Slide zeigte er die Resultate für das Teamziel #1: »Wir reduzieren die Überschussmenge bei der Mehlversackung von acht Prozent auf drei Prozent.« Die Slides zeigten grafisch, wie sie nach vier Monaten das Ziel nicht nur erreicht, sondern sogar übertroffen haben. Der aktuelle Wert stand sogar bei 2,1 Prozent und er zeigte sich optimistisch, diesen Wert in den kommenden Monaten sogar noch weiter zu reduzieren.

Weiterhin berichtete er mit Stolz, dass ihnen in den regelmäßigen »WIG-Sessions« (ein kurzes wöchentliches Meeting, um sich gegenseitig verantwortlich zu halten) sogar die Idee für eine Verfahrensänderung gekommen sei, die sie nicht nur dem Ziel näherbrachte, sondern auch noch die geplante Investition einer neuen Abpackmaschine überflüssig machte. Als unser Schichtleiter dann auch noch ein Slide zeigte, in der er penibel aufführte, welche Kosten in Euro der Konzern in den nächsten drei Jahren durch die Zielerreichung einsparen würde und welche Investitionssumme durch die Teamkreativität für andere Zwecke genutzt werden könne, konnten sich einige Manager im Raum nicht zurückhalten und quittierten diese Ausführungen mit spontanem Applaus.

Der Schichtleiter bedankte sich verlegen und präsentierte noch kurz die Ergebnisse des zweiten von ihm selbst gewählten Teamziels: »Wir steigern die Mitarbeiterzufriedenheit in unserem Team von derzeit 4,7 auf über 8 auf unserer internen 10er-Skala.«

Auch hier zeigte er anhand seines Team-Scoreboards den aktuellen Wert von 8,5 und berichtete mit bewegter Stimme, wie der Prozess der 4 Disziplinen der Umsetzung ihnen geholfen hat, sich weniger über die Probleme des Alltags zu echauffieren, sondern sich stattdessen auf die gemeinsamen wichtigsten Ziele und deren Umsetzung zu konzentrieren. »Ich habe in den letzten Monaten gelernt, dass nichts so produktiv ist wie das Gefühl zu gewinnen«, sagte er, während er langsam wieder zu seinem Flipchart zu Beginn schritt und schrieb: »1 + 1 = 100«. – »Das, meine Herren, ist die Formel für Synergie! Danke für die Aufmerksamkeit.«

Ich bezeichne diesen Moment bis heute als die schönste Erfahrung in meiner beruflichen Karriere – egal ob als Manager in meinen früheren Konzernen oder jetzt als Berater bei FranklinCovey.

»You manage things, but you lead people.« Diese Kurzfassung eines berühmten Satzes von Peter Drucker führt mir immer wieder vor Augen, dass unser Erfolg in den Unternehmen immer noch nicht von der Technologie, sondern immer noch vom Engagement unserer Mitarbeiter abhängt.

Menschen in ihrem Potenzial zu erkennen und mit ihnen als Partner eine Unternehmensmission, -vision, -strategie erfolgreich umzusetzen, ist eines der großartigsten Dinge, die wir als Führungskräfte tun können.

Der damalige Fabrikleiter Jake hatte diese Grundhaltung. Er ist bis heute für mich ein Vorbild als Mensch und als Führungskraft. Er glaubte an ein System wie die »4 Disziplinen der Umsetzung«, um sowohl die wichtigsten strategischen Ziele im Kampf gegen das Tagesgeschäft umzusetzen und gleichzeitig das Engagement seiner Mannschaft zu steigern. Er glaubte nicht nur daran, sondern er hatte die eigene Kraft und Disziplin, das System gegen alle Widerstände zu etablieren.

Hier ein Auszug aus seinem persönlichen Leitbild: »*... To be remembered as an enabler for others by helping them to realize & recognize the barriers in their life and how to overcome them. ... I will help others understand their contributions at work, or toward the success of any team they are part of. ...*«

Nach über 25 Jahren im Geschäft komme ich zu dem Schluss, dass es wirklich viele hervorragende Manager gibt, aber nur ganz wenig wirklich gute Führungskräfte. Gute Führung kann man lernen – das ist nicht das Problem. Zunächst muss man überhaupt erkennen, dass es einen Unterschied zwischen Management und Führung gibt. Dann muss man sich entscheiden, nicht nur ein guter Manager für Quartalsziele, Budgets, Projekte, Krisen et cetera sein zu wollen, sondern auch eine wirklich gute Führungskraft, die ein Team von

Menschen in eine bessere Zukunft mitnehmen kann – egal wie groß die Hürden in der Aktualität auch immer sind.

Wer das sein möchte, der braucht ein System zur Umsetzung dafür. Eine solche Art Betriebssystem für gute Führung sind die 4 Disziplinen der Umsetzung.

Andreas Maron
Director Execution Practice
FranklinCovey GSA

Das wahre Problem mit der Umsetzung

B. J. Walker stand vor der größten Herausforderung ihrer Karriere. Im Jahr 2004 erkannte die frisch ernannte Kommissarin des Gesundheitsministeriums des US-Bundesstaats Georgia, dass ihre 20 000 Mitarbeiter völlig demoralisiert waren. Die Behörde hatte in fünf Jahren sechs Kommissare verschlissen und stand aufgrund zahlreicher Unfälle und Todesfälle von Minderjährigen in staatlichen Betreuungseinrichtungen im unaufhörlichen Rampenlicht der Medien. Seit Monaten arbeiteten ihre Mitarbeiter unter der ständigen Angst, einen Fehler zu machen, was sich negativ auf ihre Produktivität auswirkte und zu einigen der größten administrativen Rückstaus des Landes führte. B. J. Walker musste einen Weg finden, ihrem Team eine neue, klare Orientierung zu geben und es zu fokussieren. Und sie wusste, dass das ein Wettlauf gegen die Zeit war.

***

Das Bethesda Marriott, ein Hotel der Gruppe Marriott International, wollte seine Leistungskennzahlen verbessern. Die Bedeutung dieser Initiative war umso größer, als sich das Hotel in unmittelbarer Nähe der Unternehmenszentrale der Hotelgruppe befand. In einer gemeinsamen Anstrengung führten der Geschäftsführer Brian Hilger, sein Team und die Hoteleigentümer eine Renovierung im Wert von 20 Millionen Dollar durch, zu der die Umgestaltung der Zimmer, die Gestaltung einer beeindruckenden Lobby und ein neues Restaurant gehörten – Verbesserungsmaßnahmen, die maßgeblich zur Steigerung der Gästezufriedenheit beitragen. Die Ergebnisse waren überwältigend, das Hotel sah fantastisch aus. *Dennoch schlugen sich diese Verbesserung – noch nicht – in der Hotelbewertung nieder.*

Der zweite Faktor für eine verbesserte Gästezufriedenheit hatte mit der Serviceorientierung der Hotelmitarbeiter und ihrem Umgang mit den Gästen zu tun – eine Strategie, die auf neuen Verhaltensweisen basierte. Nach einem Jahr feierten Brian und sein Team stolz die höchsten Zufriedenheitsraten in der 30-jährigen Geschichte des Hotels. »Früher habe ich jeden Freitag mit Bangen auf die neuen Gästezufriedenheitswerte gewartet. Heute kann ich sie gar nicht erwarten«, so Brians Kommentar.

***

Diese Geschichten über Seepex, ePunkt, das Gesundheitsministerium von Georgia und das Marriott Hotel in Bethesda klingen zunächst zwar sehr unterschiedlich, aber eigentlich sind sie das nicht. Die Herausforderung, welche die Manager der Organisationen bewältigen mussten, war im Wesentlichen die gleiche – die Lösung auch.

In allen Fällen bestand die Herausforderung darin, eine Strategie umzusetzen, die eine tief greifende Veränderung des menschlichen Verhaltens voraussetzte, und zwar des Verhaltens eines großen Teils der Belegschaft, wenn nicht sogar der gesamten Organisation.

In allen Fällen bestand die Lösung in einer tiefen Verankerung der 4 Disziplinen der Umsetzung (4DX) in den jeweiligen Teams beziehungsweise der Organisation.

Mit dieser Herausforderung sind letztlich alle Manager beziehungsweise Führungskräfte konfrontiert, auch wenn ihnen das nicht bewusst ist. Wenn Sie Menschen führen, versuchen Sie wahrscheinlich hier und jetzt, sie dazu zu bewegen, die Dinge anders zu machen.

Ob Sie ein kleines Arbeitsteam führen oder ein ganzes Unternehmen, eine Familie oder eine Fabrik, solange Sie keine Verhaltensänderung bewirken, werden Sie keine nennenswerten Ergebnisse erzielen. Nachhaltiger Erfolg erfordert mehr als reine Pflichterfüllung; er lässt sich nur mit dem Engagement aller Beteiligten erzielen. Wie jede Führungskraft weiß, ist es alles andere als einfach, Herz und Verstand der Menschen zu gewinnen – das heißt die Art von Engagement, die selbst unter den Anforderungen eines aufreibenden Tagesgeschäfts nicht verloren geht.

Wir haben mehr als 1500 Implementierungen der 4 Disziplinen durchgeführt, bevor wir bereit waren, dieses Buch zu schreiben. Warum? Weil wir die 4 Disziplinen in vielen Hundert realen Herausforderungen, wie sie Uli Seeberger, Sam Zibuschka, B. J. Walker und Brian Hilger bewältigen mussten, auf Herz und Nieren prüfen wollten.

Wenn Sie eine Strategie umsetzen, die eine nachhaltige Verhaltensänderung anderer Menschen erfordert, stehen Sie vor einer der größten Führungsherausforderungen, die es gibt. Mit den 4 Disziplinen der Umsetzung experimentieren Sie nicht mit einer interessanten Theorie, sondern Sie implementieren einen Katalog an erprobten Praktiken, die in jedem einzelnen Fall zum Erfolg geführt haben.

Die wahre Herausforderung

Ob Sie es als Strategie, Ziel oder einfach nur als Verbesserungsinitiative bezeichnen, jede Initiative, die Sie als Manager und Führungskraft vorantreiben, um die Ergebnisse Ihres Teams oder Ihrer Organisation zu steigern, fällt unweigerlich in eine der folgenden beiden Kategorien: Die erste – wir nennen sie *Strategie per Beschluss* – erfordert lediglich eine Anordnung zur Umsetzung, wohingegen die zweite eine Verhaltensänderung nötig macht.

Um eine Strategie per Beschluss umzusetzen, brauchen Sie nur die nötigen finanziellen Mittel und die entsprechende Autorität. Das könnte eine größere Kapitalinvestition sein, eine Veränderung des Vergütungssystems, eine Neuausrichtung von Rollen und Verantwortlichkeiten, die Rekrutierung neuer Mitarbeiter oder eine neue Werbekampagne. Zwar erfordert die Umsetzung solcher Strategien Planung, Konsens, Mut, Intelligenz und Geld, aber Sie wissen, dass das, was Sie vorhaben, am Ende passiert.

Strategien, die eine Verhaltensänderung nötig machen – sogenannte *Behavioral-Change-Strategien* –, sind dagegen völlig anders. Sie können ihre Umsetzung nicht einfach anordnen. Ihr Erfolg hängt vielmehr davon ab, dass Ihre Mitarbeiter, und zwar möglicherweise große Gruppen von Mitarbeitern, mitziehen und die Dinge von nun an anders machen. Wenn Sie jemals versucht haben, andere dazu zu bewegen, ihr Verhalten zu ändern, wissen Sie, wie schwierig das ist. Sich selbst zu ändern ist schon schwierig genug. Eine solche Strategie könnte zum Beispiel bedeuten, dass Ihre Ladenmitarbeiter jeden Kunden, der durch die Tür kommt, innerhalb von 30 Sekunden begrüßen müssen, oder dass Sie Ihre gesamte Verkaufsmannschaft dazu bringen müssen, das neue CRM-System zu verwenden, oder dass Sie Ihr Team aus der Produktentwicklung dazu bewegen müssen, mit dem Marketingteam zusammenzuarbeiten. Wenn Sie Uli Seeberger oder B. J. Walker heißen, bedeutet das möglicherweise, dass Sie seit Jahrzehnten eingefahrene Verhaltensweisen verändern müssen. Eine harte Nuss! Es ist auch nicht ungewöhnlich, dass sich eine Strategie per Beschluss im Anschluss in eine Behavioral-Change-Strategie verwandelt.

Strategie per Beschluss	Behavioral-Change-Strategie
Kapitalinvestition	Verbessertes Kundenerlebnis
Personalaufstockung	Qualitätssteigerung
Prozessveränderung	Verkürzung der Reaktionszeiten
Strategische Akquisition	weniger Reibungsverluste
Medienkampagne	beratender Verkaufsansatz
Veränderung des Produktmix	Reduzierung der Budgetüberschreitungen

Beispiele für strategische Schritte, die nur mit einer Verhaltensänderung der Mitarbeiter/Organisation umgesetzt werden können, im Vergleich zu Strategien, die sich per Beschluss durchsetzen lassen.

Unser Kollege Jim Stuart fasst diese Herausforderung wie folgt zusammen: »Um ein völlig neues Ziel zu erreichen, müssen Sie Dinge tun, die Sie noch nie getan haben.« Das könnte ein neuer Verkaufsansatz sein, eine Initiative zur Verbesserung der Patientenzufriedenheit, eine bessere Projektmanagementdisziplin oder die Einführung eines neuen Fertigungsprozesses. Wenn Ihr Ziel eine Verhaltensänderung der Menschen bedingt, die an dessen Umsetzung beteiligt sind, verfolgen Sie eine Behavioral-Change-Strategie – und das ist alles andere als ein Kinderspiel.

Haben Sie sich jemals dabei ertappt, dass Sie auf dem Weg zur Arbeit vor sich hin gemurmelt haben: »Warum in Gottes Namen können die nicht das umsetzen, was ich immer predige?« Wenn ja, dann erinnern Sie sich vielleicht noch an die Ohnmacht, die Sie empfanden, weil es Ihnen einfach nicht gelingen wollte, Menschen zu einer Verhaltensänderung zu bewegen – das Einzige, das zwischen Ihnen und Ihren angestrebten Ergebnissen stand. Doch Sie stehen nicht alleine vor dieser Herausforderung. In einer Schlüsselstudie über organisationelle Veränderung berichtet die globale Managementberatung Bain & Company: »Mehr als 65 Prozent der Initiativen erfordern eine signifikante Verhaltensänderung der Mitarbeiter an der Basis – etwas, was Manager oft weder berücksichtigen noch einplanen.« [1]

Trotz der Bedeutung dieses Problems wird es von Führungskräften selten erkannt. Nie hört man sie sagen: »Ich wünschte, wir wären besser in der Umsetzung von Strategien, die eine Verhaltensänderung unserer Mitarbeiter voraussetzen.« Was Sie wahrscheinlich hören werden, ist: »Ich wünschte, ich müsste nicht mit Tom, Paul und Sue zu tun haben.« Es ist natürlich, dass ein Manager annimmt, die Menschen seien das Problem. Schließlich sind sie diejenigen, die nicht tun, was getan werden muss. Aber das ist ein Irrtum. *Die Menschen sind nicht das Problem!*

W. Edwards Deming, der Vater der Qualitätsbewegung, lehrte, dass immer dann, wenn sich die Mehrheit der Menschen die meiste Zeit auf eine bestimmte Weise verhält, nicht die Menschen das Problem sind. Das Problem liegt im System begraben.[2] Als Manager und Führungskraft tragen Sie Verantwortung für das System. Zwar kann eine bestimmte Person durchaus ein großes Problem sein, aber wenn Sie die Schuld immer bei den Menschen suchen, sollten Sie noch einmal genauer hinsehen.

Als wir vor einigen Jahren begannen, diese Herausforderung intensiver zu untersuchen, wollten wir zunächst die Ursachen einer mangelhaften Umsetzung begreifen. Zu diesem Zweck gaben wir eine internationale Studie in Auftrag, in deren Rahmen Hunderte von Unternehmen, Behörden und Ämtern befragt wurden. Schon zu Beginn unserer Recherchen stellten wir eine Reihe von Problemen fest.

Ein »Hauptverdächtiger« im Zusammenhang mit einer mangelhaften Umsetzung war die Zielklarheit: Oft verstanden die Menschen schlichtweg das Ziel nicht, das sie erreichen sollten. In unseren ersten Befragungen stellten wir fest, dass nur einer von sieben Mitarbeitern wenigstens eines der wichtigsten Unternehmensziele nennen konnte. Ja, richtig – 15 Prozent konnten keines der drei wichtigsten Ziele nennen, die ihre Unternehmensführung verfolgte. Die restlichen 85 Prozent nannten Dinge, *die sie nach eigener Einschätzung für die Unternehmensziele hielten.* Oft hatten diese Angaben aber nicht im Entferntesten mit den Zielen der Unternehmensführung zu tun. Je größer der hierarchische Abstand zwischen Unternehmensführung und Mitarbeiterbasis war, desto unklarer waren die Ziele. Und das war nur eines der zahlreichen Probleme, die wir zutage förderten.

Ein weiteres Problem war mangelndes Engagement. Selbst jene Mitarbeiter, die die Ziele kannten, fühlten sich ihnen nicht verpflichtet und engagierten sich nicht für deren Erreichung. Nur 51 Prozent gaben an, sich leidenschaftlich für die Ziele ihres Teams einzusetzen, was bedeutet, dass gut die Hälfte Dienst nach Vorschrift verrichtete.

Auch die Verantwortlichkeit entpuppte sich als Problem. Ganze 81 Prozent der Befragten gaben an, sie müssten keine Rechenschaft über die regelmäßigen Fortschritte in der Umsetzung der Unternehmensziele ablegen. Die Ziele wurden auch nicht in konkrete Handlungen heruntergebrochen: 87 Prozent hatten keine klare Vorstellung, was sie eigentlich tun mussten, um das Ziel zu erreichen. Kein Wunder, dass die Umsetzung im Allgemeinen so inkonsistent ist!

Zusammenfassend lässt sich Folgendes sagen: Den Befragten fehlte die Zielklarheit, sie engagierten sich nicht für die Umsetzung der Ziele, sie wussten nicht, was sie tun sollten und waren auch nicht zielverantwortlich. Und das waren nur die offensichtlichsten Erklärungen für das Phänomen der mangelnden Umsetzung. Auf einer subtileren Ebene wurde die Umsetzung überdies durch ein Klima des Misstrauens, falsch ausgerichtete Vergütungssysteme sowie mangelhafte Entwicklungs- und Entscheidungsprozesse torpediert. Unser erster Instinkt war, den betroffenen Organisationen zu raten: »Lösen Sie all diese Probleme! Wenn Sie alle Probleme gelöst haben, können Sie auch Ihre Strategie umsetzen.« Damit hätten sie sich aber völlig übernommen.

Als wir intensiver in die Thematik eintauchten, entdeckten wir eine weitaus grundlegendere Ursache für mangelhafte Umsetzung. Sicher verschärfen alle hier genannten Probleme – fehlende Klarheit über die Ziele, fehlendes Engagement sowie fehlende Zusammenarbeit und Verantwortlichkeit – die Schwierigkeiten bei der Strategieumsetzung. In Wirklichkeit lenken sie uns jedoch von dem tiefer liegenden Problem ab. Sie kennen bestimmt den Ausdruck »den Wald vor lauter Bäumen nicht sehen«. Das trifft es im Kern! Wer sich ständig zwischen einer Vielzahl von Bäumen bewegt, sieht zwar jeden einzelnen Baum, aber nicht den gesamten Wald. Dabei steht er mittendrin! Irgendwann wurde uns klar, dass wir das eigentliche Problem direkt vor uns hatten. Da es allgegenwärtig ist, hatten wir es schlicht übersehen.

Der Wirbelwind

Der wahre Feind der Umsetzung ist unser Tagesgeschäft! Weil es aufreibend und ein großer Energiefresser ist, bezeichnen wir es als *Wirbelwind*. Das ist die gewaltige Masse an Energie, die notwendig ist, um die vielfältigen und oft dringenden täglichen Aufgaben zu bewältigen, die für einen reibungslosen Betriebsablauf nötig sind. Ironischerweise ist dieser Energieaufwand, den das Tagesgeschäft erfordert, genau das, was die Umsetzung einer neuen Idee oder Strategie so schwierig macht. Die vielfältigen Ablenkungen und der damit verbundene Energieverzehr rauben Ihnen den Fokus, den Sie brauchen, um Ihr Team zielstrebig und konzentriert auf Ihr Ziel zu lenken.

Manager unterscheiden selten zwischen Tagesgeschäft und strategischen Zielen, weil beide für das Überleben der Organisation notwendig sind. Dennoch gibt es einen deutlichen Unterschied, und vor allem konkurrieren beide unermüdlich um die knappen Ressourcen Zeit, Geld, Energie und Aufmerksamkeit. Wir müssen Ihnen nicht sagen, wer diesen Kampf üblicherweise gewinnt.

Die Aufgaben des Tagesgeschäfts sind stets dringend und wirken täglich auf Sie und Ihre Mitarbeiter ein. Die Ziele, die Sie gesetzt haben, um Ihren Erfolg zu steigern, sind wichtig, aber wenn Bedeutung und Dringlichkeit zusammenprallen, wird die Dringlichkeit jedes Mal über die Bedeutung siegen. Wenn Ihnen die Dynamiken dieses ständigen Kampfs einmal bewusst sind, werden Sie in jedem Team, das irgendetwas Neues umsetzen will, die gleichen Abläufe beobachten.

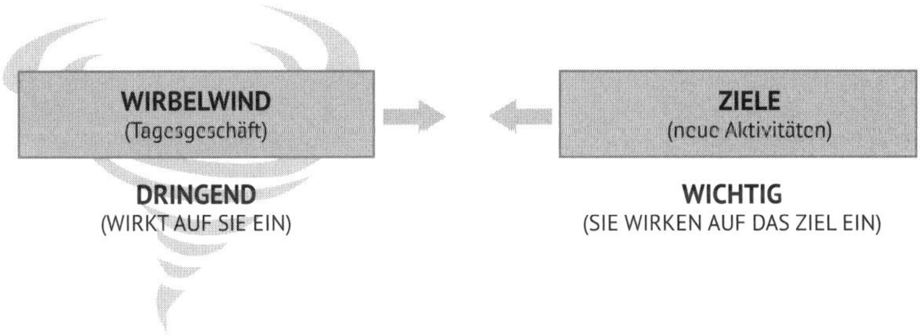

Wichtige Ziele, die verlangen, dass Sie neue und andere Dinge tun, stehen oft im Konflikt mit dem aufreibenden Tagesgeschäft, das aus lauter dringenden Aufgaben besteht, die einen großen Teil Ihrer Zeit und Energie in Anspruch nehmen.

Denken Sie an Ihre eigene Erfahrung. Können Sie sich an eine wichtige Initiative erinnern, die erfolgreich startete und dann im Sand verlief? Wie starb diese Initiative: mit einem lauten Knall – oder war es eher ein langsames Siechtum, in dessen Verlauf sie vom Wirbelwind langsam, aber sicher erstickt wurde? Wir haben Tausende von Führungskräften befragt und erhalten immer dieselbe Antwort: »Langsames Siechtum!« Das ist so, als würden Sie ein altes, ausgeblichenes T-Shirt ganz unten in Ihrer Kommodenschublade finden und sagen: »Ach ja, das KVP-Projekt. Was daraus wohl geworden ist?« Die Initiative ist unbemerkt gestorben und wurde nicht einmal offiziell begraben.

Neben einem anstrengenden Tagesgeschäft ein anspruchsvolles neues Ziel zu verfolgen bedeutet, dass Sie nicht nur große, aufmerksamkeitsfordernde Ablenkungen, sondern auch die Schwerfälligkeit der eingefahrenen Routinen überwinden müssen. Wir sagen damit nicht, dass das Tagesgeschäft schlecht ist. Das ist es nicht. Es hält Ihre Organisation am Leben, daher können Sie es nicht ignorieren. Wenn Sie dringende Aufgaben ignorieren, kann Sie das heute Kopf und Kragen kosten. Es stimmt aber auch, dass es Sie morgen Kopf und Kragen kosten kann, wenn Sie strategische Ziele ignorieren. Wenn Sie und Ihr Team sich also ausschließlich auf das Tagesgeschäft konzentrieren, entwickeln Sie sich nicht weiter, weil Sie Ihre gesamte Energie auf die Bewältigung der Routine verwenden. Die Herausforderung besteht darin, Ihre wichtigsten Ziele *neben* der Bewältigung des Tagesgeschäfts umzusetzen!

Unterschiedliche Führungspersönlichkeiten erleben den Wirbelwind auf unterschiedliche Weise. Ein Topmanager einer der größten Baumarktketten weltweit beschreibt das so: »Wir kämpfen nicht gegen Elefanten – unüberwindliche Hindernissen, die uns von unseren Prioritäten abbringen –, sondern gegen Mücken – die vielen lästigen kleinen Ablenkungen. Jeden Tag setzen sie uns von allen Seiten zu, und wenn wir über die letzten sechs Monate zurückblicken, haben wir nicht eines der Dinge erreicht, die wir uns vorgenommen hatten.«

Sie haben mit Sicherheit selbst schon Bekanntschaft mit dem Wirbelsturm gemacht, wenn Sie versucht haben, einem Ihrer Mitarbeiter eine neue Strategie oder ein neues Ziel zu erklären. Können Sie sich an das Gespräch erinnern? Ihre Gedanken sind klar auf das Ziel fokussiert und Sie erklären es in leicht verständlichen Worten. Aber noch während Sie sprechen, zieht sich der Mitarbeiter bereits langsam rückwärts durch die Tür zurück, wobei er eifrig nickt und Ihnen sein Engagement zusichert. Letztlich versucht er aber nur, schnellstmöglich zu dem zurückzukehren, was er als seine *echte Arbeit* empfindet. »Echte Arbeit« ist nichts anderes als das Tagesgeschäft.

Zur Illustration erzählt uns einer unserer Kollegen die folgende Geschichte: »Ich war Präsident des Schulrats meines örtlichen Gymnasiums. Wir waren dabei, eine Strategie zur Verbesserung der Prüfungsergebnisse zu entwickeln. Meine Aufgabe bestand darin, das Lehrerkollegium über das neue Ziel aufzuklären, also machte ich Termine mit den wichtigsten Lehrkräften, um ihnen unser Vorhaben darzulegen und die Initiative zu starten. Zunächst war ich verblüfft; die Lehrkräfte schienen mir überhaupt nicht zuzuhören. Langsam wurde mir auch klar, warum: Auf dem kleinen Schreibtisch einer Lehrerin stapelte sich ein Haufen Blätter. Das war gerade einmal die Sammlung von Aufsätzen eines einzigen Tages, die alle gelesen und benotet werden mussten. Außerdem musste die Lehrerin an diesem Tag einen Elternabend abhalten und den Unterricht für den nächsten Tag vorbereiten. Sie wirkte irgendwie hilflos, während ich vor mich hin ratterte. Eigentlich hörte sie gar nicht zu. In ihrem Kopf war einfach kein Platz dafür, und ich konnte ihr nicht einmal einen Vorwurf machen!«

Fassen wir zusammen, was wir bisher gesagt haben. Erstens, wenn Sie signifikante Ergebnisse erzielen wollen, werden Sie am Ende eine Behavioral-Change-Strategie durchführen. Strategien, die sich per Beschluss durchsetzen lassen, haben einfach ihre Grenzen. Zweitens, wenn Sie eine Behavioral-Change-Strategie vorhaben, werden Sie gegen die konstanten Ablenkungen des Tagesgeschäfts ankämpfen müssen. Das ist ein ernst zu nehmender Gegner, der in vielen Organisationen unbesiegt ist.

Vorab ein klarer Hinweis: Die 4 Disziplinen der Umsetzung dienen nicht dazu, Ihr Tagesgeschäft besser zu managen. Vielmehr handelt es sich dabei um Regeln für die Umsetzung Ihrer wichtigsten Strategie *inmitten und trotz* der vielfältigen Anforderungen des Tagesgeschäfts.

Die 4 Disziplinen der Umsetzung

Tim Harford, Autor von *The Undercover Economist*, sagte: »Zeigen Sie mir ein erfolgreiches komplexes System, und ich werde Ihnen ein System zeigen, das sich durch Experimentieren herausgebildet hat.«[3] Was die 4 Disziplinen der Umsetzung angeht, hat er absolut recht. Dieser Ansatz hat von gründlich recherchierten Konzepten profitiert, aber er hat sich durch Experimentieren weiterentwickelt.

Im Rahmen unserer anfänglichen Recherchen mit Harris Interactive haben wir fast 13 000 Menschen weltweit aus 17 Branchen befragt und die Ergebnisse durch interne Bewertungen aus 500 unterschiedlichen Unternehmen vervollständigt. Im Laufe der Jahre haben wir diese Fundamentaldaten durch die Befragung von fast 300 000 Führungskräften und Teammitgliedern ergänzt. All diese Recherchen waren eine wertvolle Grundlage für die Prinzipien der Umsetzung und dienten uns bei unseren ersten Schlussfolgerungen als Orientierung. Doch die wahren Erkenntnisse stammten nicht aus den Recherchen. Diese haben wir durch die enge Zusammenarbeit mit Menschen wie Ihnen in mehr als 1500 Implementierungsprojekten gewonnen. Das hat uns in die Lage versetzt, Prinzipien und Methoden zu entwickeln, die nachweislich Erfolg versprechen – unabhängig von der jeweiligen Branche oder dem Land, in dem sie umgesetzt werden.

Das sind zugleich gute und schlechte Nachrichten. Die gute Nachricht ist, dass es Regeln für die Umsetzung wichtiger Ziele inmitten der Anforderungen des Tagesgeschäfts gibt. Die schlechte Nachricht lautet, dass die Verletzung dieser Regeln unmittelbare Konsequenzen nach sich zieht.

Zwar mögen die Disziplinen auf den ersten Blick simpel erscheinen, doch sie sind alles andere als das. Sie werden die Art und Weise, wie Sie auf Ihre Ziele hinarbeiten, grundlegend verändern. Sobald Sie sie anwenden, wird Ihr Führungsstil nie wieder derselbe sein, ob Sie ein Projektkoordinator sind, ein kleines Verkaufsteam führen oder ein Fortune-500-Unternehmen leiten. Wir sind überzeugt, dass diese Disziplinen einen echten Durchbruch in der proaktiven Führung von Menschen und Organisationen darstellen.

Hier kommt ein kurzer Überblick über die 4 Disziplinen.

1. Disziplin: Auf das absolut Wichtige fokussieren

Im Wesentlichen gilt, dass Sie umso weniger erreichen, je aktionistischer Sie vorgehen. Das ist ein unausweichliches Prinzip, das für alle Lebensbereiche gilt. Im Laufe der Zeit wird es aber oft vergessen. Warum? Weil smarte, ambitionierte Führungskräfte nicht weniger, sondern mehr tun wollen, selbst wenn sie es eigentlich besser wissen müssten. Ist es nicht schwer, eine gute, und noch viel schwerer, eine ausgezeichnete Idee abzulehnen? Es wird aber stets mehr gute Ideen geben, als Sie und Ihr Team umsetzen können. Das ist eine Kapazitätsfrage. Daher besteht die erste Herausforderung darin, sich strikt auf das Wesentliche zu konzentrieren.

Fokus ist ein natürliches Prinzip. Die breit gestreuten Sonnenstrahlen sind für sich genommen zu schwach, um ein Feuer zu entzünden. Wenn Sie sie jedoch mithilfe eines Vergrößerungsglases fokussieren, werden sie in Sekunden ein Loch in ein Blatt Papier brennen.

Dasselbe gilt für Menschen. Wenn ihre kollektive Energie auf eine Herausforderung fokussiert wird, können sie Berge versetzen.

Der strikte Fokus auf das Wesentliche verlangt, dass Sie als Manager und Führungskraft nicht Ihrem automatischen inneren Drang folgen, immer mehr mit immer weniger zu erreichen. Wenn Sie die 1. Disziplin umsetzen, wählen Sie zunächst ein, maximal zwei absolut vorrangige Ziele aus, anstatt zu versuchen, alles gleichzeitig zu verbessern. Wir bezeichnen das als *WIG (Wildly Important Goal)*, um dem Team zu verdeutlichen, dass dieses Ziel absolute Priorität vor allen anderen hat.

Wenn Sie versuchen, fünf, zehn oder 20 wichtige Ziele gleichzeitig zu verfolgen, kann Ihr Team nicht fokussieren. Der mangelnde Fokus wird durch die vielfältigen Ablenkungen des Tagesgeschäfts noch verstärkt, er verwässert Ihre Anstrengungen und verhindert damit jeden Erfolg. Das ist vor allem dann problematisch, wenn es zu viele übergeordnete Unternehmensziele gibt, die über die verschiedenen Organisationsebenen kaskadenartig in vielfältige Teilziele heruntergebrochen werden, sodass die Organisation am Ende ein komplexes Netz aus Hunderten von Teilzielen bewältigen muss. Wenn Sie den Fokus Ihres Teams jedoch auf ein oder zwei absolut vorrangige Ziele verengen, kann das Team leicht zwischen den wichtigsten Prioritäten und dem Tagesgeschäft unterscheiden. Anstatt zu versuchen, eine endlose Zahl an vage formulierten und schwer kommunizierbaren Teilzielen umzusetzen, konzentriert es sich auf die Umsetzung präziser, erreichbarer Ziele. Die 1. Disziplin ist die *Disziplin der Fokussierung*. Ohne sie werden Sie nie die angestrebten Ergebnisse erzielen. Die Fokussierung ist allerdings nur der erste Schritt.

2. Disziplin: Arbeiten Sie an den Frühindikatoren

Das ist die *Disziplin der Hebelwirkung*. Sie basiert auf dem einfachen Prinzip, dass nicht alle Handlungen dieselbe Wirkung erzielen. Einige tragen in größerem Maße zur Zielerreichung bei als andere – und genau auf diese wollen Sie sich konzentrieren.

Egal welche Strategie Sie verfolgen, Ihre Fortschritte und Ihr Erfolg werden auf zwei Messgrößen basieren: Frühindikatoren und Ergebniskennzahlen.

Ergebniskennzahlen sind Messgrößen, anhand derer Sie die Fortschritte bei der Umsetzung Ihrer WIGs bestimmen können. Üblicherweise sind das auch die Messgrößen, mit denen Sie die meiste Zeit verbringen: Umsätze, Gewinn, Marktanteil und Kundenzufriedenheit sind allesamt Ergebniskennzahlen. Das heißt, wenn Sie diese rückblickenden Daten erhalten, ist die Leistung, über die diese Daten Aufschluss geben, bereits Vergangenheit. Aus diesem Grund beten Sie; zu dem Zeitpunkt, zu dem Sie die Ergebniskennzahlen erhalten, sind die Ergebnisse nämlich nicht mehr veränderbar. Sie sind Geschichte.

Frühindikatoren messen dagegen die Dinge, deren Umsetzung am stärksten zur Zielerreichung beitragen. Im Wesentlichen messen sie die neuen Verhaltensweisen, die den Erfolg der Aspekte bestimmen, die von den Ergebniskennzahlen gemessen werden. Das können simple Dinge sein, wie etwa jedem Kunden der Bäckerei ein Stück Gebäck zum Probieren anzubieten, oder so komplexe Dinge wie die strikte Einhaltung der Fertigungsstandards für Flugzeugturbinen.

Ein guter Frühindikator hat zwei grundlegende Merkmale: Mit ihm lässt sich die Zielerreichung vorhersagen und er kann von den Teammitgliedern beeinflusst werden. Um diese beiden Merkmale zu verstehen, denken Sie an das einfache Ziel abzunehmen. Während die

Ergebniskennzahl anzeigt, wie viel Kilo Sie bereits abgenommen haben, könnten zwei Frühindikatoren ein bestimmtes Kalorienlimit pro Tag und ein bestimmtes Maß an sportlicher Aktivität pro Woche sein. Die Frühindikatoren besitzen Prognosecharakter, weil Sie mithilfe messbarer Aktivitäten bestimmen können, was Ihnen die Waage (Ergebniskennzahl) in der folgenden Woche anzeigen wird. Sie sind beeinflussbar, weil beide neuen Verhaltensweisen Ihrer Kontrolle unterliegen.

Auf der Basis der Frühindikatoren zu handeln ist eines der Geheimnisse der Umsetzung. Die meisten Führungskräfte – und das gilt selbst für einige der erfahrensten – sind so auf die Ergebniskennzahlen fixiert, dass ihnen die Disziplin, Frühindikatoren zum Fokus zu machen, widersinnig erscheint. Verstehen Sie das aber nicht falsch. Letztlich wollen Sie die Ergebniskennzahlen verbessern. Das gelingt Ihnen, indem Sie Ihre Handlungen an den Frühindikatoren ausrichten. Die Frühindikatoren bilden den Hebel, der die Ergebniskennzahl in Bewegung setzt.

3. Disziplin: Pflegen Sie ein motivierendes Scoreboard

Menschen verhalten sich anders, wenn sie Buch über ihre Leistungen führen. Falls Sie das bezweifeln, beobachten Sie eine beliebige Gruppe Jugendlicher auf dem Fußballplatz und sehen Sie, wie sich das Spiel verändert, sobald die Tore und die Zeit gezählt werden. Die Wahrheit dieser Feststellung wird jedoch klarer, wenn man die Betonung verändert: Menschen verhalten sich anders, wenn *sie selbst* ihre Ergebnisse notieren, und nicht, wenn Sie als Vorgesetzter und Manager das für sie tun.

Die 3. Disziplin ist die *Disziplin des Engagements.* Im Allgemeinen erbringen diejenigen Menschen die größten Leistungen, die emotional engagiert sind, und das größte emotionale Engagement entsteht, wenn man seine eigene Leistung kennt – das heißt, wenn die Menschen wissen, ob sie siegen oder verlieren. So einfach ist das. Bowling auf einer leeren Bahn kann anfangs noch ganz lustig sein, aber wenn Sie die Kegel nicht umfallen sehen, wird es bald langweilig, selbst wenn Sie wirklich ein leidenschaftlicher Bowlingspieler sind.

Wenn Sie sich in der 1. Disziplin fokussiert (Ihr WIG als Ergebniskennzahl) und die maßgeblichen Frühindikatoren bestimmt haben, die Sie unter Anwendung der 2. Disziplin an Ihr Ziel bringen, dann haben Sie die Elemente eines Wettlaufs, bei dem Sie gute Gewinnchancen haben. Der nächste Schritt besteht darin, die Fortschritte auf einem einfachen, aber motivierenden Scoreboard festzuhalten. Das beste Scoreboard, mit dem Sie das größtmögliche Engagement Ihres Teams erzielen, ist dasjenige, das ausschließlich für die Mitglieder Ihres Teams (und in aller Regel sogar von ihnen) entworfen wird. Dieses Scoreboard unterscheidet sich wesentlich von den üblichen Cockpits der Führungsriegen.

Das Team-Scoreboard muss einfach sein, und zwar so einfach, dass die Teammitglieder auf einen Blick erkennen können, ob sie sich auf der Sieger- oder der Verliererstraße befinden – mehr Zeit lässt Ihnen der Wirbelwind nicht. Warum ist das wichtig? Wenn das Scoreboard keinen Aufschluss darüber gibt, ob sich das Team erfolgreich dem Ziel nähert, wird die Zielerreichung, auf die Sie Ihr Team verpflichtet haben, im Wirbelsturm der vielfältigen Anforderungen des Tagesgeschäfts untergehen. Wenn Ihr Team nicht weiß, wo es steht, dann ist es wahrscheinlich auf dem besten Wege, vom Zielkurs abzukommen.

4. Disziplin: Halten Sie sich regelmäßig gegenseitig verantwortlich

Mit der 4. Disziplin geschieht die eigentliche Umsetzung. Die ersten drei Disziplinen sind vorbereitende Maßnahmen, mit der 4. Disziplin tritt Ihr Team aktiv ins Spiel ein. Diese Disziplin basiert auf dem *Prinzip der Verantwortlichkeit*. Soll heißen, wenn wir uns nicht ständig gegenseitig zur Rechenschaft ziehen, wird das Ziel im Wirbelwind des Tagesgeschäfts untergehen.

Die Rechenschaftslegung über die Fortschritte in der Zielerreichung erfolgt im Rahmen regelmäßiger Teamzusammenkünfte, die in relativ kurzen Abständen abgehalten werden. Meistens finden sie einmal pro Woche statt und dauern idealerweise nicht länger als 20 bis 30 Minuten. In dieser kurzen Zeit berichten die Teammitglieder von den Ergebnissen ihrer zielgerichteten Aktivitäten und verpflichten sich auf neue Aktivitäten, die sie neben dem Tagesgeschäft erfüllen.

Warum ist eine regelmäßige gegenseitige Verantwortlichkeit so wichtig? Betrachten Sie die Erfahrung eines unserer Kunden in seiner Rolle als Vater. Er und seine jugendliche Tochter trafen die Vereinbarung, dass sie das Familienauto benutzen durfte, wenn sie sich verpflichtete, es jeden Samstagmorgen zu waschen. Der Vater würde sich jeden Samstag kurz mit ihr treffen, um sich zu vergewissern, dass das Auto sauber war. Das ging über mehrere Wochen gut und alles schien vereinbarungsgemäß zu verlaufen, doch dann war der Vater an zwei aufeinanderfolgenden Samstagen geschäftlich unterwegs. Als er zurückkehrte, stellte er fest, dass das Auto nicht gewaschen war. Er fragte seine Tochter, warum sie sich nicht an die Vereinbarung gehalten habe. »Ach«, antwortete sie, »die gilt immer noch?« Nach nur zwei Wochen war das Verantwortlichkeitssystem zusammengebrochen. Wenn das schon bei einer Vereinbarung zwischen zwei Menschen passiert, stellen Sie sich vor, was das für ein Arbeitsteam oder eine ganze Organisation bedeutet!

Die Kunst liegt in der Erzeugung eines regelmäßigen Rhythmus der Verantwortlichkeit. Die Teammitglieder müssen sich regelmäßig gegenseitig zur Rechenschaft ziehen können. Jede Woche muss jedes Teammitglied eine einfache Frage beantworten: »Welches sind die ein oder zwei wichtigsten Dinge, die ich nächste Woche (neben dem Tagesgeschäft) tun kann, die die größte Wirkung auf unser Scoreboard haben?« Dann berichtet jedes Teammitglied, ob es die Verpflichtungen der vergangenen Woche erfüllt hat, welchen Beitrag diese Aktivitäten zur Erfüllung der Frühindikatoren geleistet haben, die ihrerseits die Ergebniskennzahl verändern, und auf welche Aktivitäten es sich in der kommenden Woche verpflichtet. Das Ganze dauert nur wenige Minuten.

Neben der Regelmäßigkeit liegt das Geheimnis der 4. Disziplin darin, dass die Teammitglieder aus eigener Initiative Engagement entwickeln. Oft findet man Teams, die erwarten oder sogar wollen, dass man ihnen Vorgaben macht, die sie dann einfach befolgen. Wenn sie sich jedoch selbst auf bestimmte Dinge verpflichten, steigen ihre Identifikation und ihr Verantwortungsempfinden. Sie werden sich stets stärker mit selbst formulierten Vorgaben identifizieren als mit fremdbestimmten Vorgaben beziehungsweise Befehlen von oben. Die Verpflichtung gegenüber den Teamkollegen anstatt der ausschließlichen Verpflichtung gegenüber dem Vorgesetzten verlagert den Schwerpunkt zudem von der professionellen auf die persönliche Ebene. Einfach ausgedrückt, die Verpflichtung reicht über die reine Arbeitsleistung hinaus und wird zu einem persönlichen Versprechen gegenüber den anderen Teammitgliedern.

Da sich das Team jede Woche auf einen neuen Katalog von wenigen Versprechen verpflichtet, erzeugt diese Disziplin einen wöchentlichen Just-in-time-Aktionsplan, der Chancen und Herausforderungen berücksichtigen kann, die sich in einem strategischen Jahresplan im Detail nicht vorhersehen lassen. Auf diese Weise passt sich der Plan flexibel an die Veränderungen in der Geschäftswelt an. Das

Ergebnis? Das Team kann seine konzentrierte Energie auf die wichtigsten Ziele richten, ohne sich von den immer neuen Veränderungen in seiner Umgebung ablenken oder sogar blockieren zu lassen.

Wenn Ihre Teammitglieder sehen, wie sich die Ergebniskennzahl eines großen Ziels als unmittelbares Ergebnis ihrer Anstrengungen in die richtige Richtung bewegt, wissen sie, dass sie sich auf der Siegerstraße befinden.

Ein bemerkenswertes Beispiel ist eine international renommierte Luxushotelkette, die sich als Unternehmens-WIG einer Gästebindungsquote von 97 Prozent gesetzt hatte. »Wir wollen, dass Sie immer wiederkommen!«, lautete das Mantra. Als einer der Frühindikatoren mit der größten Hebelwirkung auf die Zielerreichung wurde ein individualisierter, persönlicher Gästeservice definiert. Was machten die Hotelmitarbeiter von nun an anders? Jeder Hotelmitarbeiter erfüllte im Rahmen der Zielerreichung eine bestimmte Rolle. Die Zimmermädchen zum Beispiel erfassten sorgfältig die individuellen Präferenzen eines jeden Gastes in einer Datenbank, sodass sie bei jedem erneuten Aufenthalt die Wünsche ihrer Gäste ungefragt erfüllen konnten. Ein Gast bat sein Zimmermädchen, seine angerauchte Zigarre im Aschenbecher zu lassen, weil er später noch einmal in sein Zimmer zurückkehren würde. Als er zurückkam, fand er eine neue Zigarre derselben Marke im Aschenbecher. Er fand das aufmerksam, hätte aber nie erwartet, einen Monat später in einem Hotelzimmer eines anderen Hotels derselben Kette ebenfalls eine neue Zigarre seiner bevorzugten Marke vorzufinden. Er sagte: »Nun muss ich zurückkommen, allein schon, um zu sehen, ob die Zigarre auf mich wartet. Sie haben mich überzeugt!«

Neben ihren täglichen Aufgaben hatten die Zimmermädchen und Hausdamen nun eine Reihe neuer Dinge zu tun: Gästepräferenzen notieren, sie in Datenbanken einpflegen und bei Bedarf aufrufen, um sie zu erfüllen. Bestimmt hätten sie alle diese »Zusatzarbeiten« nicht geleistet, wenn sie nicht ohne Zweifel gewusst hätten, dass:

- das Ziel der Kundenbindung oberste Priorität genoss,
- einige neue Aktivitäten maßgeblich für die Erreichung dieses Ziels waren,
- sie diese Aktivitäten sorgfältig nachverfolgen würden,
- sie täglich über die Erfüllung ihrer Verpflichtung Rechenschaft ablegen mussten.

Mit anderen Worten:

- Sie kannten das Ziel (1. Disziplin).
- Sie wussten, was sie zur Zielerreichung tun mussten (2. Disziplin).
- Sie kannten ihre eigene Leistung zu jedem Zeitpunkt (3. Disziplin).
- Sie hielten sich oft und regelmäßig gegenseitig über die Ergebnisse verantwortlich (4. Disziplin).

Das sind die Merkmale, durch die sich Organisationen auszeichnen, die die 4 Disziplinen der Umsetzung pflegen. Menschen wollen Gewinner sein und sie wollen einen wichtigen Beitrag zum Ergebnis leisten. Vielen Organisationen mangelt es jedoch an dieser Art von Disziplin – also an einem bewussten, konsistenten Prozess für eine exzellente Umsetzung von Schlüsselzielen.

Die finanziellen Auswirkungen einer gescheiterten Umsetzung können gewaltig sein. Das ist aber nur eine Seite der negativen Folgen. Die andere sind die menschlichen Kosten, die entstehen, wenn Mitarbeiter ihr Bestes geben, um Teil eines Siegerteams zu sein und ihr Ehrgeiz frustriert wird. Nichts ist hingegen motivierender, als einem Team anzugehören, das seine Ziele kennt und fest entschlossen ist, sie zu erreichen.

Die 4 Disziplinen funktionieren, weil sie auf Prinzipien beruhen und nicht auf Praktiken. Praktiken sind situativ, subjektiv und stets in der Weiterentwicklung begriffen. Prinzipien sind zeitlos, selbstverständlich und allgemeingültig. Sie sind eine Art Naturgesetz, so wie die Schwerkraft. Ob Sie sie verstehen oder ihnen sogar zustimmen, spielt keine Rolle – sie sind in jedem Fall gültig.

Einer der herausragendsten Wirtschaftsbestseller ist *Die 7 Wege zu Effektivität: Prinzipien für persönlichen und beruflichen Erfolg* von Stephen R. Covey. Darin beschreibt Covey einige der Schlüsselprinzipien, die das menschliche Verhalten und seine Effektivität bestimmen, zum Beispiel Verantwortung, Vision, Integrität, Verständnis, Zusammenarbeit und Erneuerung. So wie es Prinzipien gibt, die das menschliche Verhalten bestimmen, gibt es Prinzipien, die bestimmen, wie Teams Aufgaben erledigen oder wie sie diese ausführen. Wir glauben, dass die Prinzipien der Umsetzung schon immer Fokus, Hebelwirkung, Engagement und Verantwortlichkeit gewesen sind. Wirken bei der Umsetzung noch weitere Prinzipien? Ja. Aber zeichnen sich die hier genannten vier Prinzipien und ihre Reihenfolge auf irgendeine besondere Weise aus? Absolut. Wir haben sie nicht erfunden und wissen auch, dass ihr Verständnis nie das Problem gewesen ist. Die Herausforderung für Führungskräfte besteht darin, einen Weg zu finden, sie umzusetzen, vor allem wenn ihr Team in den Wirbelwind des anstrengenden Tagesgeschäfts gerät.

Wie dieses Buch aufgebaut ist

Die 4 Disziplinen der Umsetzung besteht aus drei Teilen, die Ihnen ein zunehmend tieferes Verständnis der einzelnen Disziplinen und ihrer Anwendung in jeder Umgebung vermitteln.

Teil I bietet eine umfassende Darstellung der 4 Disziplinen. Hier wird auch erklärt, warum diese scheinbar simplen Konzepte so schwierig umzusetzen sind und warum sie der Schlüssel zur erfolgreichen Bewältigung der größten Herausforderung sind, die sich Führungskräften stellen: die Schließung der Umsetzungslücke.

Teil II ist als eine Art praktischer Leitfaden gedacht. Er liefert Ihnen eine Schritt-für-Schritt-Anleitung zur Implementierung der 4 Disziplinen in Ihrem Team. Jeder Disziplin ist ein eigenes Kapitel gewidmet.

Teil III stellt einige Regeln vor, die das Ergebnis mehrerer Hundert erfolgreicher Implementierungsprojekte sind, die wir im vergangenen Jahrzehnt erfolgreich begleitet haben. Sie werden die Erkenntnisse der Unternehmensführer von Spitzenunternehmen kennenlernen, die 4DX eingesetzt haben, um ihre Unternehmensstrategie voranzutreiben und bahnbrechende Ergebnisse in ihren Organisationen zu erzielen. In diesem Teil werden auf der Basis unserer unmittelbaren Erfahrungen auch zahlreiche Fragen beantwortet, die im Rahmen der Strategieumsetzung in einem breiten Branchenspektrum auftreten.

Über alle drei Buchteile hinweg werden Sie immer wieder Links zu FranklinCoveys Website finden, auf der Sie Videos über Fallstudien zahlreicher im Buch genannter Beispiele ansehen können. Am

Ende des Buchs finden Sie zudem ein FAQ-Kapitel, in dem wir die am häufigsten gestellten Fragen beantworten.

Dieses Buch ist ein wenig anders als die meisten Wirtschaftsbücher, die zwar viele nützliche Ideen, Konzepte und Theorien vorstellen, aber schwach in der Anwendung sind. Dieses Buch legt den Schwerpunkt auf die Umsetzung und sagt Ihnen genau, was Sie zur Implementierung der 4 Disziplinen tun müssen. Es behandelt spezifische Hinweise, Tipps, mögliche Fallstricke, Vorsichtsmaßnahmen und alle jene Dinge, die Sie auf keinen Fall außer Acht lassen dürfen – profitieren Sie hier von unserem gesamten Wissen, das wir gerne mit Ihnen teilen. Wir hoffen, dass dieser Ansatz Ihnen als erfrischend neue Anregung dient.

***

Bevor Sie beginnen …

Wir haben die Erfahrung gemacht, dass es drei Dinge gibt, auf die Sie achten müssen, wenn Sie sich mit den 4 Disziplinen der Umsetzung befassen:

4DX ist leichter gesagt als getan. Zunächst werden die Disziplinen enttäuschend simpel klingen, aber ihre Implementierung erfordert eine nachhaltige Anstrengung. Einer unserer Kunden drückte es treffend aus: »Leichter gesagt als getan.« Lassen Sie sich von der Einfachheit des Konzepts nicht täuschen. Die 4 Disziplinen sind zum Teil deswegen so wirksam, weil sie leicht verständlich sind. Eine erfolgreiche Implementierung erfordert allerdings eine disziplinierte Anstrengung über lange Zeiträume und ein entsprechend nachhaltiges Bekenntnis zum 4DX-Prozess. Wenn das Ziel, das Sie verfolgen, kein absolutes *Muss*-Ziel ist, besteht das Risiko, dass Sie in Ihrer Zielverfolgung unter Umständen nicht beharrlich genug sind. Der Lohn der Anstrengung beschränkt sich jedoch nicht darauf, dass Sie ein einmaliges Ziel erreichen. Vielmehr wird aus den 4 Disziplinen ein tief verankerter, systematischer Prozess, der Ihre Organisation in die Lage versetzt, jedes zukünftige Ziel erfolgreich umzusetzen.

4DX widerspricht zunächst der Intuition. Jede der 4 Disziplinen bedeutet einen Paradigmenwechsel und könnte Ihrem inneren Drang, viele Ziele gleichzeitig verfolgen zu wollen, erst einmal gegen den Strich gehen. Je mehr Sie sich jedoch verzetteln, desto weniger werden Sie erreichen. Wenn Sie ein bestimmtes Ziel erreichen wollen, richten Sie Ihre Aufmerksamkeit nicht auf das Ziel an sich, sondern auf die Frühindikatoren, welche die Zielerreichung vorantreiben. Bei der Implementierung der 4 Disziplinen werden Sie – zumindest anfangs – Dinge tun, die Ihnen auf den ersten Blick wenig sinnvoll erscheinen und Ihrem Bauchgefühl zuwiderlaufen. Wir wollen hier jedoch noch einmal betonen, dass die 4 Disziplinen das Ergebnis seriöser, intensiver und jahrelanger Experimente und wiederholter Tests unserer Hypothesen sind. Alles, was Sie hier erfahren, wurde gründlich erprobt. Die gute Nachricht ist, dass das, was zunächst eigenartig und ungewohnt erscheint, schon bald Ergebnisse zeigt und zur Gewohnheit wird.

4DX ist ein Betriebssystem. Die 4 Disziplinen sind ein aufeinander abgestimmtes Gesamtkonzept und kein Auswahlmenü aus separaten Modulen. Zwar besitzt jede Disziplin ihren eigenen Wert, ihre wahre Kraft beziehen sie jedoch aus ihrer Verzahnung und ihrem sequenziellen Zusammenspiel. Jede Disziplin bereitet den Boden für die nächste. Wenn Sie eine Disziplin überspringen, wirkt sich das unmittelbar negativ auf Ihre Ergebnisse aus. Betrachten Sie die 4 Disziplinen als eine Art Betriebssystem – sobald es installiert ist, können Sie damit arbeiten und es auf praktisch jede Strategie anwenden. Für eine erfolgreiche Umsetzung müssen Sie die 4 Disziplinen jedoch als Gesamtsystem betrachten. Im Verlauf der folgenden Kapitel werden die Gründe dafür deutlich.

Teil I –
Die 4 Disziplinen der Umsetzung

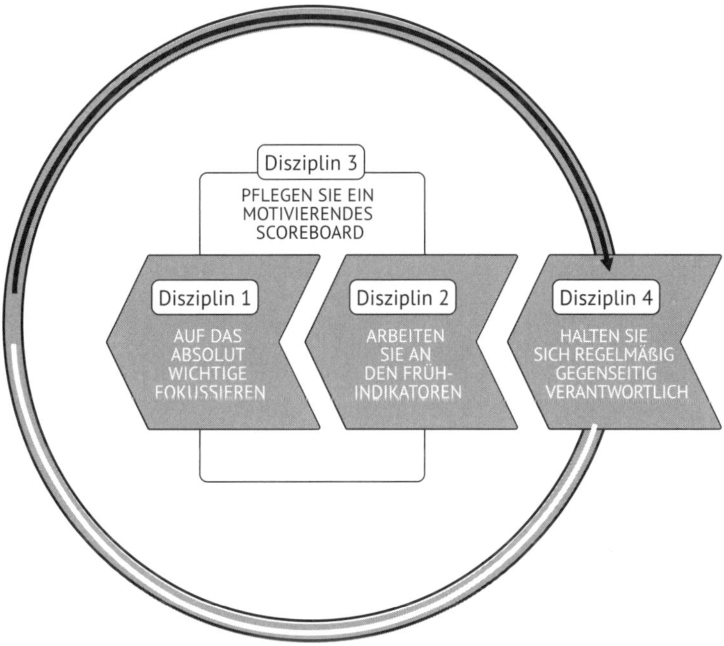

Die 4 Disziplinen der Umsetzung drehen sich um die Erzielung herausragender Ergebnisse. Die Disziplinen zeigen von rechts nach links, weil das die Stoßrichtung ist, die herausragende Teams anwenden. Sie legen sich gegenseitig ständig Rechenschaft über die Erfüllung der Frühindikatoren ab, welche ihrerseits die Zielerreichung vorantreiben.

Das motivierende Scoreboard – die 3. Disziplin – steht in der Mitte, weil es die Erfolgsmessgrößen für alle sichtbar abbildet.

Halten Sie sich regelmäßig gegenseitig verantwortlich – die 4. Disziplin – bildet einen Rahmen um die anderen Disziplinen, weil sie alles zusammenhält. Der kreisförmige Pfeil symbolisiert die regelmäßige Berichterstattung über die Erfüllung der Erfolgsmessgrößen des Scoreboards.

1. Disziplin: Auf das absolut Wichtige fokussieren

Die 1. Disziplin besteht darin, Ihre intensivsten Anstrengungen auf das eine oder die beiden Ziele zu fokussieren, die wirklich große Veränderungen herbeiführen können, anstatt ein Dutzend Ziele mit mittelmäßiger Energie zu verfolgen. Die Umsetzung beginnt mit dem *Fokus*. Ohne ihn werden die anderen drei Disziplinen nicht viel ausrichten können.

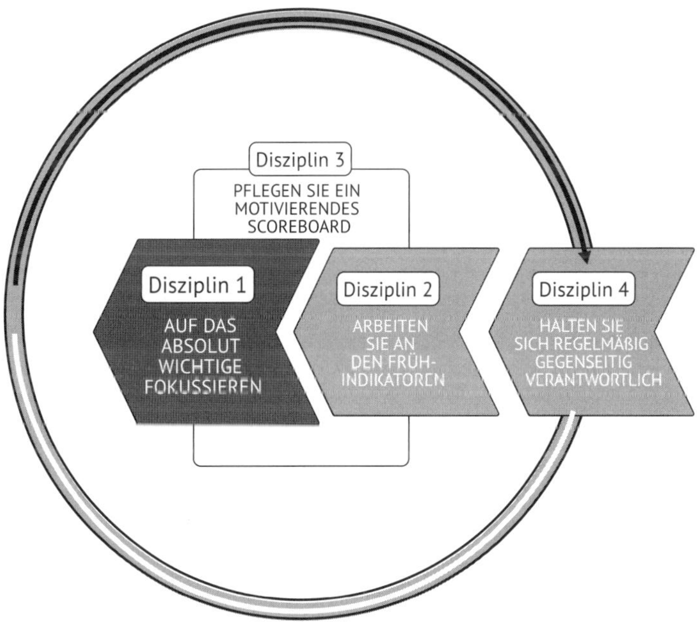

Warum haben fast alle Manager und Führungskräfte Schwierigkeiten, zielgerichtet eine Sache zu fokussieren? Nicht weil sie glauben, Fokus sei nicht nötig. Jede Woche arbeiten wir mit Dutzenden Führungsteams auf der ganzen Welt und fast ausnahmslos gestehen sie ein, dass sie ihren Fokus verbessern müssen. Trotz dieses Bewusstseins und ihres eigenen Wunsches geraten sie immer wieder in die Situation, dass sie zu viele konkurrierende Prioritäten gleichzeitig verfolgen und ihre Teams in viele verschiedene Richtungen lenken.

Zuallererst sollten Sie wissen, dass Sie mit diesem Problem nicht alleine sind. Die Unfähigkeit von Managern, sich auf das Wesentliche zu konzentrieren, erreicht epidemische Ausmaße. Wenn wir in der 1. Disziplin über die Fokussierung sprechen, meinen wir keine Begrenzung des Umfangs und der Komplexität Ihres Tagesgeschäfts, auch wenn das im Laufe der Zeit die Folge einer gezielten Aufmerksamkeit auf die WIGs sein kann. Das, was wir als Wirbelwind bezeichnen, beinhaltet alle dringenden und notwendigen Aktivitäten, die Ihr Unternehmen tagtäglich erledigen muss, um sich am Markt behaupten zu können. Die Fokussierung auf das Wesentliche bedeutet, die Zahl der Ziele zu begrenzen, die Sie neben den Anforderungen des Tagesgeschäfts anstreben.

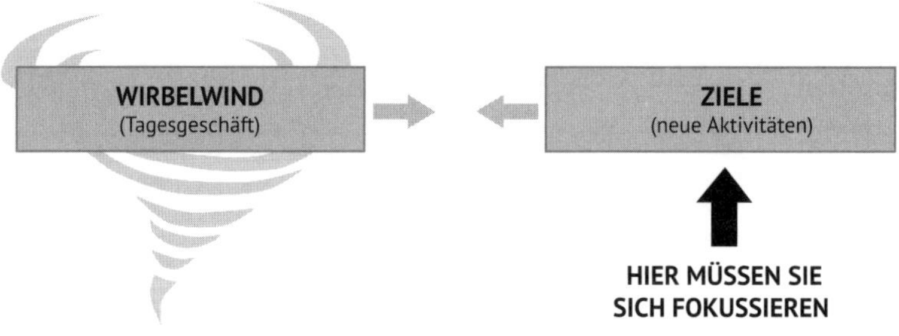

Die 1. Disziplin zu praktizieren bedeutet, dass Sie Ihren Fokus auf einige wenige, absolut vorrangige Ziele legen, damit Sie diese neben den vielfältigen Anforderungen des Tagesgeschäfts erreichen können, ohne dass die Zielverfolgung außer Kontrolle gerät.

Einfach ausgedrückt geht es bei der 1. Disziplin darum, mehr Energie auf weniger Ziele zu verwenden, weil für die Zielsetzung das

Gesetz der abnehmenden Erträge und das Gesetz der Schwerkraft gelten.

ZAHL DER ZIELE (neben dem Tagesgeschäft)	2–3	4–10	11–20
EXZELLENT UMGESETZTE ZIELE	2–3	4–10	11–20

Die Chance, dass es Ihnen gelingt, zwei oder drei Ziele exzellent umzusetzen, ist hoch. Je mehr Ziele Sie jedoch gleichzeitig verfolgen, desto größer ist die Wahrscheinlichkeit, dass Sie keines von ihnen erreichen.

Wenn sich ein Team neben dem Tagesgeschäft auf zwei oder drei Ziele konzentriert, kann es diese erreichen. Wenn es sich dagegen vier bis zehn Ziele gesetzt hat, erreicht es nach unserer Erfahrung höchstens ein oder zwei davon. Das heißt, das Team macht Rückschritte! Wenn es elf bis 20 Ziele gleichzeitig verfolgt, geht jeglicher Fokus verloren. Angesichts so vieler verschiedener Ziele werden die Teammitglieder nicht mehr zuhören und erst recht nichts mehr umsetzen.

Warum ist das so?

Laut wissenschaftlicher Forschung kann das menschliche Gehirn immer nur einer Sache seine volle Aufmerksamkeit schenken. Sie können nicht einmal wirklich konzentriert Auto fahren, wenn Sie gleichzeitig telefonieren und einen Hamburger verschlingen. Das gilt erst recht für das Jonglieren mit zahlreichen wichtigen Geschäftszielen. Earl Miller, Neurowissenschaftler am MIT, sagt: »Der Versuch, sich auf zwei Aufgaben gleichzeitig zu konzentrieren, erzeugt eine Überlastung der Verarbeitungskapazitäten des Gehirns … Insbesondere wenn Menschen versuchen, ähnliche Aufgaben gleichzeitig zu erledigen, zum Beispiel eine E-Mail zu schreiben und gleichzeitig zu telefonieren, konkurrieren diese beiden Aktivitäten um die Aufmerksamkeit desselben Teils des Gehirns. Wenn ein Teil des Gehirns überbeansprucht wird, weil man versucht, zu viel auf einmal zu machen, verlangsamt sich die Hirnaktivität.«[4] Wenn das für einfache Aufgaben wie Telefonanrufe und E-Mails gilt, können Sie sich vorstellen, welche Auswirkungen eine suboptimale Fokussierung auf unternehmensverändernde Ziele haben kann.

Der präfrontale Kortex oder auch Frontallappen – der »Türöffner« des Gehirns – kann die tägliche Informationsflut, der wir ausgesetzt sind, nicht verarbeiten, weil er lediglich auf überschaubare Mengen an Information und nicht auf Flutwellen ausgerichtet ist. In unserer Multitaskingkultur »werden die neuronalen Schaltkreise, die der Aufnahme und dem Filtern von Informationen sowie dem Multitasking dienen, erweitert und gestärkt, während die neuronalen Schaltkreise, die für Aktivitäten verwendet werden, die eine anhaltende Konzentration über längere Zeiträume erfordern, zum Beispiel Lesen oder intensives Nachdenken, schwächer werden«.

Die Folge? »Habituelle Multitasker machen bei der Erledigung der wichtigsten Aufgabe womöglich Kompromisse; sie opfern Qualität für Quantität und werden auf diese Weise Opfer der Irrelevanz.«

»Die Verbesserung unserer Multitaskingfähigkeiten behindert nachweislich unsere Fähigkeit zu intensivem und kreativem Nachdenken ... Je mehr Multitasking Sie betreiben ... desto weniger denken Sie in die Tiefe. Das wirkt sich negativ auf die Denkfähigkeit und die Fähigkeit zur Problemanalyse aus«, erklärt Jordan Grafman vom US-amerikanischen National Institute of Neurological Disorders and Stroke (NINDS), das sich mit der Erforschung von Gehirn- und Nervenerkrankungen befasst.[5]

Natürlich müssen Sie Ihr Gehirn nicht überfordern. Sie können sehr wohl Ihre Hirnkapazitäten aktivieren, um sich intensiv auf ein WIG zu konzentrieren und gleichzeitig andere Prioritäten im Auge zu behalten. Das beste Beispiel für dieses Prinzip sind Fluglotsen. Zu einem bestimmten Zeitpunkt können mehr als 100 Flugzeuge im Anflug sein, starten oder über das Flugfeld rollen, und alle sind wichtig, vor allem wenn Sie in einem von ihnen sitzen! Für den Lotsen im Tower ist in diesem Augenblick aber nur ein einziges Flugzeug absolut vorrangig, und zwar dasjenige, das sich im Landeanflug befindet. Selbstverständlich vergisst er darüber nicht die anderen Flugzeuge auf dem Radar. Er behält sie im Auge, aber hier und jetzt fokussiert er seine gesamte Aufmerksamkeit und sein gesamtes Wissen auf dieses eine Flugzeug. Wenn er es nicht reibungslos und sicher auf den Boden bringt, dann ist alles andere, was er womöglich leistet, unwichtig. Der Fluglotse lotst immer *ein Flugzeug* sicher auf den Boden.

Genauso verhält es sich mit WIGs. Das sind die Ziele, die Sie neben den wiederkehrenden Prioritäten des Tagesgeschäfts mit Exzellenz umsetzen müssen. Damit Ihnen das gelingt, müssen Sie bereit sein, schwierige Entscheidungen zu treffen, und die höchsten Prioritäten von allen anderen ebenfalls wichtigen, aber im Vergleich nachrangigen Zielen unterscheiden, die sich auf Ihrem Radar befinden. Anschließend müssen Sie dieses WIG mit voller Aufmerksamkeit und unermüdlichem Einsatz verfolgen, bis es auf exzellente Weise umgesetzt ist. Das bedeutet nicht, dass Sie alle anderen bedeutenden Ziele aufgeben. Sie befinden sich noch immer auf Ihrem Radar, aber sie erfordern *hier und jetzt* nicht Ihre intensivsten Anstrengungen. (Einige Ziele lohnen vielleicht sogar nie Ihre intensivsten Anstrengungen – so manche wären gar besser in der Schublade geblieben!)

Wer versucht, zu viele Ziele auf einmal zu verfolgen, setzt am Ende keines mit echter Exzellenz um. Sie können das Prinzip des Fokus ignorieren, aber es wird Sie nicht ignorieren. Oder Sie können dieses

Prinzip nutzbringend anwenden, um kontinuierlich Ihr wichtigstes Ziel zu verfolgen.

Herkömmliche Denkweise	4DX-Prinzip
Alle unsere Ziele haben höchste Priorität. Wir können erfolgreiches Multitasking betreiben und fünf, zehn oder 15 wichtige Ziele erreichen. Wir müssen nur länger arbeiten und uns intensiver anstrengen.	Viele unserer Ziele sind wichtig, aber nur ein oder zwei Ziele sind absolut wesentlich. Wir bezeichnen sie als WIGs. Das sind die Ziele, die wir unbedingt erreichen müssen. Wir können unsere intensivsten Anstrengungen immer nur auf ein oder zwei absolut vorrangige Ziele richten.

Die Herausforderung für Führungskräfte

Die große Preisfrage lautet: Warum ist der Druck so groß, immer mehr Ziele gleichzeitig zu verfolgen, anstatt ihre Anzahl zu reduzieren? Wenn Sie wissen, wie wichtig die Fokussierung ist, warum ist es dann so schwer, diese Erkenntnis in die Tat umzusetzen?

Sie könnten sagen, als Manager und Führungskraft sähen Sie stets mehr als ein Dutzend Dinge, die einer Verbesserung bedürfen, und ein weiteres Dutzend Chancen, die Sie gerne wahrnehmen würden. Darüber hinaus gibt es noch andere Menschen (und ihre jeweiligen Planungen und Absichten), die Ihre bestehenden Ziele um ihre eigenen ergänzen, vor allem wenn sie hierarchisch über Ihnen stehen. Meist ist der Hauptschuldige jedoch keiner dieser externen Faktoren, sondern Sie selbst. Zwar sind Ihre Absichten gut, aber in einem sehr realen Sinne sind sie oft Ihr schlimmster Feind. Sich das bewusst zu machen ist ein erster Schritt. Einige dieser Tendenzen wollen wir eingehender betrachten.

Ein Grund, weshalb Sie Ihrem Team zu viele Ziele aufbürden, ist, dass Sie eine ambitionierte und kreative Führungskraft sind. Sie sind genau die Art von Führungskraft, die Organisationen gerne fördern und befördern. Das Problem ist, dass kreative, ehrgeizige Menschen stets mehr und nicht weniger tun wollen. Wenn das auf Sie zutrifft, sind Sie beinahe darauf programmiert, die 1. Disziplin der Umsetzung zu missachten.

Ein weiterer Grund könnte darin bestehen, dass Sie versuchen, Unwägbarkeiten abzusichern. Anders ausgedrückt: Wenn Sie viele Pfeile an die Wand werfen, wird irgendeiner schon ins Schwarze treffen. Außerdem ist auf diese Weise sichergestellt, dass niemand die Einsatzbereitschaft Ihres Teams infrage stellen kann, falls Sie keinen Erfolg haben. Selbst wenn Sie eigentlich wissen, dass weniger mehr ist, *macht es einen besseren Eindruck,* vielfältige Aktivitäten vorweisen zu können, vor allem gegenüber Vorgesetzten. Vielleicht lehnen Sie innerlich die erhöhte Ergebnisverantwortlichkeit ab, die mit einer Reduzierung der Ziele einhergeht (Qualität), und verlassen sich für Ihren Erfolg stattdessen lieber auf das reine Ausmaß der Anstrengungen (Quantität).

Die größte Herausforderung, mit der Sie bei der Verengung Ihres Fokus konfrontiert sind, lautet jedoch, dass Sie zu vielen guten Ideen Nein sagen müssen. 4DX könnte sogar bedeuten, dass Sie einige *großartige* Ideen ablehnen müssen, zumindest einstweilen. Nichts erscheint einem Manager so widersinnig, wie eine gute Idee abzulehnen, aber nichts ist schädlicher für die Fokussierung, als zu allem Ja zu sagen.

Erschwert wird das Ganze dadurch, dass diese guten Ideen nicht alle auf einmal und schön gebündelt präsentiert werden, sodass die

Auswahl zwischen ihnen leichtfällt. Stattdessen treten sie einzeln und unkoordiniert auf. Jede Idee für sich genommen erscheint so sinnvoll, dass es beinahe unmöglich ist, sie abzulehnen. Doch letztendlich verzetteln Sie sich damit. Wir glauben, Führungskräfte, die vor dieser Herausforderung stehen, sollten das folgende Zitat an prominenter Stelle in ihrem Büro aufhängen:

Es wird immer mehr gute Ideen geben als Kapazitäten zu ihrer Umsetzung.

Wir können die Bedeutung der Konzentration auf ein, maximal zwei WIGs gleichzeitig gar nicht oft genug betonen. Das läuft zunächst der Intuition zuwider, aber es muss sein.

Bevor Apple von zahlreichen Quellen in den USA zum Unternehmen des Jahrzehnts ernannt wurde,[6] sagte der damalige Vorstand für das operative Geschäft und heutiger CEO, Tim Cook, zu seinen Shareholdern:

> *»Wir sind das fokussierteste Unternehmen, das ich kenne beziehungsweise über das ich gelesen habe. Jeden Tag sagen wir Nein zu guten Ideen. Wir sagen sogar Nein zu großartigen Ideen, um die Zahl der Dinge, auf die wir uns fokussieren, klein zu halten. Das geschieht, damit wir unsere gesamte Energie in die wenigen Dinge investieren können, auf die wir uns konzentrieren. Die Produkte, die Apple herstellt, passen vermutlich auf den Tisch, an dem Sie heute sitzen, dennoch haben wir letztes Jahr 40 Milliarden Dollar Umsatz erzielt.«*[7]

Apples fester Entschluss, gute Ideen abzulehnen, hatte verheerende Konsequenzen für seine Wettbewerber. Einst arbeiteten wir mit einem Hersteller zusammen, der in direkter Konkurrenz zu Apples iPhone stand. Als wir uns mit dem Manager zusammensetzten, der für die Entwicklung einer neuen Benutzeroberfläche verantwortlich war, die mit dem iPhone konkurrieren sollte (was würden Sie zu einer solchen Aufgabe sagen?), war dieser Mann mehr als nur leicht entmutigt. »Das ist wirklich nicht fair«, klagte er und schüttelte den Kopf. »Wenn man unsere inländischen und internationalen Geschäftsoperationen zusammennimmt, stellen wir mehr als 40 verschiedene Mobiltelefone her. Apple macht nur eins.« Wir hätten es nicht besser ausdrücken können. Stephen R. Covey sagt dazu: »Sie müssen entscheiden, welches Ihre höchsten Prioritäten sind, und den Mut haben, freundlich und mit einem Lächeln, aber ohne sich zu rechtfertigen, Nein zu anderen Dingen zu sagen. Das gelingt Ihnen nur, wenn ein größeres ›Ja‹ in Ihnen brennt.«

Wenn Sie die Bedeutung der Ablehnung guter Ideen zugunsten einer engen Fokussierung Ihres Teams verstanden haben, können Sie den ersten der beiden Fallstricke vermeiden, die im Zusammenhang mit der Fokussierung lauern. Der zweite Fallstrick, also der Versuch, alle Anforderungen des Tagesgeschäfts in ein WIG zu verwandeln, ist noch weiter verbreitet. Wenn Sie sich einmal in diesem Netz verfangen haben, versuchen Sie, alles in ein absolut vorrangiges Ziel zu verwandeln.

Das Tagesgeschäft mit seinen vielfältigen Anforderungen enthält alle bestehenden Erfolgsmessgrößen für den laufenden Unternehmensbetrieb – in der nachfolgenden Abbildung als Skalen dargestellt. Es ist vollkommen angemessen, dass Ihr Team 80 Prozent seiner Zeit und Energie auf den Erhalt beziehungsweise die schrittweise Verbesserung dieser Messgrößen verwendet. Das Schiff auf Kurs zu halten sollte die Hauptaufgabe sein. Aber wenn Ihr Team seine gesamte Energie darauf verwendet, all diese Messgrößen gleichzeitig zu verbessern, haben Sie Ihren Fokus verloren.

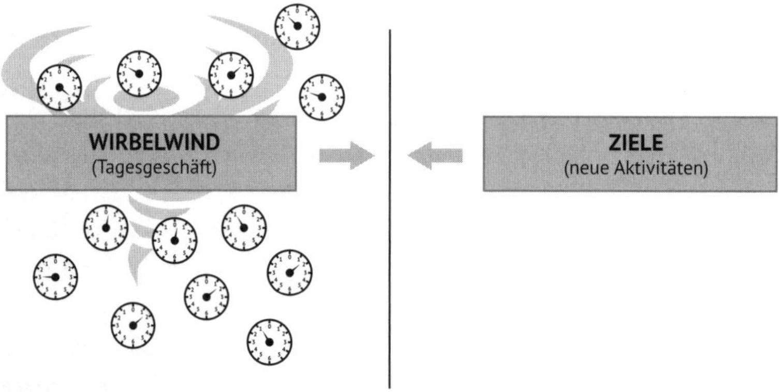

Im Rahmen des Tagesgeschäfts verfolgen die Mitarbeiter unzählige Zahlen – Finanzen, Kundenzufriedenheitsraten, Produktlebenszyklen und so weiter. Ein neues, absolut vorrangiges Ziel kann in der Vielfalt der täglichen Anforderungen und Erfolgsmessgrößen leicht untergehen.

Alle Ziele mit dem gleichen Druck zu verfolgen, ist so, als wolle man mit allen Fingern gleichzeitig ein Loch in ein Blatt Papier bohren. Die Folge ist, dass auf keinen Punkt genügend Druck ausgeübt wird, um eine Veränderung zu erzeugen. Viele der angestrebten Ziele erfordern zahlreiche Verhaltensänderungen. Wenn Sie sich jedoch auf ein einziges WIG konzentrieren, ist das, als würden Sie mit einem einzigen Finger das Blatt Papier durchstoßen – die gesamte Kraft Ihrer Hand fließt zu diesem Zweck in diesen einen Finger.

Strategien, die Sie nicht einfach per Beschluss umsetzen können, verlangen von Ihrem Team eine Verhaltensänderung. Das Team ist jedoch überfordert, wenn es zahlreiche Verhaltensweisen auf einmal verändern soll, auch wenn Sie noch so sehr darauf dringen. Der Versuch, jede Erfolgskennzahl des Tagesgeschäfts signifikant zu verbessern, wird Ihre gesamte Zeit in Anspruch nehmen, aber keine nennenswerten Resultate hervorbringen.

Was sollten Sie also tun, abgesehen von der Vermeidung dieser beiden Fallstricke, die eine notwendige Fokussierung verhindern – das heißt die Unfähigkeit, auch gute Ideen abzulehnen, und zu versuchen, alles zu einem wichtigen Ziel zu erheben? Verengen Sie Ihren Fokus auf ein oder zwei absolut vorrangige Ziele und investieren Sie die Zeit und Energie Ihres Teams konsistent auf deren Erreichung. Mit anderen Worten: Wenn Sie hochfokussierte, hochleistungsfähige Teammitglieder wollen, müssen Sie ihnen ein absolut vorrangiges Ziel setzen, das sie fokussieren können.

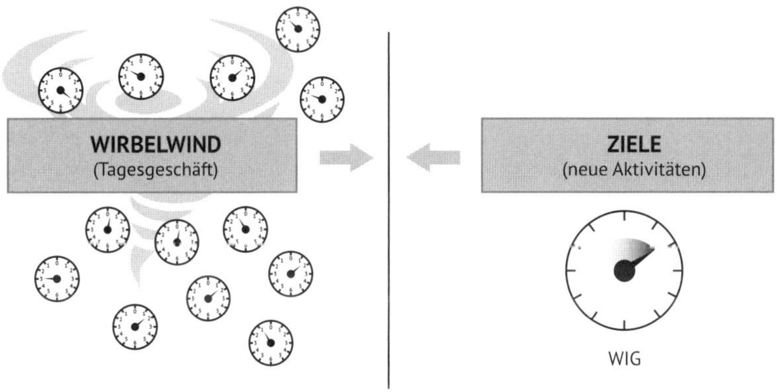

Zwar dürfen Sie die für das Tagesgeschäft wichtigen Zahlen nicht aus den Augen verlieren, aber die 1. Disziplin erfordert einen intensiven Fokus auf eine einzige Zahl – die Erfolgskennzahl für die Erreichung des WIG.

Die Bestimmung Ihres absolut vorrangigen Ziels

Ein absolut vorrangiges Ziel (WIG) ist ein Ziel, das den entscheidenden Unterschied macht. Weil es Ihren strategischen Wendepunkt markiert, werden Sie eine überproportional große Menge an Energie auf seine Erreichung verwenden – die 20 Prozent, die nicht für das Tagesgeschäft verbraucht werden. Aber wie entscheiden Sie, welches der vielen möglichen Ziele Ihr WIG sein soll?

Gelegentlich liegt die Wahl des WIG auf der Hand, gelegentlich kann das aber eine verwirrende Aufgabe sein. Wenn Sie versuchen, Ihr WIG zu bestimmen, indem Sie sich fragen, was das Wichtigste ist, stellen Sie unter Umständen fest, dass Sie sich im Kreis drehen. Warum? Weil die dringenden Prioritäten Ihres Tagesgeschäfts unaufhörlich darum konkurrieren, an erster Stelle zu stehen. Und in der Regel gibt es für jede Priorität ein sehr überzeugendes Argument. Zur Illustration dieses Problems stellen Sie sich das Führungsteam eines Fertigungswerks vor, welches das folgende Gespräch führt:

»Ich sage Ihnen, Qualität ist das Wichtigste, und das sollte unser WIG sein!«, sagt eine Führungskraft.

»Wir sollten aber nicht vergessen, dass es unsere Produktion ist, die hier die Rechnungen zahlt«, gibt eine andere zu bedenken.

»Es tut mir leid, aber ich kann keinem von Ihnen zustimmen«, sagt eine dritte. »Die Sicherheit steht über allem anderen. Hat sich jemals einer Ihrer Mitarbeiter ernsthaft verletzt? Wenn ja, stimmen Sie mir zu.«

Das Ergebnis solcher Diskussionen sind allgemeine Frustration und Verwirrung, begleitet von einem unvermeidlichen (und paradoxen) Fokusverlust. Das Problem bei dem hier skizzierten Gespräch ist, dass die Führungskräfte die falschen Fragen stellen. Fragen Sie bei der Bestimmung Ihres absolut vorrangigen Ziels nicht: »Was ist das Wichtigste?», sondern beginnen Sie mit der Frage »Angenommen, alle Unternehmensbereiche würden ihr derzeitiges Leistungsniveau beibehalten, welches ist der eine Bereich, dessen Veränderung die größte Wirkung erzeugen würde?«. Diese Frage verändert den

Blickwinkel und ermöglicht es Ihnen, den Fokus zu identifizieren, der den maßgeblichen Unterschied bewirken könnte.

Denken Sie daran, dass 80 Prozent der Energie Ihres Teams nach wie vor auf das Tagesgeschäft gerichtet sind. Die Sorge, Ihr Team werde alles andere vernachlässigen, wenn es sich auf ein oder zwei absolut vorrangige Ziele konzentriert, ist daher unbegründet. Und wenn Sie sich darüber keine Sorgen mehr machen müssen, können Sie sich wirklich auf die Erreichung Ihres WIG fokussieren.

Ihr absolut vorrangiges Ziel wird sich aus einer der beiden folgenden Kategorien ergeben: entweder aus dem Tagesgeschäft oder aus einem Bereich außerhalb des Tagesgeschäfts.

Wenn es sich aus dem Tagesgeschäft ergibt, könnte es sich um ein Problem handeln, das so groß ist, dass es dringend einer Lösung bedarf, oder um ein Schlüsselelement Ihres Wertangebots, das nicht erfüllt wird. Die chronische Überziehung von Projektfristen oder Budgets oder ein unbefriedigender Kundenservice sind gute Beispiele. Es könnte sich aber auch um einen Bereich handeln, auf dem Ihr Team bereits eine hervorragende Leistung erzielt, deren weitere Steigerung aber zu spürbar verbesserten Ergebnissen führen könnte. So könnte die Steigerung der Patientenzufriedenheit in einem privaten Krankenhaus von 85 auf 95 Prozent die Krankenhausumsätze deutlich erhöhen.

Ziele, die sich nicht aus dem Tagesgeschäft ergeben, haben oft mit einer strategischen Neuausrichtung zu tun. Die Einführung eines neuen Produkts oder einer neuen Serviceleistung, entweder als Reaktion auf eine Bedrohung durch den Wettbewerb oder zur Wahrnehmung einer lukrativen Geschäftschance, könnte ein WIG sein, das zu bahnbrechenden Erfolgen führt. Denken Sie daran, dass Ziele, die eine strategische Neuausrichtung zum Inhalt haben, oft tief greifende Verhaltensänderungen erfordern, da sie für Ihr Team eine völlig neue Herausforderung darstellen.

Egal ob Ihr WIG seinen Ursprung innerhalb oder außerhalb des Tagesgeschäfts hat, Ihr wahrer Ehrgeiz richtet sich nicht nur auf die Zielerreichung, sondern auch darauf, das neue Leistungsniveau Ihres Teams zu einem Standard zu machen. Jedes Mal, wenn ein WIG erreicht wird, wird es anschließend integraler Bestandteil des normalen Geschäfts. Und immer wenn das geschieht, verändern sich die normalen Geschäftsabläufe. Sie sind strukturierter, chronische Probleme werden beseitigt und das neue Ergebnisniveau wird zu einem nachhaltigen Bestandteil des operativen Geschäfts. Soll heißen, das allgemeine Leistungs- und Ergebnisniveau wird nachhaltig gesteigert. Somit schaffen Sie ein solideres Fundament für die Erreichung zukünftiger WIGs.

Gelegentlich geht es bei der Bestimmung Ihres WIG um mehr als die Auswahl des einen Geschäftsbereichs, in dem eine Veränderung die größte Ergebnisverbesserung erzeugt. In diesem Fall handelt es sich um ein grundlegendes WIG, das den Kern Ihrer Unternehmensmission betrifft, und seine Erreichung wird über das zukünftige Bestehen Ihres Unternehmens entscheiden.

Eines unserer Projekte bei einer großen Secondhandladenkette[8] begann genau in der Phase der Zielformulierung. Der Vorgänger des amtierenden Firmenpräsidenten hatte das Unternehmen auf eine solide finanzielle und operative Basis gestellt, Marketing und Werbung aktualisiert, die Gestaltung der Ladengeschäfte und die Buchführungsmethoden modernisiert. In unseren Gesprächen über das vorrangigste Ziel seiner Organisation vertrat er die Auffassung, diese zahlenorientierten Schwerpunkte sollten fortgesetzt werden. Andere Führungskräfte plädierten hingegen für eine stärkere Betonung des sozialen Elements – konkret: die Steigerung des Anteils an behinderten Mitarbeitern. Wieder andere sprachen sich dafür aus,

Wachstum zum übergeordneten Ziel zu erheben. Das Spektrum an möglichen wichtigsten Zielen war beeindruckend.

Um dem Führungsteam zu helfen, auf einen gemeinsamen Nenner zu kommen, bat der neue Unternehmensführer alle, die Mission der Organisation zu überdenken, »die Eigenständigkeit behinderter und ausgegrenzter Menschen zu fördern«. Angesichts der Tatsache, dass die Firma auf einer soliden operativen und finanziellen Basis stand, lohnte sich die Überlegung, ob der Bereich, in dem die Unternehmensführung die größten Ergebnisse erzielen würde, möglicherweise unmittelbarer mit der Unternehmensmission in Zusammenhang stand. Allmählich kristallisierte sich aus dieser Erfahrung ein WIG heraus, das bisher nicht in Betracht gezogen worden war, nämlich »behinderten Menschen außerhalb unserer Organisation zu helfen, eine Arbeit zu finden, die ihnen den Lebensunterhalt sichert«. Zwar konnte das Unternehmen selbst nicht alle Behinderten der Region einstellen, aber es besaß die operationelle Kapazität, viele Tausend Behinderte im Einzelhandel auszubilden und sie bei der Arbeitssuche zu unterstützen, sodass sie sich aus der Abhängigkeit von staatlichen Sozialleistungen befreien konnten. Die neuen Erfolgsmessgrößen der Organisation? »Mehr behinderte Menschen in feste Arbeitsverhältnisse zu bringen.«

Dieses WIG transformierte das gesamte Unternehmen. Es verhalf Tausenden von Behinderten zu mehr Eigenständigkeit und einem größeren Selbstwertgefühl, während es im Tagesgeschäft gleichzeitig für nachhaltige operative und finanzielle Ergebnisse sorgte, die diese neue Mission erst möglich machten.

Wie Sie Ihre Organisation fokussieren

Bis jetzt haben wir viel über die Fokussierung im Zusammenhang mit Ihrem Führungsbereich und Ihrem Team gesprochen. Das ist für sich genommen schon eine große Herausforderung. Große Unternehmensbereiche oder sogar das gesamte Unternehmen zu fokussieren, stellt jedoch eine noch viel größere Herausforderung dar. Wir gehen zwar später noch ausführlicher darauf ein, aber Sie sollten ein ausgeprägtes Verständnis für die Regeln besitzen, die die Anwendung der 1. Disziplin in organisationeller Hinsicht bestimmen, bevor wir uns der 2. Disziplin widmen.

Regel 1: Kein Team fokussiert mehr als zwei WIGs gleichzeitig. Diese Regel verhält sich wie der Drehzahlregler eines Motors. Wenn der 4DX-Prozess tief verankert ist, kann es in der gesamten Organisation Dutzende oder sogar mehrere Hundert WIGs geben. Der Schlüssel liegt jedoch darin, keinen Teamleiter, kein Team und kein individuelles Teammitglied zu überfordern. Denken Sie daran, dass alle nebenbei mit den Anforderungen des Tagesgeschäfts beschäftigt sind. Behalten Sie diese Regel im Hinterkopf, wenn Sie die drei weiteren Regeln betrachten. Wenn Sie die erste Regel verletzen, haben Sie als Organisation den Fokus verloren.

Regel 2: Die Teilziele, die Sie formulieren, entscheiden über die Erreichung Ihres Gesamtziels. Ob es sich um eine Strategie oder eine gerichtliche Auseinandersetzung handelt, zwischen Teilzielen und dem Gesamtziel besteht eine unauflösliche Beziehung. Eine Strategie besteht traditionell aus vielen »Schlachten«; die Summe der gewonnenen Schlachten bestimmt darüber, ob das Gesamtziel erreicht wird. Ein übergeordnetes Unternehmensziel (Unternehmens-WIG) wird auf den nachgeordneten Unternehmensebenen auf Teilziele heruntergebrochen, die für den jeweiligen Unternehmensbereich selbst ein WIG darstellen. Diese Teilziele haben den ausschließlichen Zweck, die Erreichung des übergeordneten Gesamtziels sicherzustellen. Dabei reicht es nicht aus, dass ein nachgeordnetes WIG das übergeordnete WIG unterstützt oder mit diesem im Einklang steht. Die nachgeordneten Teilziele müssen den Erfolg des Gesamtziels *garantieren*.

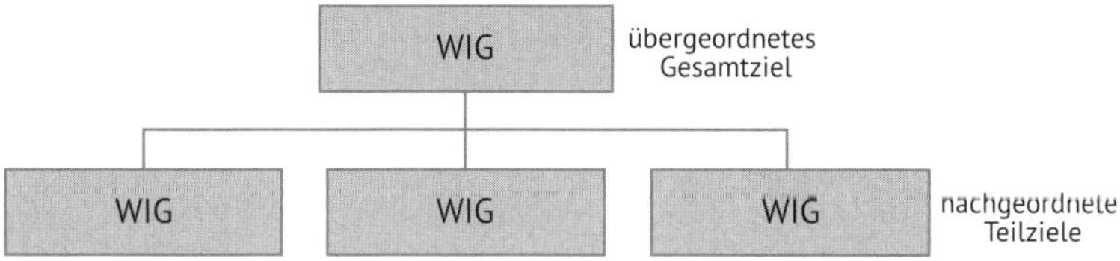

Ein Beispiel: Ein Anbieter von Online-Finanzdienstleistungen, mit dem wir zusammengearbeitet haben, wusste, dass er bis zum Ende des Fiskaljahrs die Umsätze von 160 Millionen auf 200 Millionen Dollar steigern musste, um die Erwartungen seiner Investoren zu erfüllen. Ein neues Außendienstteam verpflichtete sich darauf, acht Millionen Dollar zum Umsatz beizutragen, und die Abteilung Großkunden verpflichtete sich auf weitere 32 Millionen Dollar.

Wie sah es mit einer anderen großen Abteilung aus, dem IT-Team? Welche Rolle spielte diese Abteilung im Rahmen des Unternehmens-WIG? Spielte sie überhaupt irgendeine Rolle? Zunächst fühlte sie sich von dem Ziel ausgeschlossen. Nach einigen sorgfältigen Recherchen kam das IT-Team zu dem Schluss, das wirksamste Teilziel, das es sich im Zusammenhang mit dem übergeordneten Gesamtziel der Umsatzsteigerung setzen konnte, sei die Optimierung der Netzleistung, um einen kontinuierlichen, schnellen und störungsfreien Onlineservice zu gewährleisten. Das war für Neukunden ein wichtiges Kriterium bei der Auswahl des Anbieters, vielleicht sogar das wichtigste. Wie sich herausstellte, leistete das IT Team den maßgeblichen Beitrag zur Erreichung des übergeordneten Gesamtziels. Sein Erfolg ebnete den anderen Abteilungen den Weg zur Erreichung ihrer jeweiligen Teilziele.

Sobald das übergeordnete WIG feststeht, stellt sich die nächste maßgebliche Frage. Anstelle der Frage »Was müssen wir alles tun, um das Gesamtziel zu erreichen?« – ein weitverbreiteter Irrtum, der zu einer endlosen To-do-Liste führt –, fragen Sie sich: »Welches sind die absolut notwendigen Teilziele zur Erreichung des Gesamtziels?«

Die Antwort auf diese Frage bestimmt, wie viele und welche Teilziele Sie auf den nachgeordneten Unternehmensebenen erreichen müssen. Wenn Sie die Teilziele benannt haben, die über den Erfolg des Gesamtziels bestimmen, haben Sie einen wichtigen Schritt zur Klärung und Vereinfachung Ihrer Strategie gemacht. Dieser Prozess wird an späterer Stelle noch einmal ausführlich dargestellt.

Regel 3: Das Spitzenmanagement kann ein Veto einlegen, aber die Teilziele nicht diktieren. Sie können keine exzellente Umsetzung erreichen, wenn die Strategie ausschließlich und ohne Beteiligung nachgeordneter Führungsebenen von der Unternehmensführung vorgegeben und zur strikten Befolgung nach unten weitergereicht wird. Ohne Beteiligung der Manager und Teams, die für die Umsetzung verantwortlich sind, werden Sie nicht das ausgeprägte Engagement erzielen, das für Exzellenz in der Umsetzung nötig ist. Zwar ist es zweifellos die Kompetenz des Topmanagements, das übergeordnete Gesamtziel – das WIG auf Unternehmensebene – zu formulieren, aber es muss den nachgeordneten Führungskräften ermöglichen, die zur Erreichung des Gesamtziels notwendigen Teilziele für ihr jeweiliges Team selbst zu bestimmen. Das nimmt nicht nur ihr Wissen in Anspruch, sondern erzeugt auch ein größeres Gefühl der Zielverantwortlichkeit und Beteiligung. Menschen identifizieren sich stärker mit einem Ziel, das sie selbst bestimmt haben und das zur Erreichung eines überzeugenden Unternehmensziels beiträgt. Das Topmanagement kann allerdings von seinem Vetorecht Gebrauch machen, wenn die ausgewählten Teilziele kein Garant für die Erreichung des übergeordneten Gesamtziels sind.

Regel 4: Für alle WIGs müssen klare Fristen formuliert werden. Jedes WIG, das übergeordnete Unternehmens-WIG sowie die nachgeordneten Teilziele, muss zu messbaren Ergebnissen führen, die innerhalb einer klar formulierten Frist erreicht werden müssen. Ein umsatzfokussiertes WIG könnte zum Beispiel lauten: »Steigerung des Jahresumsatzes aus Neuprodukten von 15 auf 21 Prozent bis zum 31. Dezember des laufenden Jahres.« Das Von-auf-bis-Format beinhaltet den Istzustand, Ihr angestrebtes Ziel sowie den Zeitraum, der für die Zielerreichung definiert wurde. So einfach diese Formel auch scheinen mag, gelingt es vielen Managern oft nicht, ihre strategischen Konzepte in ein einziges Von-auf-bis-Format zu bringen. Sobald das geschehen ist, haben sie und ihre jeweiligen Teams jedoch eine große Klarheit über das weitere Vorgehen gewonnen.

Üblicherweise mangelt es den Zielformulierungen aber an genau dieser Klarheit. Wir sehen ständig Zielformulierungen, die nie zu greifbaren Resultaten führen werden, weil weder Fristen noch andere messbare Ergebnisse formuliert wurden. Daher lässt sich weder feststellen, ob ein Ziel erreicht wurde, noch lässt sich an irgendeinem Punkt auf dem Weg zur Zielerreichung irgendein Teilfortschritt messen. Hier einige Beispiele:

- Ein großes Einzelhandelsunternehmen: »Bestandsbearbeitung verbessern.«

- Ein Verlagshaus: »Neue Kundenbeziehungen entwickeln und bestehende stärken.«

- Eine australische Tourismusbehörde: »Einfluss auf die Entwicklung gut ausgebildeter Arbeitskräfte im Tourismus in Queensland nehmen.«

- Eine europäische Investmentgesellschaft: »Unser Portfolio erfolgreich in eine Lebenszyklusstrategie konvertieren.«

- Ein multinationales Unternehmen aus der Agrarwirtschaft: »Die besten Mitarbeiter identifizieren, gewinnen und ans Unternehmen binden.«

All diesen Zielen mangelt es an Messgrößen, die Aufschluss darüber geben, ob sie erreicht wurden. Bestandsbearbeitung verbessern – um wie viel? Kundenbeziehungen stärken? Wie soll »stärken« gemessen werden? Erfolgreiche Konvertierung eines Portfolios in eine Lebenszyklusstrategie? Woher wissen wir, ob uns das gelungen ist?

Die Formulierung effektiver Ergebniskennzahlen sieht dagegen so aus:

- »Verbesserung unserer Bestandsbearbeitung durch eine Steigerung des jährlichen Lagerumschlags von acht auf zehn bis zum 31. Dezember des laufenden Jahres.«
- »Steigerung unserer Punktzahl im Bereich Kundenbeziehungen von 40 auf 70 auf der Loyalitätsskala von insgesamt 100 innerhalb von 15 Monaten.«
- »Einführung der neuen CRM-Lösung mit einem 85-prozentigen Qualitätsbetaranking bis Ende des Fiskaljahrs.«

Wenn ein Ziel absolut vorrangig ist, sollten Sie auch in der Lage sein zu sagen, ob Sie es erreicht haben oder nicht. Die Von-auf-bis-Formel ermöglicht das.

Im Zusammenhang mit der Fristsetzung hören wir oft die Frage »Über welchen Zeitraum sollen wir die Zielerreichung verteilen?«. Unsere Antwort lautet: »Kommt ganz darauf an.« Da Teams und Unternehmen oft in Fiskal- oder Kalenderjahren denken und diese als Messgrößen verwenden, könnte eine Einjahresfrist ein guter Ausgangspunkt sein. Denken Sie jedoch daran, dass ein WIG keine Strategie ist. Ein WIG ist ein taktisches Ziel, das innerhalb eines begrenzten Zeitrahmens erreicht werden muss. Wir haben WIGs gesehen, deren Erreichung sechs Monate gedauert hat, und andere WIGs, deren Umsetzung 15 Monate in Anspruch genommen hat.

Die Dauer zur Erreichung eines projektbasierten WIG, wie zum Beispiel »Fertigstellung der neuen Website im vorgegebenen Budgetrahmen bis 1. Juli«, fällt üblicherweise mit der Frist für das gesamte Projekt zusammen. Verlassen Sie sich auf Ihre Urteilskraft.

Ehrgeizige Ziele

Im Jahr 1958 verfolgte die damals noch junge NASA zahlreiche überaus wichtige Ziele, zum Beispiel dieses: »die Erweiterung des menschlichen Wissens auf Phänomene in der Atmosphäre und im Weltraum.« Das klang hochtrabend, aber zugleich sehr unverbindlich – so wie zahlreiche Ziele, die man heute in der Geschäftswelt hört: »Weltklasseniveau erreichen …« oder »Branchenführer werden …« Zwar verfügte die NASA über Methoden, mit denen sich verschiedene Aspekte ihres Ziels messen ließen, aber sie hatte keine Klarheit über den Zeitraum, innerhalb dessen das Ziel verwirklicht werden sollte. Und sie konnte mit den Errungenschaften der damaligen Sowjetunion nicht mithalten.

Im Jahr 1961 erschütterte Präsident John F. Kennedy die US-Weltraumbehörde in ihren Grundfesten, als er Folgendes verkündete: »eine bemannte Mondlandung und die sichere Rückkehr zur Erde noch vor Ende des laufenden Jahrzehnts.« Plötzlich stand die NASA vor einer gewaltigen Herausforderung – dem Gesamtziel, auf das sie in den folgenden zehn Jahren mit aller Kraft hinarbeiten sollte. Dieses übergeordnete Ziel wurde so formuliert, wie WIGs formuliert werden sollten, nämlich mit der Von-auf-bis-Formel.

Ein kurzer Blick auf die nachfolgende Tabelle[9] macht den Unterschied zwischen herkömmlichen Unternehmenszielen und einem echten WIG deutlich.

Betrachten Sie die Ziele von 1958:

- Sind sie klar formuliert und messbar?
- Wie viele Ziele gibt es?
- Wird für jedes Ziel eine Frist genannt?

Zu welchen Ergebnissen führten diese unbestimmten Ziele? Russland schoss als erste Nation Satelliten und Kosmonauten in den Weltraum, während die USA immer noch mit Probeabschussbasen experimentierten.

Vergleichen Sie nun die vagen Ziele von 1958 mit dem einen, klar umrissenen, messbaren Ziel von 1961.

NASA-Ziele 1958	NASA-Ziel von 1961
1. Erweiterung des menschlichen Wissens über die Phänomene in der Atmosphäre und im Weltraum. 2. Die Verbesserung der Nützlichkeit, Leistung, Geschwindigkeit, Sicherheit und Effizienz der Weltraumraketen und Weltraumfahrzeuge. 3. Entwicklung und Betrieb von Weltraumfahrzeugen, die Instrumente, Ausrüstung, Nachschub und lebende Organismen im Weltall transportieren können. 4. Die Erstellung langfristiger Studien über die potenziellen Nutzen, die sich aus der Wahrnehmung von Chancen der	»Ich glaube, dass diese Nation sich darauf verpflichten sollte, noch vor Ende dieses Jahrzehnts das Ziel zu erreichen, eine bemannte Rakete auf den Mond zu schicken und sicher wieder zur Erde zurückzubringen.« John F. Kennedy

aeronautischen und Weltraumaktivitäten für friedliche und wissenschaftliche Zwecke ergeben können, sowie über die Probleme, die damit verbunden sind.

5. Die Behauptung der Rolle der USA als führende Nation in den Luft- und Raumfahrtwissenschaften und der Raumfahrttechnologie sowie ihrer Anwendung auf friedliche Aktivitäten innerhalb und außerhalb des Weltraums.

6. Die unmittelbare Mitteilung und Bereitstellung von Entdeckungen, die militärischen Wert oder Bedeutung besitzen, an Regierungsbehörden, die mit der Sicherstellung der nationalen Sicherheit beauftragt sind, sowie die Weiterleitung von Entdeckungen und Erkenntnissen an die zivile Einrichtung, die für die Leitung und Kontrolle nicht militärischer Luft- und Raumfahrtaktivitäten verantwortlich sind, sofern die genannten Entdeckungen von Wert für ihre Arbeit sind.

Nun, da die weltweite Reputation der NASA auf dem Spiel stand, musste die US-Weltraumbehörde die wenigen entscheidenden Schlüsselziele definieren, deren Erreichung das übergeordnete Gesamtziel sicherstellen würde. Am Ende wurden drei Schlüsselziele ausgewählt: Navigation, Antrieb und die Schaffung der nötigen Bedingungen für einen sicheren Transport und Aufenthalt der

Astronauten im Weltraum. Im Rahmen der Navigation stellte sich die gewaltige Herausforderung, ein Raumfahrtschiff mit einer Geschwindigkeit von 18 Meilen pro Sekunde durch den Weltraum zu bewegen und an einem präzisen Ort auf dem Mond zu landen, der sich in seiner eigenen, elliptischen Umlaufbahn schnell um die Erde bewegt. Der Antrieb stellte eine nicht weniger gewaltige Herausforderung dar, weil eine Rakete, die so schwer war, dass sie eine Mondkapsel transportieren konnte, noch nie zuvor eine Geschwindigkeit erreicht hatte, mit der sie sich aus dem Gravitationsfeld der Erde befreien konnte. Das kritischste Schlüsselziel bestand jedoch darin, die Bedingungen für eine bemannte Raumfahrt zu schaffen, weil das die Entwicklung einer Kapsel und eines Landemoduls voraussetzte, die nicht nur eine sichere Reise zum Mond und wieder zurück zur Erde, sondern auch einen sicheren Forschungsaufenthalt auf der Mondoberfläche ermöglichte.

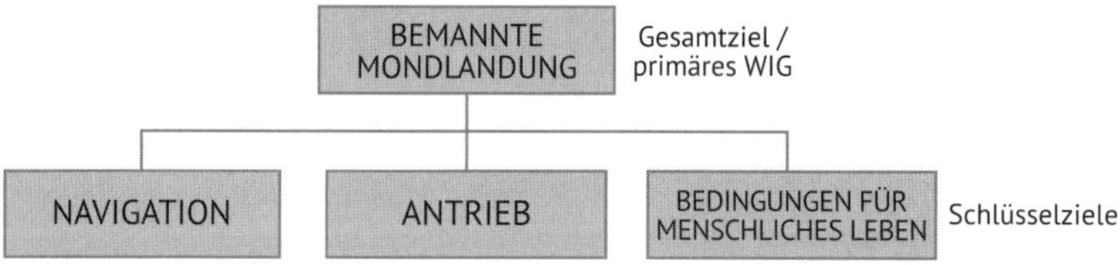

Präsident Kennedys Ansprache enthielt aber noch einen weiteren Schlüsselaspekt der 1. Disziplin, und zwar den Verzicht auf andere erstrebenswerte Ziele. Kennedy sprach offen an, dass es durchaus andere lohnende Ziele gab, die das Land aber nicht verfolgen würde, um dieses eine übergeordnete Ziel zu erreichen. Er fragte: »Warum, fragen sich manche, ausgerechnet der Mond? Warum haben wir als Ziel den Mond ausgewählt? … Dieses Ziel wird dazu dienen, unsere besten Fähigkeiten und unsere größte Energie zu konzentrieren und zu messen, weil es sich um eine Herausforderung handelt, die wir gerne annehmen, die wir nicht länger herauszögern, sondern unbedingt meistern wollen.«[10] Auf diese Weise verengte er den Fokus der

NASA auf eine Frist, deren Einhaltung zu einem der größten und bedeutendsten Vorhaben der Menschheitsgeschichte wurde.

Was glauben Sie, welche Auswirkungen es auf die Zielverantwortung innerhalb der NASA hatte, dass Präsident Kennedy die bemannte Mondlandung öffentlich zum Ziel machte? Es übte einen ungeheuren Druck aus. Das wird besonders deutlich, wenn man bedenkt, dass die Weltraumraketen, die damals verwendet wurden, nur einen Bruchteil der Verarbeitungskapazitäten eines heutigen Smartphones besaßen. Erschwerend kam hinzu, dass die Ingenieure und Wissenschaftler noch keine einsatzbereiten Technologien besaßen, um die drei notwendigen Teilziele zu erreichen. Im Rückblick könnte man sagen, die Menschen hätten 1969 noch nichts auf dem Mond verloren gehabt.

Betrachten Sie nun eine weitere Frage: Wie wirkte sich der ungeheure Druck der Zielverantwortlichkeit auf das Engagement und die allgemeine Stimmung innerhalb der NASA aus? Ausgesprochen positiv. Die meisten Manager finden das überraschend. Wir neigen zu der Annahme, hoher Druck würde sich negativ auf die Arbeitsmoral auswirken. Das Gegenteil ist der Fall: Wenn Sie sich fokussieren und damit den Druck erhöhen, steigen sowohl das Verantwortungsgefühl als auch das emotionale Engagement Ihrer Mitarbeiter.

Wenn sich ein Team von einem Dutzend unbestimmter Ziele, die dem Prinzip Hoffnung folgen, auf ein oder zwei konkrete, messbare, absolute *Muss*-Ziele verlagert, hat das unglaublich positive Auswirkungen auf die Arbeitsmoral. Da ist so, als würde im Kopf eines jeden Mitarbeiters ein Schalter umgelegt, der signalisiert: »Es geht los!« Wenn es Ihnen gelingt, diesen imaginären Schalter umzulegen, haben Sie die Grundlage für eine exzellente Umsetzung geschaffen. Als Präsident Kennedy verkündete, Amerika werde bis zum Ende des Jahrzents eine bemannte Rakete zum Mond schicken, legte er den Schalter um.

Können Sie sich daran erinnern, wie es sich anfühlt, Teil eines Teams zu sein, das sich den Startschuss zu einem ehrgeizigen Projekt gegeben hat? Das ist eine beeindruckende Erfahrung. Selbst wenn Sie nebenbei das aufreibende Tagesgeschäft erledigen und viele Tausend Anforderungen erfüllen müssen, haben Sie stets die Frist vor Augen – ein klares und wichtiges Ziel, das Sie erreichen können. Darüber hinaus sorgt diese Transparenz dafür, dass jedes Teammitglied seinen individuellen Beitrag erkennen kann. Das vermittelt allen ein Siegergefühl und die Überzeugung, etwas Bedeutendes zu leisten. Dieses Gefühl ist umso wichtiger, wenn Probleme auftreten oder sich eine Krise ereignet, denn beides kann leicht zu Resignation und Entmutigung führen.

Als wir vor Jahren mit der Implementierung des 4DX-Prozesses begannen, hatten wir zunächst nicht die Absicht, uns auf die Definition oder gar die Feinjustierung von Strategien zu fokussieren. Wir haben jedoch schnell festgestellt, dass die Linie zwischen Strategie und Umsetzung sehr fein und bisweilen sogar verschwommen ist. Die strikte Anwendung der 1. Disziplin wird Ihre Strategie stärker schärfen, als Sie glauben. Was sie aber auf alle Fälle bewirken wird, ist, dass Ihre Strategie auch umsetzbar wird.

Stellen Sie sich folgendes Bild vor: Über Ihrem Kopf schwebt eine Gedankenblase, in der sich alle unterschiedlichen Aspekte Ihrer Strategie befinden, einschließlich der Chancen, die Sie gerne wahrnehmen würden, dazu neue Ideen und Konzepte, sämtliche Probleme, die einer Lösung bedürfen, sowie unzählige Fragen über das Was und Wie der Zielerreichung. Diese Blase ist kompliziert und chaotisch. Und das ist nur Ihre ganz persönliche Gedankenblase; jeder Manager hat seine eigene. Aus diesem Grund verlangt die 1. Disziplin, dass Sie Ihre strategischen Konzepte in kronkrete, messbare Ziele überleiten, die innerhalb einer definierten Frist erreicht werden müssen. Die zuvor genannten vier Regeln zur Anwendung der

1. Disziplin bieten der gesamten Organisation dafür einen verlässlichen Rahmen.

Weitere Beispiele und Prozessschritte finden Sie in Teil II und III.

Viele Unternehmensziele sind vage und verschwommen, was dazu führt, dass die Mitarbeiter nicht genau wissen, was sie tun sollen und wie sie es tun sollen. Die Beachtung der 1. Disziplin führt zu klaren, unmissverständlichen und messbaren Zielformulierungen, sodass jeder genau weiß, woran sich der Erfolg bemisst.

Zum Schluss wollen wir Sie daran erinnern, dass die vier Regeln der Fokussierung unerbittlich sind. An irgendeinem Punkt werden Sie den Drang verspüren, ein wenig zu schummeln. Wir wissen das. Das geht uns selbst auch oft so. Wir haben jedoch gelernt, dass die Regeln, die den Fokus bestimmen, so unbeugsam sind wie die Naturgesetze. Was Sie persönlich denken oder welche Details Ihre individuelle Situation bestimmen, spielt keine Rolle. Die Gesetze führen immer und ausnahmslos zu den gleichen vorhersagbaren Konsequenzen.

Wenn Sie darüber nachdenken, werden Sie feststellen, dass das Prinzip der Fokussierung weniger, dafür aber absolut vorrangiger Ziele eine Sache des gesunden Menschenverstands ist; es ist nur leider keine verbreitete Praxis. In einer von Aesops berühmten Fabeln steckt ein kleiner Junge seine Hand in einen Topf mit Haselnüssen und greift so viele Nüsse, wie er nur kann. Als er die Hand wieder herausziehen will, stellt er jedoch fest, dass die Öffnung des Topfes für seine prall gefüllte Hand zu eng ist. Der Junge, der seine Beute nicht loslassen will, aber seine Hand nicht aus dem Topf ziehen kann, bricht aus Enttäuschung in Tränen aus und beklagt sich bitter. Wie dem kleinen Jungen aus der Fabel fällt es Ihnen vielleicht auch schwer, auf viele lohnenswerte Ziele zu verzichten, um sich auf ein großes Ziel zu konzentrieren. Steve Jobs drückte das so aus: »Ich bin genauso stolz auf das, was wir nicht tun, wie auf das, was wir tun.«[11] Die 1. Disziplin dreht sich um die Bestimmung eines echten WIG, und das erfordert *echte Disziplin.*

In Teil II finden Sie eine ausführlichere Anleitung zum Prozess der Zielbestimmung.

2. Disziplin: Arbeiten Sie an den Frühindikatoren

Die 2. Disziplin ist die *Disziplin der Hebelwirkung*. Sie besteht darin, ein hohes Maß an Energie auf jene Aktivitäten zu konzentrieren, welche die größte Wirkung auf die Frühindikatoren haben, die ihrerseits eine Hebelwirkung auf die Ergebniskennzahlen entfalten. Frühindikatoren sind die Messgrößen für die Aktivitäten, die am meisten zur Zielerreichung beitragen.

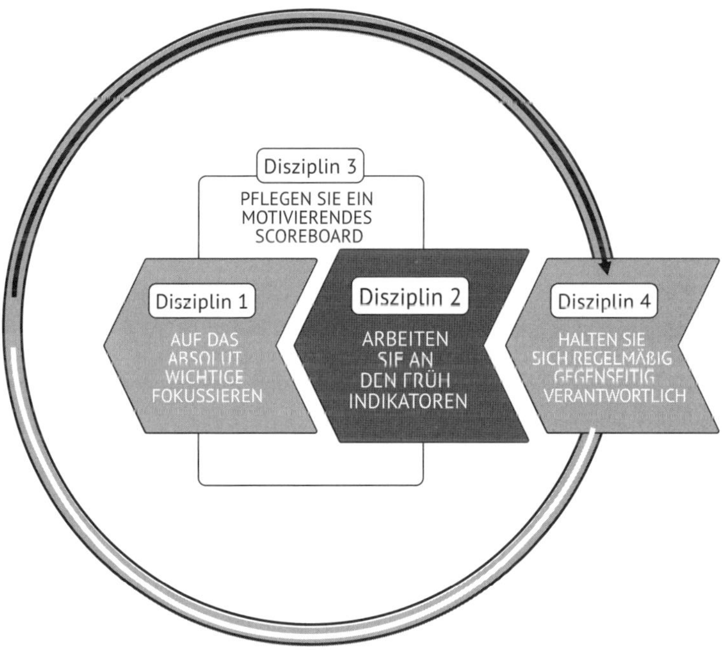

Die 1. Disziplin besteht in der Fokussierung auf ein (Unternehmens-)WIG, das anschließend auf konkrete, messbare Teilziele

heruntergebrochen wird, die für jedes teilzielverantwortliche Team ein eigenes WIG darstellen. Die 2. Disziplin definiert anschließend die Aktivitäten mit der größten Hebelwirkung, die das Team in die Lage versetzen, ihr Team-WIG zu erreichen. Die nachfolgende Abbildung macht die Beziehung zwischen Ergebniskennzahl und Frühindikatoren auf Teamebene deutlich.

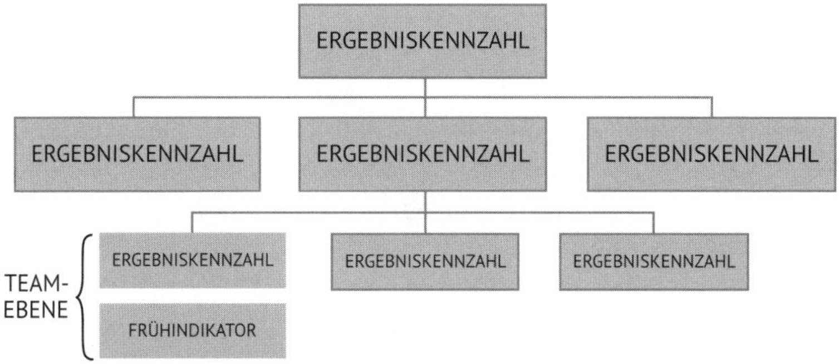

Während eine Ergebniskennzahl Ihnen rückblickend darüber Aufschluss gibt, ob Sie Ihr Ziel erreicht haben, sagt ein Frühindikator etwas über die *Wahrscheinlichkeit* aus, mit der Sie Ihr Ziel erreichen werden. Während eine Ergebniskennzahl zu dem Zeitpunkt, zu dem Sie sie erhalten, unveränderlich ist, weil sie sich auf die Vergangenheit bezieht, können Sie einen Frühindikator beeinflussen. So können Sie zum Beispiel die bisherige Pannenstatistik Ihres Autos nicht beeinflussen (Ergebniskennzahl), aber Sie können beeinflussen, wie oft Sie Ihr Auto zukünftig zur Inspektion bringen (Frühindikator). Je erfolgreicher Sie an den Frühindikatoren arbeiten, desto wahrscheinlicher werden Sie zukünftige Autopannen vermeiden können.

Sobald Sie Ihr WIG bestimmt haben, würden Sie natürlich – wenn nicht sogar intuitiv – einen detaillierten Plan über alle konkreten Aufgaben und Unteraufgaben erstellen, die für die Zielerreichung im definierten Zeitraum erforderlich sind. Bei der 2. Disziplin tun Sie das aber nicht. Die langfristigen Planungen der meisten

Organisationen sind oft zu starr. Ihnen fehlt die Flexibilität, sich an ständig veränderliche Bedürfnisse und Geschäftsbedingungen anzupassen. Daher ist es keine Überraschung, dass sie nach wenigen Monaten in der Schublade landen und Staub ansetzen.

Mit der 2. Disziplin machen Sie etwas ganz anderes. Die 2. Disziplin verlangt ein Vorgehen in kleinen Schritten: Jeden Tag oder jede Woche definieren Sie Maßnahmen, deren Umsetzung Sie zu Ihrem Ziel führt. Jeden Tag beziehungsweise jede Woche identifiziert Ihr Team die wichtigsten Aktivitäten, die diese Frühindikatoren treiben. Auf diese Weise erzeugt Ihr Team einen Just-in-time-Plan, der eine schnelle Anpassung ermöglicht, während es gleichzeitig auf das WIG fokussiert bleibt.

Herkömmliche Denkweise	4DX-Prinzip
Sie behalten die Ergebniskennzahlen im Auge: Quartalsergebnisse, Verkaufszahlen, abgespeckte Pfunde. Sie geraten in Stress und kauen Fingernägel, während Sie auf die neuesten Ergebnisse warten.	Sie konzentrieren sich auf die Verbesserung der Frühindikatoren. Das sind Aktivitäten mit großer Hebelwirkung auf die Zielerreichung, die zu einer Verbesserung der Ergebniskennzahlen führen.

Ergebniskennzahlen versus Frühindikatoren

Lassen Sie uns den Unterschied zwischen Ergebniskennzahlen und Frühindikatoren eingehender betrachten. Eine Ergebniskennzahl ist die Messgröße für ein Ergebnis, das Sie zu erreichen versuchen. Wir bezeichnen diese Messgröße als Ergebniskennzahl, weil zu dem Zeitpunkt, zu dem Sie die Daten über das Ergebnis erhalten, das Ergebnis bereits feststeht. Es handelt sich also um einen rückschauenden

Indikator. Die Von-auf-bis-Formel eines WIG liefert uns eine Ergebniskennzahl, aber WIGs sind nicht die einzigen Ergebniskennzahlen, von denen Sie umgeben sind. Das Tagesgeschäft ist angefüllt mit Ergebniskennzahlen, zum Beispiel Umsatz, ausstehende Forderungen, Inventarzahlen, Hospitalisierungsraten, Kapazitätsauslastung und so weiter.

Frühindikatoren haben zwei zentrale Merkmale. Erstens besitzt ein Frühindikator *Prognosecharakter*, das heißt, wenn Sie den Frühindikator verändern, können Sie eine Prognose über die Veränderung der Ergebniskennzahl treffen. Zweitens ist ein Frühindikator direkt *beeinflussbar*. Soll heißen, ein Team kann einen Frühindikator umsetzen, ohne in erheblichem Maße auf ein anderes Team angewiesen zu sein.

ERGEBNISKENNZAHL	**FRÜHINDIKATOR**
Misst die Zielerreichung	PROGNOSTISCH Misst Aktivitäten, die zur Zielerreichung führen BEEINFLUSSBAR Wir können direkten Einfluss ausüben

Im Rahmen der 2. Disziplin bestimmen Sie Frühindikatoren, deren Verbesserung die treibende Kraft zur Erreichung des WIG wird. In den folgenden Monaten wird Ihr Team seine Energie konsistent auf die Verbesserung dieser Indikatoren richten. Wie wir in unserer Zusammenarbeit mit vielen Hundert Teams überprüfen konnten, wird diese Investition der Schlüssel zu Ihrem Erfolg sein. Wir sind fest davon überzeugt, dass das Verständnis der Frühindikatoren eine der wichtigsten Erkenntnisse sein wird, die Sie aus diesem Buch gewinnen.

Wir wollen nun die zwei Merkmale eines guten Frühindikators näher untersuchen. Dafür nehmen wir zunächst an, Sie hätten das folgende WIG formuliert: »Steigerung der Maisproduktion von 200 auf 300 Tonnen bis zum 1. September«. Die Von-auf-bis-Formel ist Ihre Ergebniskennzahl. Sie wissen, dass Niederschläge ein wichtiger Faktor für die Maisernte sind. Demnach können Sie anhand der Niederschläge eine Vorhersage über die kommende Maisernte treffen. Aber ist dies ein guter Frühindikator? Nein, weil Sie das Wetter und die ideale Niederschlagsmenge nicht beeinflussen können. Regen hat in diesem Fall zwar einen Prognosecharakter, ist aber nicht beeinflussbar. Da beide Faktoren gleichermaßen wichtig sind, scheiden Niederschläge als Frühindikator aus. Andere Indikatoren, zum Beispiel Bodenqualität oder Düngeraten, erfüllen jedoch beide Anforderungen.

Betrachten wir ein weiteres Beispiel, mit dem viele Menschen vertraut sind: das Ziel, abzunehmen. Offensichtlich ist die aktuelle Ergebniskennzahl Ihr derzeitiges Gewicht. Wenn Sie Ihr WIG korrekt formulieren, könnte es folgendermaßen lauten: »Reduzierung des absoluten Körpergewichts von 95 auf 87,5 Kilo bis zum 30. Mai«. Das ist ein guter Anfang, doch wie lauten die Frühindikatoren, die eine Prognose über die Zielerreichung treffen können und die Sie – gleichermaßen wichtig – außerdem beeinflussen können? Wahrscheinlich würden Sie auf Diät und Sport setzen, und damit hätten Sie selbstverständlich die richtige Wahl getroffen. Diese beiden Maßnahmen erfüllen beide Voraussetzungen: Sie haben Prognosecharakter, da eine reduzierte Kalorienzufuhr und eine Steigerung der Kalorienverbrennung höchstwahrscheinlich zur Gewichtsabnahme führen werden. Außerdem können Sie beides beeinflussen. Wenn es Ihnen gelingt, diese beiden Frühindikatoren wie formuliert neben Ihren sonstigen täglichen Anforderungen umzusetzen, werden Sie erleben, dass sich Ihre Ergebniskennzahl verändert hat, wenn Sie sich das nächste Mal auf die Waage stellen.

Frühindikatoren können zunächst widersinnig erscheinen

Mit den Frühindikatoren gibt es ein Problem. Worauf sind Führungskräfte normalerweise fixiert: Frühindikatoren oder Ergebniskennzahlen? Richtig, als Führungskraft haben Sie wahrscheinlich Ihre gesamte Karriere damit verbracht, sich auf Ergebniskennzahlen zu konzentrieren, obwohl Sie sie nicht direkt beeinflussen können. Und damit sind Sie nicht alleine. Denken Sie an Ihr letztes Führungskräftemeeting. Worüber haben Sie diskutiert und sich gegrämt? Was haben Sie geplant und analysiert? Ergebniskennzahlen und üblicherweise Ihre Unfähigkeit, diese zu beeinflussen.

Für Lehrer ist es zum Beispiel leicht, mit standardisierten Tests die Lesefähigkeit ihrer Schüler zu bewerten. Oft sind sie von diesen Ergebniskennzahlen besessen. Es ist jedoch wesentlich schwieriger, sich Frühindikatoren zu überlegen, die eine Prognose darüber treffen, wie die Schüler beim nächsten Lesetest abschneiden werden. Die Schule könnte Nachhilfelehrer einstellen oder mehr Zeit für ungestörtes Lesen reservieren. Auf jeden Fall wird die Schule die Testergebnisse wahrscheinlich verbessern, wenn sie verfolgt, wie viel Zeit mit Lesen oder Nachhilfe (Frühindikatoren) verbracht wird, anstatt zu hoffen und zu beten, dass sich die Lesefähigkeit (Ergebniskennzahl) von selbst verbessert.

Dieses Syndrom beobachten wir jeden Tag auf der ganzen Welt und in allen Lebensbereichen. Der Verkaufsleiter ist auf die Absatzzahlen fixiert; der Kundendienstleiter ist auf Kundenzufriedenheit fixiert; Eltern sind auf die Schulnoten ihrer Kinder und Abnehmwillige auf die Anzeige ihrer Waage fixiert. Und in praktisch allen Fällen scheitern sie an der ausschließlichen Fixierung auf Ergebniskennzahlen.

Es gibt zwei Gründe, warum fast alle Führungskräfte diesen Fehler begehen. Erstens sind Ergebniskennzahlen Erfolgsmessgrößen.

Das sind die Ergebnisse, die sie erreichen *müssen*. Zweitens sind Daten über Ergebniskennzahlen fast immer leichter zu beschaffen und sichtbarer als Daten über Frühindikatoren. Es ist einfach, sich auf die Waage zu stellen und abzulesen, wie viel man wiegt, aber wie leicht lässt sich feststellen, wie viele Kalorien man heute zu sich genommen oder verbrannt hat? Diese Daten sind oft schwer zu beschaffen und ihre kontinuierliche Beschaffung kann echte Disziplin erfordern.

An dieser Stelle eine Warnung: In diesem Moment sind Sie vielleicht versucht, unsere Worte zu stark zu vereinfachen. Wenn Sie jetzt denken: »Wenn ich Sie richtig verstehe, sollte man Diät halten und Sport treiben, um abzunehmen. Was ist daran so revolutionär?«, haben Sie den zentralen Sinn der 2. Disziplin nicht verstanden. Es besteht ein Riesenunterschied zwischen dem reinen *Verständnis* der Bedeutung, die eine gesunde Ernährung und regelmäßiger Sport haben, und der *Messung* der exakten Kalorienmenge, die Sie Ihrem Körper zugeführt haben, sowie der Menge an Kalorien, die Sie verbrannt haben. Es ist allgemein bekannt, dass man sich gesund ernähren und Sport treiben sollte, aber nur diejenigen, die genau messen, was und wie viel sie essen und wie viele Kalorien sie täglich verbrauchen, schaffen es tatsächlich, abzunehmen!

Am Ende sind es die Daten über die Frühindikatoren, die den Unterschied ausmachen und Sie in die Lage versetzen, die Kluft zwischen dem theoretischen Wissen zu überbrücken, was Ihr Team tun sollte, und seinen tatsächlichen Aktivitäten. Ohne Frühindikatoren bleibt Ihnen nichts anderes übrig, als auf bessere Ergebniskennzahlen zu hoffen – eine Methode, die selten zu nennenswerten Resultaten führt. W. Edwards Deming, der große Management- und Qualitätsguru, drückte es treffend aus, als er Führungskräften sagte, ein Unternehmen anhand von Finanzzahlen (Ergebniskennzahl) zu leiten, sei so, als wolle man »ein Auto fahren, indem man in den Rückspiegel blickt«.

Frühindikatoren räumen zudem das Überraschungelement, das mit einem ausschließlichen Fokus auf Ergebniskennzahlen verbunden ist, aus. Stellen Sie sich folgendes Szenario vor: Sie und Ihr Team haben hart auf das Ziel hingearbeitet, die Kundenzufriedenheit zu steigern. Das ist Ihre wichtigste Messgröße, von der überdies Ihr Bonus abhängt. Soeben haben Sie die neuen Daten über die Kundenzufriedenheit per E-Mail erhalten. Wie einer unserer Kunden sagte, werden Sie unweigerlich eine der beiden folgenden Reaktionen zeigen: »Super!« oder »Verdammt!«. In jedem Fall können Sie die Ergebnisse nicht mehr verändern, weil sie sich auf einen abgeschlossenen Zeitraum beziehen. Derselbe Kunde machte auch den folgenden Kommentar: »Wenn Glück eine signifikante Rolle in Ihrer Karriere spielt, konzentrieren Sie sich wahrscheinlich auf Ergebniskennzahlen.« Wir können das nur bestätigen.

Stellen Sie sich stattdessen vor, Sie würden kontinuierlich die beiden wichtigsten Frühindikatoren mit der größten Vorhersagekraft über die Kundenzufriedenheit verfolgen und in den vergangenen drei Wochen hätte Ihr Team in Bezug auf beide Indikatoren eine überdurchschnittliche Leistung gezeigt. Glauben Sie, Sie könnten Ihre Reaktion auf die neuen Daten über die Kundenzufriedenheit vorhersagen? Allerdings! Das ist, als würden Sie in dem Wissen auf die Waage steigen, dass Sie jeden Tag Ihre Vorgaben in Sachen Ernährung und Sport erfüllt haben. Sie wissen schon vorher, dass sich die Ergebniskennzahl positiv verändert hat.

Wie Sie die Frühindikatoren bestimmen

»Steigerung der jährlichen Wasserabfüllung von 175 Millionen Liter auf 185 Millionen Liter bis zum 31. Dezember.« So lautete das WIG für das Abfüllwerk eines großen Getränkekonzerns, als wir unser 4DX-Umsetzungsprojekt mit dem für die Lieferkette verantwortlichen Topmanager des Werks begannen. Das Werk hatte seit Jahren

Mühe, die Zielvorgaben hinsichtlich der Abfüllquote zu erfüllen, und die Führungskräfte waren eifrig bestrebt, Frühindikatoren zu bestimmen, mit denen sich die Abfüllquote steigern ließe. Zunächst baten wir sie, Vorschläge für geeignete Frühindikatoren zu machen.

»Monatliche Abfüllquoten«, schlugen sie prompt vor. Sorry, sagten wir, das funktioniere nicht.

Sie schienen verwirrt. »Warum nicht?«, fragte der Werksmanager. »Wenn wir unsere Monatsziele erfüllen, erfüllen wir damit automatisch auch unser Jahresziel, oder nicht?«

»Sie haben völlig recht, dass die Erfüllung von Monatsquoten etwas über die Erfüllung der Jahresquoten aussagt«, antworteten wir. »Aber Sie und Ihre Teams haben genauso wenig direkten Einfluss auf die Monatsquote wie auf die Jahresquote. Sie definieren damit nur eine weitere Ergebniskennzahl, die Sie zwar öfter überprüfen können als die Jahresquote, aber deswegen bleibt es trotzdem eine Ergebniskennzahl.«

So oder ähnlich verlaufen die Gespräche, wenn Teams zum ersten Mal Frühindikatoren bestimmen sollen, und leider verstanden auch die Manager dieses Werks noch nicht, worum es ging. Um ihnen zu helfen, fragten wir sie, welchen Frühindikator sie für ihre Monatsquote bestimmen würden.

»Die tägliche Abfüllquote!«, antworteten sie.

Uns wurde klar, dass wir so nicht weiterkommen würden. Die Diskussion wurde immer lebhafter, bis der Produktionsmanager schließlich um allgemeine Aufmerksamkeit bat. »Ich hab's!«, rief er aufgeregt. »Ich weiß, wie unser Frühindikator lauten sollte!« Er begab sich nach vorne und begann zu erklären. »Wir fahren ständig Schichten, die nicht voll besetzt sind, und unsere Anlagen fallen zu oft aus. Das sind die beiden wichtigsten Faktoren, die verhindern, dass wir unsere Ziele erreichen.«

Endlich kamen wir einen Schritt weiter! Alle Anwesenden stimmten seiner Diagnose zu. Zwar hatten sie immer noch keinen verwendbaren Frühindikator definiert, weil sie die voll besetzte Schicht und die vorbeugende Anlagenwartung in Messgrößen ausdrücken mussten, aber sie hatten das grundlegende Konzept verstanden. Schnell stand der erste Frühindikator fest – Steigerung der voll besetzten Schichten von 80 auf 90 Prozent. Der zweite Frühindikator war noch einfacher – Steigerung der Erfüllung der Zeitpläne für die präventive Anlagenwartung von 72 auf 100 Prozent.

Gemäß dieser strategischen Wette würde das Werk seine Abfüllquote deutlich steigern, wenn es mit voll besetzten Schichten arbeiten und die Ausfallzeiten der Abfüllanlagen reduzieren könnte. Im Laufe der folgenden Monate investierten die Teams neben dem Tagesgeschäft viel Zeit und Energie in die Umsetzung dieser beiden Maßnahmen. Das Ergebnis war, dass sie die Abfüllquote weit über ihre Erwartungen hinaus steigern konnten.

ERGEBNISKENNZAHL	FRÜHINDIKATOR
MISST DIE ZIELERREICHUNG	**BESITZT PROGNOSECHARAKTER:** misst Aktivitäten, die zum Ziel führen **BEEINFLUSSBAR:** lässt sich vom Team beeinflussen
jährliche Abfüllquote	% voll besetzter Schichten % Erfüllung der präventiven Anlagenwartung

Das ist ein gutes Beispiel für den Prozess der Definition von Frühindikatoren, aber es dient auch dazu, auf andere wichtige Dinge hinzuweisen. Unser Projektberater freute sich über die Ergebnisse des Werks, stellte im Anschluss aber noch eine wichtige Frage: »Warum haben Sie das nicht schon früher gemacht?« Worauf er hinauswollte, war der Umstand, dass der Frühindikator nicht von Franklin-Covey vorgegeben worden war. Die Führungskräfte kannten bereits die Bedeutung voll besetzter Schichten und der Erfüllung der Wartungsstandards. Dennoch hatten sie nichts unternommen. Warum?

Wie bei den meisten Teams war das Problem nicht, dass sie nicht wussten, was zu tun war, sondern dass es am Fokus mangelte. Es gab Dutzende Dinge, die einer Verbesserung und Fokussierung bedurften, nicht nur die Schichtbesetzung und die vorbeugende Wartung. Indem sie versuchten, alles gleichzeitig in Angriff zu nehmen, verfingen sie sich in den Fallstricken des Tagesgeschäfts. Jeden Tag verzettelten sie ihre Energie in so vielen dringenden Angelegenheiten und versuchten so viele Probleme gleichzeitig zu lösen, dass sich am Ende gar nichts bewegte. Wie in unserem zuvor genannten Beispiel kam das praktisch dem Versuch gleich, ein Loch in ein Blatt Papier zu bohren, indem man die ganze Hand auf das Papier drückt.

Offensichtlich sind die Manager des Abfüllwerks mit diesem Problem nicht alleine. Wenn wir Sie einige Tage begleiten würden, würden wir wahrscheinlich zwei Dinge feststellen. Erstens, dass Sie die meiste Zeit damit verbringen, den vielfältigen Anforderungen des Tagesgeschäfts gerecht zu werden, und zweitens, dass Sie sich einen Großteil der verbleibenden Zeit mit Ihren Ergebniskennzahlen beschäftigen. Das Problem mit diesen beiden Aktivitäten ist, dass sie enorm Energie verschleißen und – wenn überhaupt – über das Tagesgeschäft hinaus nur eine geringe Hebelwirkung erzeugen. Und Hebelwirkung ist, was Sie am meisten brauchen.

Das Schlüsselprinzip hinter den Frühindikatoren ist die Hebelwirkung. Betrachten Sie das folgendermaßen: Der Versuch, Ihr WIG zu erreichen, ist so, als würden Sie versuchen, einen riesigen Felsblock zu bewegen. Trotz aller Anstrengungen, die Ihr Team unternimmt, bewegt er sich nicht. Das ist keine Frage der Anstrengung, sonst hätten Sie und Ihr Team den Felsblock längst bewegt. Das Problem ist, dass Anstrengung allein nicht ausreicht. Frühindikatoren wirken wie ein Hebel; sie machen es möglich, den Felsblock zu bewegen.

Denken Sie über die zwei Haupteigenschaften eines Hebels nach. Erstens handelt es sich dabei um etwas, was wir bewegen können – im Gegensatz zu einem Felsblock. Ein Hebel ist beeinflussbar. Zweitens: Wenn sich der Hebel bewegt, bewegt sich auch der Felsblock. Der Hebel besitzt Prognosecharakter.

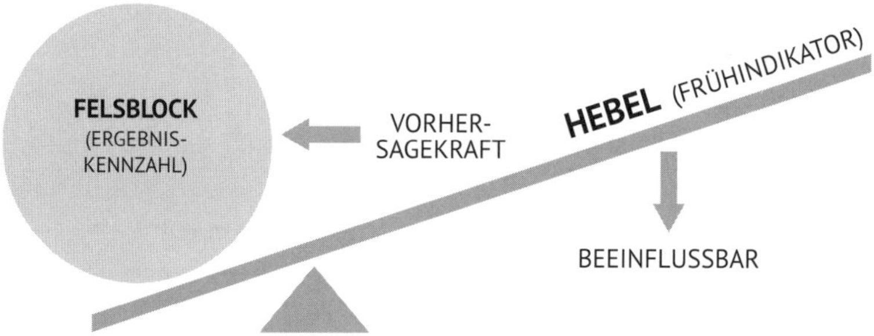

Wie wählen Sie den richtigen Hebel aus?

Um ein völlig neues Ziel zu erreichen, müssen Sie Dinge tun, die Sie nie zuvor getan haben. Sehen Sie sich um. Wer außer Ihnen hat dieses oder ein ähnliches Ziel erreicht und was hat derjenige anders gemacht? Analysieren Sie sorgfältig alle Hindernisse, die Sie vorhersehen, und beschließen Sie gemeinsam, wie Sie sie überwinden wollen. Nutzen Sie Ihre Fantasie. Worüber haben Sie nicht nachgedacht, das aber den großen Unterschied bewirken könnte?

Wählen Sie anschließend Aktivitäten aus, die Ihrer Meinung nach die größte Wirkung auf die Zielerreichung haben: die 80/20-Aktivitäten.

Welche 20 Prozent der Dinge, die Sie tun, besitzen dieselbe oder eine größere Hebelwirkung auf die Zielerreichung als die übrigen 80 Prozent? In den Worten des Beraters und Unternehmers Richard Koch ist »die überwältigende Mehrheit der Unternehmensaktivitäten sinnlos, unüberlegt, schlecht konzipiert, ineffizient ausgeführt und größtenteils nicht zielgerichtet. Ein kleiner Teil der Aktivitäten wird dagegen immer unglaublich effektiv sein ... wahrscheinlich sind es nicht die, an die Sie spontan denken; diese Aktivitäten sind unscheinbar und liegen unter einem Haufen weniger effektiver Aktivitäten begraben.«

Unter den vielen Möglichkeiten die richtigen Hebel zu finden, ist wahrscheinlich die größte und schwierigste Herausforderung für Führungskräfte, die versuchen, ein WIG zu erreichen.

Ein elegantes, luxuriöses Warenhaus in der prestigeträchtigen Phipps Plaza Mall nahe Atlanta stand unter großem Konkurrenzdruck, der von mehreren neuen Wettbewerbern ausging – verschiedene Discounter sowie zwei große nationale Ladenketten, die kurz zuvor in die Einkaufsmeile eingezogen waren. Die Umsätze waren gegenüber dem Vorjahr um acht Prozent zurückgegangen. Wie ließen sich die Verluste stoppen?

Im Rahmen der Installierung des 4DX-Prozesses formulierten die Warenhausmanager nur ein einziges Unternehmens-WIG für das laufende Jahr: mithilfe der Steigerung des durchschnittlichen Warenwerts pro Einkauf zu den Umsatzzahlen des Vorjahrs zurückzukehren. Alle elf Abteilungen formulierten daraufhin ihre jeweiligen Team-WIG, aber sie hatten keine Frühindikatoren mit genügend Hebelwirkung definiert, um das übergeordnete WIG zu erreichen. Sie schafften es einfach nicht. Der Druck, die Jahreskennzahl zu erfüllen, war so groß, dass die Manager ständig ihre Mitarbeiter anschrien: »Verkauft mehr! Ihr müsst mehr verkaufen!« Ihre gesamte Energie floss in die Steigerung des Warenwerts pro Einkauf

(Ergebniskennzahl), ohne dass sie eine konkrete Vorstellung gehabt hätten, was sie anders machen konnten, um ihr Ziel zu erreichen.

Eines Abends arbeiteten wir bis spät in die Nacht mit dem Leiter der Schuhabteilung, der bessere Ergebnisse zu erzielen schien als die anderen Abteilungen. Wir stellten eingehende Fragen, um die richtigen Hebel zu finden: »Erzählen Sie uns etwas über Ihre Mitarbeiter. Wie verkaufen sie?«

Daraufhin berichtete er uns von seiner besten Verkäuferin, die durchschnittlich dreimal so viele Schuhe verkaufte wie ihre Kollegen. Wir fragten: »Was macht sie anders?«

Der Manager wusste es sofort. Sie tauchte in die Welt ihrer Kunden ein, merkte sich, wonach sie suchten, erkundigte sich nach ihrer Familie und verstand ihre Bedürfnisse. Sie präsentierte ihren Kunden sechs Paar Schuhe statt ein einziges. Sie sprach Empfehlungen aus und gab Anregungen: »Es ist Frühling. Wie wäre es mit offenen Pumps? Ihre Gucci-Tasche passt ausgezeichnet zu diesen Sandalen. Ihnen gefallen die roten Schuhe? Wie wäre es mit diesen?« Anstatt ihre Kunden zu fragen, ob sie ein Kundenkreditkonto einrichten wollten und sich ein verneinendes Kopfschütteln einzuhandeln, schloss sie sich mit der Verkaufsabteilung kurz und bot ihren Kunden anschließend an: »Sie erhalten einen Rabatt von zehn Prozent auf Ihren Einkauf, wenn Sie heute ein Kundenkreditkonto einrichten. Sie müssen nur hier unterschreiben.«

Uns ging ein Licht auf. »Wie viele Ihrer Mitarbeiter folgen ihrem Beispiel? Wie viele Paar Schuhe zeigen Ihre Mitarbeiter pro Tag?«

»Keine Ahnung. Wie sollen unsere Systeme das messen?«

»Nun, bisher können sie das nicht, aber das bedeutet nicht, dass sich das nicht messen lässt.«

Und so wurde in der Schuhabteilung zunächst ein Testballon gestartet: Alle Mitarbeiter mussten bei jedem potenziellen Kunden die folgenden drei Dinge zu tun:

1. Jedem Kunden mindestens vier Paar Schuhe zeigen

2. Kurze Dankschreiben verfassen

3. Jeden Kunden dazu einladen, ein Kundenkreditkonto einzurichten

»Und wie kann ich feststellen, dass das auch wirklich gemacht wird?«, wollte der Abteilungsleiter wissen.

»Das werden Sie nicht. Ihre Mitarbeiter werden sich selbst überprüfen.«

Hinter der Kasse wurde ein einfaches Kalkulationsblatt mit drei Säulen aufgehängt. Jedes Mal, wenn ein Verkäufer die drei Vorgaben erfüllt hatte, würde er einen Haken setzen.

»Und woher weiß ich, dass sie nicht schummeln?«, fragte der Abteilungsleiter.

Wir wetteten darauf, dass er seinen Mitarbeitern vertrauen konnte. Abgesehen davon würde ein Betrug irgendwann auffallen. Der Warenwert eines jeden Einkaufs, den ein Verkäufer erzielte, wurde individuell nachverfolgt. Sobald die Frühindikatoren begannen, eine positive Wirkung auf die Ergebniskennzahlen zu zeigen, würden sie die Korrelation zwischen beiden erkennen.

Das Ergebnis? Das Verkaufsteam war von den drei Frühindikatoren geradezu besessen und diese Hebel zeigten Wirkung. Es war wirklich aufregend zu sehen, wie sich die Ergebniskennzahl zu bewegen begann.

Wie sich herausstellte, bestand eine direkte Korrelation zwischen den Frühindikatoren und der Erreichung der Ergebniskennzahl. Diese Maßnahmen wurden auf alle Abteilungen übertragen und am Jahresende hatte das Unternehmen nicht nur sein WIG erreicht, die Umsatzzahlen des Vorjahres zu erfüllen, sondern dieses Ziel sogar um zwei Prozent übertroffen. Das war eine Verbesserung um zehn Punkte innerhalb von drei Monaten. Für die Manager des Warenhauses war das ein echtes Aha-Erlebnis.

Keiner der Frühindikatoren war neu für sie. Aber die Manager wussten nicht, ob ihre Mitarbeiter tatsächlich berieten. Wir wussten, dass sich das Verkaufsverhalten der Mitarbeiter messen ließ. Wir haben gelernt, dass die Frühindikatoren in der Regel bereits vorhanden sind, aber von niemandem verfolgt werden. Das Management schwimmt in einer unkoordinierten Datenflut, konzentriert sich aber nicht auf die wirklich wichtigen Daten, die eine echte Ergebnisverbesserung bewirken könnten. Der Schlüssel liegt darin, die richtigen Hebel zu isolieren und konsequent zu verfolgen.

Anstatt ihre Mitarbeiter herumzuscheuchen und pauschal anzuweisen, »besser zu arbeiten«, konnten die Manager die wirklich aussagekräftigen Daten steuern und verwalten. Sie konnten sehen, ob Jane 100 oder 300 Paar Schuhe pro Tag zeigte. Sie konnten die Anzahl der Kundenkreditkonten nachverfolgen, die jeder Mitarbeiter eingerichtet hatte. Sie wurden zu Tutoren, die ihre Mitarbeiter beobachteten, sie in beratendem Verkauf unterwiesen und ihnen ihre Best Practices vermittelten. Der allgemeine Energiepegel stieg und die positiven Ergebnisse ließen nicht lange auf sich warten.

Natürlich erfordert die Identifizierung der Frühindikatoren mit der größten Hebelwirkung bisweilen große Anstrengung. Aber wenn

Ihnen das gelungen ist, werden Sie Ihr Unternehmen nie wieder auf dieselbe Weise managen.

In Teil II werden wir Ihnen anhand einiger praktischer Beispiele aus unserer Projekterfahrung eine ausführlichere Anleitung geben, wie Sie die effektivsten Frühindikatoren bestimmen. Im Laufe der Jahre sind wir immer wieder Zeuge des Lernprozesses geworden, dass ein wichtiger Schlüssel zur Umsetzung darin besteht, eine überproportionale Menge an Energie auf die zentralen Hebelpunkte – die Frühindikatoren – zu verwenden. Wenn Sie einen großen Felsblock bewegen müssen, brauchen Sie einen Hebel, den Sie kontrollieren können und der Ihnen vorhersagt, ob sich der Felsblock bewegen wird. Je größer der Felsblock, desto größer die benötigte Hebelwirkung.

Wie Sie die Daten der Frühindikatoren verfolgen

Younger Brothers Construction, ein Wohnungsbauunternehmen in Arizona, hatte ein Riesenproblem: eine steigende Unfall- und Verletzungsrate. Nicht nur bedeutete jeder Unfall, dass ein Mitglied der Bautruppe verletzt wurde, sondern auch eine Verzögerung in der Fertigstellung von Bauprojekten mit knappen Fristen, einen Anstieg der Versicherungsbeiträge und einen potenziellen Verlust der Sicherheitsbewertung des Unternehmens. Die Senkung der Unfallrate war zum obersten Unternehmensziel geworden, daher fiel es der Unternehmensführung nicht schwer, ihr Unternehmens-WIG zu formulieren: eine Senkung der Unfallrate von sieben auf ein Prozent bis zum 31. Dezember des laufenden Jahres.

Sobald das WIG feststand, mussten die Frühindikatoren bestimmt werden, anhand derer sich eine Prognose über die Wahrscheinlichkeit der Zielerreichung treffen ließ und auf die das Team direkten Einfluss ausüben konnte.

Die erste Idee war, mehr intensive Sicherheitsschulungen durchzuführen. Darauf hatte die Unternehmensführung großen Einfluss, da sie eine Teilnahmepflicht für alle Mitarbeiter erlassen konnte. Am Ende wurde diese Idee jedoch verworfen, weil die Mitarbeiter bereits ausgiebig geschult waren, wodurch das aktuelle Niveau an Arbeitssicherheit überhaupt erst möglich wurde. Die Unternehmensführung kam zu dem Schluss, jede weitere Schulung würde nicht genügend Aussagekraft über die Erreichung des WIG besitzen.

Daraufhin beschäftigten sich die Führungskräfte von Younger Brothers eingehend mit den Hauptursachen der Arbeitsunfälle und entwickelten eine andere Idee für ihren Frühindikator: die Einhaltung der Sicherheitsstandards. Sie beschlossen, die Einhaltung mithilfe von sechs Sicherheitsstandards zu messen: das Tragen von Bauhelmen, Handschuhen, Sicherheitsschuhen und Schutzbrillen sowie die Verwendung von Baugerüsten und Sicherheitsgurten für Arbeiten auf dem Dach. Sie waren sicher, mithilfe einer konsequenten Durchsetzung dieser sechs Standards eine Prognose über die Zielerreichung treffen zu können, und außerdem hatten sie auf diese Maßnahmen Einfluss.

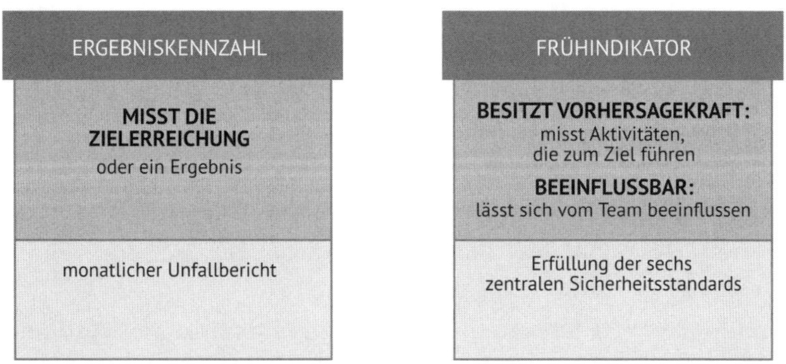

Innerhalb eines Jahres, in dem Younger Brothers konsequent den Frühindikator »Einhaltung der Sicherheitsstandards« fokussierte, gelang es dem Unternehmen, die beste Unfallbilanz in der

30-jährigen Geschichte des Unternehmens zu erreichen. Das war aber keine leichte Sache.

Einer der anspruchsvollsten Aspekte des ausgewählten Frühindikators bestand darin, die nötigen Daten zu beschaffen. Die Unfall- und Verletzungsstatistik der Ergebniskennzahl wurde jede Woche automatisch vom Computersystem generiert. Die Einhaltung der Sicherheitsstandards musste jedoch physisch beobachtet werden. Das bedeutete, dass die Bauaufseher des Unternehmens verschiedene Bautruppen beobachten und überprüfen mussten, ob auch alle Bauhelme, Handschuhe und Schutzbrillen trugen und ob die Baugerüste und die Dachstreben richtig montiert waren. Hinzu kam, dass sie das neben einer unendlichen Serie an Ablenkungen erledigen mussten: Probleme mit Subunternehmern, unpünktliche Materiallieferungen, Kundensorgen und wetterbedingte Verzögerungen. Inmitten der vielfältigen Anforderungen des Tagesgeschäfts erschien die Überprüfung der Einhaltung der Sicherheitsstandards einem Vorarbeiter womöglich nicht »absolut vorrangig«. Da die Senkung der Unfallrate jedoch das erklärte WIG und die Einhaltung der Sicherheitsstandards der wichtigste Hebel für die Zielerreichung war, führten sie diese Überprüfung Woche für Woche konsequent durch.

Die Lektion aus dieser Geschichte lautet, dass die Daten zu den Frühindikatoren fast immer schwieriger zu beschaffen sind als die Daten der Ergebniskennzahlen, doch diesen Preis müssen Sie zahlen, um Ihre Frühindikatoren zu verfolgen. Wir sehen oft, wie sich Teams damit abmühen, einen hocheffektiven Frühindikator zu bestimmen, nur um dann zu sagen: »Wow, die Datenbeschaffung ist echte Arbeit! Dafür haben wir keine Zeit; wir sind viel zu beschäftigt.« Wenn es Ihnen mit Ihrem WIG ernst ist, dann müssen Sie einen Weg finden, diese Daten zu verfolgen. Ohne die entsprechenden Daten können Sie die Frühindikatoren nicht verbessern und ohne eine Realisierung der Frühindikatoren erzeugen Sie keine

Hebelwirkung. Wenn Ihr WIG wirklich absolut vorrangig ist, dann brauchen Sie diesen Hebel.

Das WIG für jede Fluggesellschaft ist ein sicherer Flug. Die Luftfahrt ist heute bemerkenswert sicher, aber dem war nicht immer so. In den 1930er-Jahren wurden viele schwere Flugunfälle von Pilotenfehlern verursacht. Im Jahr 1935 verursachte Major Ployer »Pete« Hill, ein sehr erfahrener Testpilot der US-Streitkräfte, ein Flugzeugunglück mit dem größten Flugzeug, das je gebaut wurde, weil er vor dem Start vergessen hatte, eine Sicherung zu lösen. Daraufhin setzten sich die Piloten zusammen und erstellten einen Katalog an Frühindikatoren, der heute bekannten Flugcheckliste.[12] Von da an gab es weitaus weniger Flugunfälle, die auf einen Pilotenfehler zurückgingen. Heute ist die Vorflugkontrolle die beste Gewährleistung für einen sicheren Flug.

Diese Pilotencheckliste ist ein perfektes Beispiel dafür, was wir unter einer Aktivität mit großer Hebelwirkung verstehen. Die Überprüfung der Punkte auf der Checkliste dauert nur wenige Minuten, kann aber enorme Auswirkungen haben. Eine 100-prozentige Erfüllung der Checkliste ist zudem ein ausgezeichnetes Beispiel für einen Frühindikator: Anhand dieses Indikators lässt sich die Wahrscheinlichkeit eines sicheren Flugs vorhersagen und die Piloten können ihn beeinflussen.

Spätestens wenn Sie und Ihr Team beginnen, im Rahmen der 2. Disziplin effektive Frühindikatoren zu bestimmen, werden Sie den Wert einer Fokussierung (1. Disziplin) erkennen. An den Frühindikatoren für ein einziges WIG zu arbeiten, während Sie sich gleichzeitig auf das Tagesgeschäft konzentrieren müssen, ist eine sehr anspruchsvolle Aufgabe. Führungskräfte, die (trotz unserer gegenteiligen Empfehlung) in der 1. Disziplin auf mehr als zwei WIGs bestehen, ändern stets ihre Meinung, sobald ihnen klar wird, welche Arbeit mit den Frühindikatoren der 2. Disziplin verbunden ist.

Frühindikatoren und Mitarbeiterengagement

Sobald ein Team seine Frühindikatoren kennt, sieht es das Ziel mit völlig anderen Augen. Werfen wir einen Blick auf das, was geschah, als sich die Supermarktleiterin Beth Wood anschickte, ein äußerst anspruchsvolles Umsatzziel zu erreichen. Beth rief ihren Bäckereileiter Bob zu sich, um seine Unterstützung zu gewinnen. Bob ist ein gutmütiger Mensch und an einem typischen Tag hätte er wahrscheinlich gesagt: »Klar, Beth, ich helfe gerne«, auch wenn er nicht wusste, auf welche Weise er zur Umsatzsteigerung beitragen konnte. An diesem Tag war er jedoch gereizt und gestresst und nicht in der Laune, sich kooperativ zu zeigen.

»Du willst den Umsatz steigern?«, fragte er in sarkastischem Ton. »Tu, was du nicht lassen kannst, Beth!«

Überrascht von dieser Antwort, erwiderte Beth prompt: »Sieh mal, Bob, ich kann das nicht alleine bewerkstelligen. Du bist näher an den Kunden als ich und du bist auch näher an deinen Mitarbeitern.«

Nun war Bob wirklich frustriert. »Was genau soll ich deiner Meinung nach tun? Ich kann die Leute nicht mit vorgehaltener Pistole in den Laden zwingen. Ich leite die Bäckerei. Wenn du einen Bagel willst, bin ich der richtige Mann.«

Wenn man die beiden nicht gut kennt, könnte man meinen, Bob sei chronisch schlecht gelaunt oder respektiere Beth nicht oder – schlimmer noch – er wäre einfach faul. Nichts davon trifft jedoch zu. Bob mag Beth und würde wirklich gerne bei der Umsatzsteigerung helfen. Aber zwei Dinge halten ihn zurück: Er weiß nicht, wie und er glaubt nicht, dass er das kann. Was in diesem Moment wirklich in seinem Kopf vor sich geht, ist Folgendes: »Wir sind ein Geschäft, das seit 30 Jahren besteht. Gerade hat in derselben Straße ein Walmart-Supercenter eröffnet. Außerdem befinden wir uns auf der falschen Seite der Kreuzung, sodass potenzielle Kunden links abbiegen müssen, um zu uns zu kommen – sofern sie überhaupt unser Schild sehen können. Und Beth will, dass ich die Umsätze steigere?«

Bob fährt fort: »Wenn ich wüsste, wie ich den Umsatz steigern kann, glaubst du nicht, dass ich es dann bereits täte? Ich mache dir nichts vor!«

Wenn Sie die Lage aus Bobs Blickwinkel betrachten, können Sie seine Reaktion auf diese frustrierende Situation verstehen. Bob steht für so viele Menschen. Sie können den Felsblock sehen; das Problem ist, dass sie den Hebel nicht sehen.

Spielen wir das Szenario nun noch einmal durch, aber dieses Mal setzt Beth einen Frühindikator ein, um ihr Ziel zu erreichen. Sie ruft die Abteilungsleiter zusammen und stellt eine Frage: »Was können Sie über das Tagesgeschäft hinaus tun, um den Jahresumsatz so effektiv wie möglich zu steigern?« Im Wesentlichen fragt sie ihre Manager, mit welchem beeinflussbaren Ergebnis oder Verhalten sich am besten eine Veränderung der Ergebniskennzahl bewirken lässt. Allerdings begrenzt sie den Frühindikator auf einen sehr engen Fokus. Die Runde beginnt, eine Reihe von Möglichkeiten zu diskutieren, darunter die Verbesserung des Kundenservice, die Verbesserung der Ladengestaltung und die Ausgabe von mehr Gratisproben. Nach einigem Hin und Her einigen sich die Manager schließlich darauf, dass das Beste, was sie zur Verbesserung in *ihrem* Geschäft tun können, ist, die Zahl der ausverkauften Artikel zu senken.

Der Frühindikator »Senkung der Zahl an ausverkauften Artikeln« ist sehr aussagekräftig, was die Steigerung der Geschäftsumsätze betrifft, das ist im Einzelhandel wohlbekannt. Gleichermaßen wichtig ist, dass die Senkung ausverkaufter Artikel ein beeinflussbarer Frühindikator ist. Nun erkennt Bob, was er in seiner Bäckerei tun kann, um den Umsatz zu steigern, nämlich dafür zu sorgen, dass kein

Artikel im Regal fehlt. Das ist etwas, was er und sein Team beeinflussen können: Sie können zusätzliche Regalkontrollen durchführen, um festzustellen, welche Artikel ausverkauft sind; sie können ihre Ladenlager so organisieren, dass Produkte mit einem hohen Umschlag schneller aufgefüllt werden können, oder sie können die Häufigkeit und das Volumen ihrer Nachbestellungen verändern. Mit anderen Worten, das ist ein Spiel, das er und sein Team gewinnen können. Und jetzt ist Bob *engagiert.*

ERGEBNISKENNZAHL	FRÜHINDIKATOR
MISST DIE ZIELERREICHUNG oder ein Ergebnis	**BESITZT VORHERSAGEKRAFT:** misst Aktivitäten, die zum Ziel führen **BEEINFLUSSBAR:** lässt sich vom Team beeinflussen
monatlicher Umsatzbericht	Senkung der Zahl ausverkaufter Artikel

Wenn ein Team seine Frühindikatoren definiert, geht es eine strategische Wette ein. In gewisser Hinsicht sagt es: »Wir wetten darauf, dass wir durch die Erfüllung dieser Frühindikatoren unser WIG erreichen.« Das Team glaubt, dass der Hebel den Felsblock bewegen wird, und aufgrund dieser Überzeugung engagiert es sich.

Die 3. und 4. Disziplin sind darauf ausgerichtet, dem Team dabei zu helfen, Energie in die Realisierung der Frühindikatoren zu investieren. Die wahre Wirkung überzeugender Frühindikatoren besteht darin, dass sie Ihrem gesamten Team die Erreichung des WIG ermöglichen. Und letztlich sind es die Mitarbeiter an der Basis, die für die angestrebten Geschäftsergebnisse sorgen.

Die richtigen Frühindikatoren zu definieren bedeutet, allen dabei zu helfen, sich als strategische Geschäftspartner zu betrachten und mit ihnen einen Dialog darüber zu führen, was besser oder anders gemacht werden kann, damit die Ziele erreicht werden.

Ein gutes Beispiel ist die Werbeabteilung der Zeitung *Savannah Morning News*, einer altehrwürdigen Zeitung aus Amerikas Süden. Als wir uns mit den Redaktionsverantwortlichen zusammensetzten, lautete ihr WIG, eine große Umsatzlücke zu schließen. Sie waren in die Falle getappt, alles gleichzeitig verbessern zu wollen. In dem Versuch, den Umsatz zu steigern, ließen sie nichts aus, darunter die Promotion neuer Produkte, tägliche Sonderbeilagen und andere Addons. Sie verfolgten so viele Initiativen, dass sie ihr Hauptprodukt aus den Augen verloren hatten. Und so begannen sie mit der 1. Disziplin und formulierten ein WIG, um die Werbeumsätze durch die Refokussierung auf ihr Kernprodukt zu steigern.

Alles veränderte sich, als sie die 2. Disziplin in Angriff nahmen. Alle Mitarbeiter waren an der Diskussion über geeignete Frühindikatoren beteiligt. Nachdem verschiedene Möglichkeiten zur Steigerung der Werbeumsätze durchgespielt worden waren, einigten sie sich auf drei Schlüsselaktionen: die Steigerung der Kontakte zu Neukunden und potenziellen Werbekunden, die noch nicht in der Zeitung inseriert hatten; die Reaktivierung von Kunden, die seit sechs Monaten oder länger nicht mehr inseriert hatten; und die Steigerung der Werbeumsätze mit ihren bestehenden Kunden durch eine Verbesserung des Wertangebots – zum Beispiel durch eine zusätzliche Kolorierung der Werbeanzeigen, einer besseren Platzierung oder einer Vergrößerung der Anzeige.

In der Praxis wurde der Plan in einfache Frühindikatoren heruntergebrochen: In den wöchentlichen WIG-Sessions verpflichteten sich die Mitarbeiter auf die Realisierung einer bestimmten Anzahl an Neukundenkontakten, Reaktivierungstelefonaten und

Upselling-Angeboten. In der folgenden Woche berichteten sie über die Ergebnisse. Die Anzeigenverkäufer steuerten nicht nur ihr eigenes Geschäft effektiver, sondern kommunizierten nun auch regelmäßig miteinander und tauschten »Best Practices«, Wege zur Feinjustierung ihrer Methoden und zur Überwindung von Hindernissen aus.

Die Anzeigenleiterin äußerte sich folgendermaßen: »Ich bin seit 20 Jahren im Geschäft und habe meine gesamte Karriere im Wesentlichen damit verbracht, Predigten über Ergebniskennzahlen zu halten und Feuerwehr zu spielen.« Zum ersten Mal fühlte sie sich in der Lage, ihren Mitarbeitern auf greifbare Weise bei der Zielerreichung zu helfen.

Letztlich konnte die Zeitung ihre Umsatzlücke schließen und übertraf sogar die Ziele, die sie sich für das laufende Jahr gesetzt hatte. Ermöglicht wurde das durch konsequentes Handeln auf der Basis der richtigen Frühindikatoren. Dieser durchschlagende Erfolg veranlasste Morris Communications, die Muttergesellschaft der *Savannah Morning News*, den 4DX-Prozess bei ihren 40 weiteren Zeitungen einzuführen.

In Teil II werden wir noch ausführlicher über die Auswahl der richtigen Frühindikatoren sprechen.

3. Disziplin: Pflegen Sie ein motivierendes Scoreboard

Die 3. Disziplin besteht darin sicherzustellen, dass alle zu jedem Zeitpunkt ihre eigene Leistung kennen, sodass jeder sagen kann, ob er zu den Siegern gehört oder nicht. Das ist die *Disziplin des Engagements.*

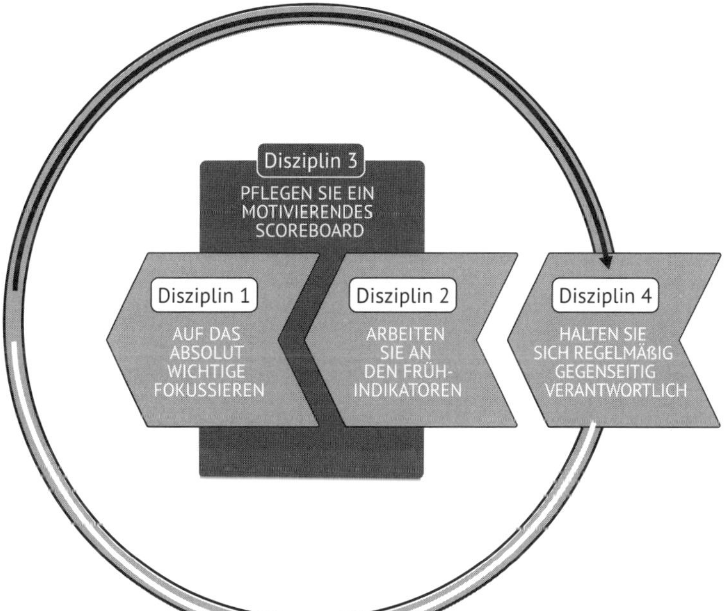

Denken Sie daran, dass sich Ihre Teammitglieder anders verhalten, wenn sie ständig die aktuellen Ergebnisse ihrer Leistung verfolgen. Es herrscht ein beachtlicher Leistungsunterschied zwischen einem Team, das seine Frühindikatoren und Ergebniskennzahlen auf rein konzeptioneller Ebene versteht, und einem Team, das zu jedem

Zeitpunkt weiß, wie gut es seine Frühindikatoren umsetzt, und damit weiß, welchen Beitrag es zur Ergebniskennzahl leistet.

Wenn die Frühindikatoren und die Ergebniskennzahl nicht auf einem visuellen Scoreboard festgehalten und regelmäßig aktualisiert werden, gehen sie im Wirbelwind des Tagegeschäfts unter. Menschen, die ihre Leistung nicht überprüfen können, verlieren ihr Engagement. Wenn sie dagegen auf einen Blick erkennen können, ob sie zu den Siegern gehören oder nicht, sind sie wesentlich engagierter.

Im Rahmen der 3. Disziplin werden die strategische Wette, die Ihr Team eingeht, sowie die von ihm definierten Frühindikatoren und Ergebniskennzahlen in ein sichtbares, motivierendes Scoreboard übersetzt.

Vor mehreren Jahren arbeiteten wir mit einer Gruppe von Führungskräften des Unternehmens Northrop Grumman an einem Projekt zur Anwendung des 4DX-Ansatzes auf das Design und den Bau von Kuttern der US-Küstenwache. Unser Projekt begann wenige Monate nachdem Hurrikan Katrina die Unternehmensgebäude und -anlagen erheblich beschädigt hatte. Als wir die 3. Disziplin vorstellten, lieferten sie sogleich ein Beispiel, das die Bedeutung eines motivierenden Scoreboards perfekt verdeutlichte: Am vergangenen Freitagabend hatte die örtliche Highschool-Mannschaft ein wichtiges Footballspiel gespielt. Wie erwartet waren die Ränge dicht gefüllt und es herrschte die übliche freudige Anspannung vor dem Anpfiff. Doch während des Spiels fehlte irgendetwas. Niemand jubelte. In der Tat schien eigentlich niemand auf das Spiel zu achten. Das einzige Geräusch, das von den Zuschauerrängen erklang, war das dumpfe Gemurmel allgemeiner Gespräche. Was war geschehen? Die digitale Anzeigetafel, auf der die Treffer abgebildet wurden, war während des Hurrikans umgeknickt und noch nicht repariert. Die Fans konnten den Spielstand nicht sehen. »Niemand konnte sagen, wie viele Punkte jede Mannschaft erzielt hatte. Man wusste nicht einmal, wie viel Spielzeit noch blieb. Zwar fand auf dem Rasen ein Spiel statt, aber es war so, als nähme davon niemand Notiz.«

Diese Geschichte weckte unsere Aufmerksamkeit. Hatten Sie jemals den Wunsch, Ihr Team frustriert anzuschreien: »Merkt ihr eigentlich nichts? Hier findet ein Spiel statt, und das ist wirklich wichtig!« Wenn ja, dann fehlte Ihrem Team wahrscheinlich das gleiche ausschlaggebende Element, das den Fans des Footballspiels fehlte: eine klare und überzeugende Übersicht über den aktuellen Stand der Ergebnisse.

Herausragende Teams wissen zu jedem Zeitpunkt, ob sie zu den Siegern gehören oder nicht. Das müssen sie wissen, ansonsten ist ihnen nicht klar, was sie tun müssen, um das Spiel zu gewinnen. Ein motivierendes Scoreboard gibt Ihrem Team darüber Aufschluss, wo jeder Einzelne steht und was er tun muss – grundlegende Informationen für eine teamorientierte Problemlösung und Entscheidungsfindung. Aus diesem Grund können herausragende Teams nicht ohne ein Scoreboard funktionieren, das sie buchstäblich zur Handlung zwingt. Ohne ein solches Instrument verpufft die Energie, die Intensität erlahmt und das Team fällt in seinen gewohnten Alltagstrott zurück.

Herkömmliche Denkweise	4DX-Prinzip
Scoreboards sind nur für Führungskräfte gedacht. Das sind die Scoreboards der Coaches, die aus komplexen Tabellenkalkulationen bestehen und unendlich viele Zahlen enthalten. Irgendwo in diesen Zahlen liegt der große Gesamtzusammenhang begraben, doch dieser erschließt sich nur wenigen (wenn überhaupt).	Das Scoreboard ist für das gesamte Team gedacht. Um die Umsetzung voranzutreiben, brauchen Sie ein solches Scoreboard, das einige einfache Grafiken enthält, die das anvisierte Ergebnis und den aktuellen Stand der Zielerreichung abbilden. Auf diese Weise kann jeder in fünf Sekunden ablesen, ob das Team gewinnt oder verliert.

Um die Wirkung eines solchen Scoreboards zu verstehen, stellen Sie sich vor, Sie befänden sich in einem Park, in dem eine Gruppe Jugendlicher Basketball spielt. Sie befinden sich nicht nahe genug, um sie zu hören, aber Sie können sie sehen. Können Sie allein durch Zuschauen sagen, ob sie um Punkte spielen? Das können Sie, und die Hinweise darauf sind offensichtlich. Erstens werden Sie eine Intensität in ihrem Spiel wahrnehmen, die Sie nicht beobachten könnten, wenn die Jugendlichen ihre Punkte nicht zählen würden. Sie werden auch ein gutes Teamzusammenspiel, bessere Korbwürfe, eine aggressivere Verteidigung und mehr Jubel sehen, sobald ein Treffer erzielt wurde. Das ist das Verhalten eines stark engagierten Teams. So spielt es nur, wenn das Spiel wichtig ist – mit anderen Worten, wenn es so wichtig ist, dass sie die Treffer zählen und den Spielstand verfolgen.

Wenn Ihr Scoreboard komplizierte Kennzahlen enthält, die nur Sie als Führungskraft verstehen, dann ist es ein Spiel für Führungskräfte. Für Höchstleistung und ein maximales Mitarbeiterengagement brauchen Sie aber ein Scoreboard für Ihre Spieler, das sie verstehen und mit dem sie sich identifizieren können. Jim Stuart, einer der Urheber des 4DX-Ansatzes, formulierte es treffend: »Die grundlegende Absicht eines Scoreboards für die Teamplayer besteht darin, sie zum Sieg zu motivieren.«

Wir haben dieses Kapitel mit einer entscheidenden Feststellung begonnen: Menschen verhalten sich anders, wenn sie ihren Erfolg klar vor Augen haben. Nun müssen wir den Schwerpunkt schärfen, um diese Feststellung noch klarer zu formulieren: Menschen verhalten sich anders, wenn *sie selbst* Buch über ihren Erfolg führen. Wenn die Beteiligten eigenhändig ihre Leistung festhalten, erzeugt das ein völlig anderes Gefühl, als wenn Sie das für sie tun. Wenn die Teammitglieder ihre Ergebnisse aufzeichnen, entwickeln sie ein echtes Verständnis für die Verbindung zwischen ihrer Leistung und der

Zielerreichung – und das kann deutlich positive Auswirkungen auf ihr Engagement haben.

Wenn jedes Teammitglied den aktuellen Ergebnisstand sieht, steigen Ehrgeiz und Engagement, und zwar nicht nur, weil sie sehen können, was sich bewährt und welche Anpassungen vorgenommen werden müssen, sondern auch, weil sie nun unbedingt *gewinnen wollen*.

Hier können Sie den Gegensatz zwischen einem Scoreboard sehen, das ein Trainer führt, und einem Scoreboard, das die Spieler selbst führen (siehe Folgeseite).

Das Scoreboard eines Coaches ist komplex und enthält unzählige Kennzahlen, aber es muss sorgfältig studiert werden, um Aufschluss darüber zu geben, ob das Team auf dem Weg zum Erfolg ist.

GESAMTUMSÄTZE							BRUTTOMARGE							EBITDA						
2/12	Bud	Var	2/8	Var	2007	Var	2/12	Bud	Var	2/8	Var	2007	Var	2/12	Bud	Var	2/8	Var	2007	Var
0	0	0	0	0	0	0	0	0	0	143	(143)	0	0	0	0	0	143	(143)	0	0
(1)	53	(54)	182	(183)	1	(2)	(0)	35	(35)	0	(0)	1	(2)	(86)	(49)	(37)	(84)	(2)	(114)	28
0	0	0	0	0	0	0	0	0	0	0	0	0	0	(61)	(65)	4	(73)	12	(11)	(51)
1.008	1.080	(71)	1.150	(142)	1.146	(137)	699	754	(55)	812	(113)	892	(193)	384	384	1	439	(54)	530	(146)
		–6,6 %		–12,3 %		–12,0 %	69,3 %	69,9 %	–7,3 %	70,6 %	13,9 %	27,9 %	21,6 %	38,1 %	35,5 %	0,2 %	38,1 %	12,4 %	46,3 %	27,5 %
690	843	(144)	700	(1)	963	(264)	486	594	(108	498	(12)	730	(25)	242	297	(56)	218	24	392	(151)
		–17,1 %		–0,2 %		–27,4 %	69,5 %	70,4 %	–18,2 %	71,1 %	–2,4 %	75,8 %	–33,5 %	34,6 %	5,3 %	–18,8 %	31,1 %	10,9 %	40,2 %	–38,5 %
592	682	(90)	524	68	613	(21)	422	483	(60)	361	62	459	(36)	260	276	(16)	187	73	270	(10)
		–13,1 %		13,0 %		–3,4 %	71,3 %	70,8 %	–12,5 %	68,9 %	17,1 %	74,8 %	7,9 %	43,9 %	40,5 %	–5,7 %	35,8 %	8,9 %	44,0 %	–3,5 %
879	937	(58)	840	39	828	51	607	695	(88)	582	25	539	68	354	3370	(16)	292	62	235	119

WIG

Steigerung der Umsätze aus Unternehmensveranstaltungen von 22 auf 31 Millionen Dollar bis zum 31. Dezember

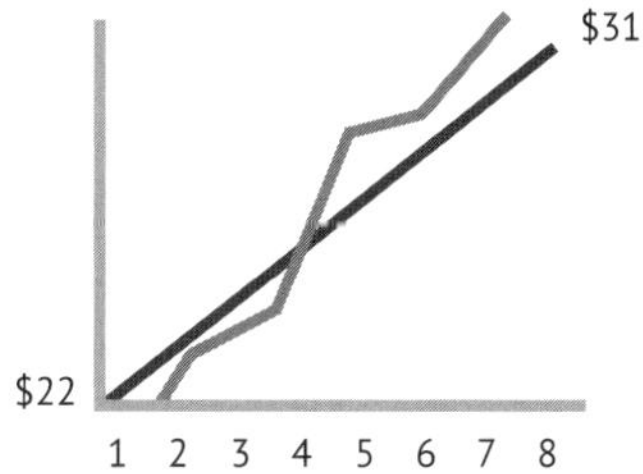

FRÜHINDIKATOR 1

zwei qualitativ erstklassige Führungen durch die Räumlichkeiten pro Mitarbeiter/Woche durchführen

MITARBEITER	1	2	3	4	5	6	7	DURCHSCHNITT
KIM	1	1	2	2	4	X	X	2
BOB	2	2	3	2	X	X	2	2,4
KAREN	1	3	2	X	X	2	2	2
JEFF	0	0	X	X	1	1	1	0,6
EMILY	3	X	X	4	3	2	4	2,8
RICHARD	X	X	2	2	2	4	4	2,8
BETH	X	1	2	5	2	4	X	2,8
GESAMT	2	7	11	15	12	13	14	2,3

FRÜHINDIKATOR 2

bei 90 Prozent aller Veranstaltungen unser Premiumpaket für die Bar verkaufen

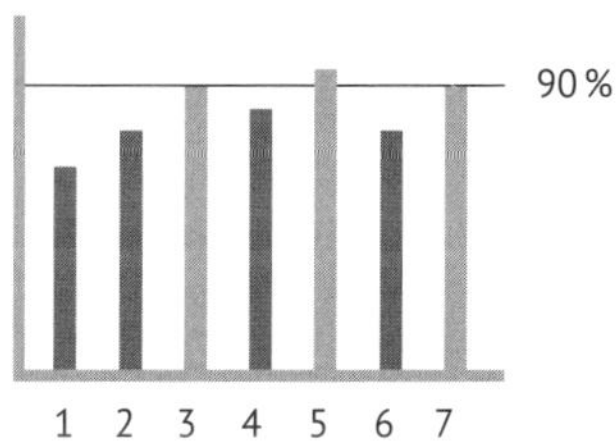

Auf diesem Scoreboard lautet das Ziel (schwarze Linie im oberen Diagramm), den Umsatz zu steigern. Die graue Linie gibt die tatsächliche Verkaufsleistung wieder. Die Teammitglieder können zu jedem Zeitpunkt erkennen, ob sie auf dem richtigen Weg zur Zielerreichung sind.

Das Scoreboard für die Teamplayer dient im Wesentlichen dazu, diese zum Erfolg zu motivieren.

Die Eigenschaften eines motivierenden Scoreboards

Um bestimmen zu können, ob ein Scoreboard eine motivierende Wirkung auf die Teammitglieder hat, stellen wir stets vier Fragen:

1. **Ist es einfach?** Das muss es sein. Denken Sie an die Anzeigetafel bei einem Fußballspiel. Üblicherweise werden die Tore und die verbleibende Spielzeit angezeigt. Denken Sie nun daran, welche weiteren Daten ein Trainer verfolgt: Torchancen, Ballbesitz, Pässe und vieles mehr. Die Liste ist lang. Trainer brauchen so viele Daten, um das Spiel steuern und strategische Anpassungen vornehmen zu können. Die Anzeigetafel auf dem Spielfeld zeigt aber lediglich die Daten an, die für die Spieler in dem Moment wichtig sind.

2. **Sind die Daten leicht zu erkennen?** Sie müssen für das Team auf einen Blick zu erfassen sein. Die Anzeigetafel eines Fußballstadions ist riesig, sodass jeder sofort den aktuellen Spielstand erkennen kann. Wenn Sie Ihr Scoreboard am Computer verwalten oder es innen an Ihrer Bürotür hängt, ist es für Ihr Team nicht sichtbar – aus den Augen, aus dem Sinn. Denken Sie immer daran, dass Sie stets mit dem Tagegeschäft konkurrieren müssen, und das ist ein unerbittlicher Gegner. Ohne ein sichtbares Scoreboard sind das WIG und die Frühindikatoren wahrscheinlich schon nach wenigen Wochen, wenn nicht bereits nach einigen Tagen vergessen. Sichtbarkeit steigert auch die Eigenverantwortung: Die Ergebnisse gewinnen für das Team persönliche Bedeutung, wenn das Scoreboard an einem Ort platziert wird, an dem es jeder sehen kann. Das haben wir immer wieder beobachtet. Wir haben erlebt, wie eine ganze Schicht in einem Getränkeabfüllunternehmen in Michigan beschloss, auf die Mittagspause zu verzichten, um die Zahl der Lieferchargen zu steigern und das Scoreboard zu verbessern. Warum? Um andere Schichten

auf dem Scoreboard zu überholen! In einem anderen Fall haben wir beobachtet, wie die Nachtschicht um Mitternacht zur Arbeit kam und als Erstes auf dem Scoreboard nachsah, wie sich ihre Leistung im Vergleich zur Tagschicht ausnahm. Wenn Ihr Team geografisch weit verstreut arbeitet, sollte das Scoreboard sichtbar auf den Computern oder Mobiltelefonen der Teammitglieder platziert sein (mehr über elektronische Scoreboards auf Seite 247).

3. **Bildet das Scoreboard Frühindikatoren und Ergebniskennzahlen ab?** Das sollte es, denn es trägt eindeutig dazu bei, dem Scoreboard Leben einzuhauchen. Der Frühindikator ist jene Aktivität, auf welche die Teammitglieder Einfluss nehmen können. Die Ergebniskennzahl ist das (rückblickende) Ergebnis, das darüber Aufschluss gibt, ob die Erfüllung der Frühindikatoren etwas bewirkt hat und das angestrebte Ziel erreicht wurde. Wenn beide Indikatoren klar erkennbar sind, können die Teammitglieder sehen, wie sich ihre strategische Wette entwickelt. Sie können sehen, was sie tun (Frühindikator) und zu welchen Ergebnissen das führt (Ergebniskennzahl). Wenn das Team sieht, wie sich die Ergebniskennzahl als Folge ihrer Anstrengungen zur Realisierung der Frühindikatoren verändert, hat das dramatische Auswirkungen auf ihr Engagement, weil sie wissen, dass sie die Ergebnisse direkt beeinflussen können.

4. **Können Sie auf einen Blick erkennen, ob Sie gewinnen oder verlieren?** Das Scoreboard muss den Teammitgliedern augenblicklich Aufschluss darüber geben können, ob sie gewinnen oder verlieren. Wenn das Team nicht auf Anhieb erkennen kann, wo es steht, ist das Scoreboard nichts weiter als irgendeine x-beliebige Datensammlung. Prüfen Sie Ihren nächsten Bericht, Ihre Grafik, Ihre Scorecard oder Ihr Scoreboard, bevor Sie diesen Punkt als Selbstverständlichkeit abtun. Werfen Sie einen prüfenden Blick auf die wöchentlichen Finanzdaten: Können Sie *mit*

einem Blick auf die Tabellen sagen, ob Sie auf dem Weg zum Erfolg sind? Könnten andere es sagen? Wir bezeichnen das als die *Fünf-Sekunden-Regel.* Wenn Sie nicht innerhalb von fünf Sekunden sagen können, ob Sie auf dem Weg zum Erfolg oder Misserfolg sind, dann hat Ihr Datenblatt den Test nicht bestanden.

Die nachfolgende einfache Illustration stammt von einem unserer Klienten, einer Eventmanagement-Gesellschaft, die für die Buchung von Handelsmessen für Outdoor-Einzelhändler verantwortlich ist. Ihr WIG lautete, bis zu einem bestimmten Datum eine bestimmte Zahl an Ausstellern zu gewinnen. Die linke Seite des Scoreboards bildet ab, wo das Team derzeit steht, aber aus dieser Abbildung geht nicht hervor, ob das Team am Ende sein Ziel erreichen wird. Das lässt sich nur bestimmen, wenn Sie nicht nur Ihren aktuellen Standort kennen, sondern auch wissen, wo Sie stehen *sollten.*

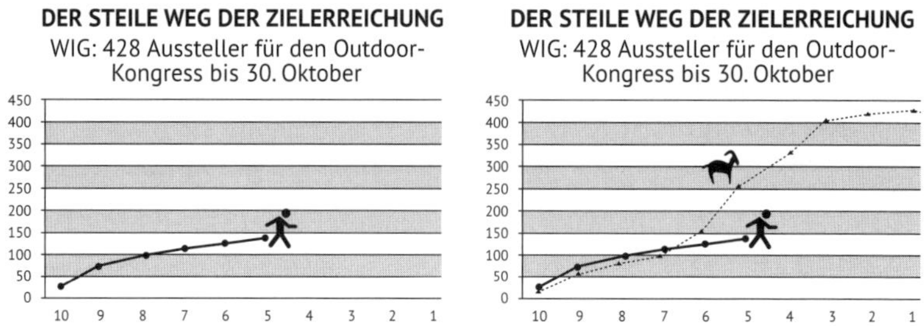

Auf der rechten Seite des Scoreboards ist neben dem aktuellen Istzustand außerdem die Sollvorgabe abgebildet – symbolisiert durch eine Bergziege. Weil viele Kunden dieses Unternehmens Bergsteiger waren, verwendete es eine Bergziege, um die wöchentlichen Zieletappen (Punkte auf der gestrichelten Linie) darzustellen. Nun ist auf einen Blick erkennbar, dass das Team derzeit weit von der Zielerreichung entfernt ist und sein WIG wahrscheinlich verfehlen wird. Darüber hinaus lassen sich daran auch mehrere andere wichtige Performance-Aspekte ablesen: Sie wissen sofort, seit wann sich das Team auf der Verliererstraße befindet: zwei Wochen. Sie wissen auch, dass die Zielerreichung nun viel schwieriger wird, weil die Ergebnisse des Teams ein Plateau erreicht haben, anstatt kontinuierlich anzusteigen, und dass nicht mehr viel Zeit bleibt.

So einfach und grundlegend das auch erscheinen mag: Wenn wir Manager um eine spontane Auskunft zum Ist- und Sollzustand der Zielerreichung bitten, erhalten wir oft die Antwort: »Ich glaube, die meisten Daten kann ich beschaffen, aber ich brauche ein paar Minuten, um sie zusammenzustellen.« Behalten Sie im Hinterkopf, dass es sich hierbei um fähige Führungspersönlichkeiten handelt. Ihr Problem ist keineswegs ein Mangel an Daten, im Gegenteil. Ihr Problem ist die schiere Datenflut und der fehlende Durchblick, welche Daten wirklich relevant sind.

Stellen Sie sich vor, nicht nur Sie, sondern jedes Mitglied Ihres Teams würde die Leistung des gesamten Teams auf einen Blick erkennen können. Würde das ihr Engagement verändern? Nach unzähligen Implementierungen des 4DX-Prozesses in vielen Tausend Unternehmen können wir das eindeutig bejahen.

Wie die 1. und 2. Disziplin erschließt sich auch die 3. Disziplin den meisten Managern nicht intuitiv. Es liegt nicht in ihrer Natur, ein Team-Scoreboard zu erstellen; instinktiv erstellen sie ein Scoreboard, das ihnen als Kontrollinstrument dient. Meist handelt es sich um ein komplexes Scoreboard mit einer Vielzahl unterschiedlicher Kennzahlen, Analysen und Projektionen, das für Manager gemacht ist, aber nicht für die Teammitglieder. Damit sind Sie also nicht alleine. In Unternehmen finden wir fast nie Scoreboards, welche die genannten vier Kriterien erfüllen.

Letztlich ist es aber nicht das eigentliche Scoreboard, das motivierend wirkt. Auch wenn es den Teams Spaß macht, ihr eigenes Scoreboard zu führen, ist es letztlich der zugrunde liegende Wettbewerb, der den Ansporn gibt. Sie sehen auch keine Fußballfans, die sagen: »Hast du das Spiel gestern Abend gesehen? Was für eine tolle Anzeigetafel!« Auch wenn die Abbildung des aktuellen Spielstands unverzichtbar ist, ist es das Spiel, das die Fans fesselt.

Einer der demoralisierendsten Aspekte des Tagesgeschäfts ist, dass es einem Kampf gegen Windmühlen gleicht. Wenn Ihr Team sich ausschließlich auf das Tagesgeschäft konzentriert, investiert es seine gesamte Energie darauf, den täglichen Anforderungen gerecht zu werden und den Kopf über Wasser zu halten. Das heißt, Ihre Teammitglieder spielen nicht auf Sieg, sondern defensiv auf den Erhalt des Status quo, und das macht sich in den Ergebnissen bemerkbar.

Mit dem 4DX-Prozess wecken Sie nicht nur den Erfolgswillen Ihres Teams, Sie sorgen auch dafür, dass es eine echte Gewinnchance hat. Das Geheimnis der Gewinnchance besteht in der Beziehung zwischen den Frühindikatoren und den Ergebniskennzahlen, die Sie jeden Tag an Ihrem Scoreboard ablesen können. Im Wesentlichen gehen Sie und Ihr Team die strategische Wette ein, dass Sie die Frühindikatoren verändern können und dass diese daraufhin die Ergebniskennzahl verändern. Sobald dieser Mechanismus in Gang gesetzt ist, werden selbst Mitarbeiter, die bisher eher gleichgültig waren, vom Ehrgeiz gepackt. Oft sehen sie zum ersten Mal, dass ihr Team auf der Erfolgsspur ist. Vergessen Sie nicht, dass ihr Engagement nicht darauf beruht, dass das *Unternehmen* siegt oder dass Sie als ihr *Vorgesetzer* siegen, sondern dass sie, die *Teammitglieder*, siegen.

Vor einigen Jahren wurden wir gebeten, einem leistungsschwachen Fertigungswerk, das Teil eines globalen Herstellerkonzerns war, dabei zu helfen, die Qualitätsstandards des übrigen Unternehmens zu erfüllen. Das Werk war alt, arbeitete mit obsoleter Technik und befand sich überdies an einem abgelegenen Standort in Kanada. Es war nur per Langstreckenflug, gefolgt von einer stundenlangen Autofahrt über eine Waldstraße zu erreichen.

In den letzten 25 Jahren hatte das Werk nicht ein einziges Mal seine Zielproduktion erreicht. Außerdem kämpfte es mit massiven Qualitätsproblemen in der Fertigung, von denen vor allem die Nachtschichten betroffen waren, in denen die unerfahrensten Arbeiter tätig waren. Die Qualitätsrate befand sich im niedrigen 70er-Bereich, während sich der übrige Konzern im oberen 80er-Bereich bewegte.

Erst als Scoreboards entwickelt und öffentlich sichtbar platziert wurden, veränderte sich die Situation radikal. Die Mitarbeiter hatten bis dahin keinen konkreten Anhaltspunkt, sie tappten im Dunkeln. Nun arbeiteten sie im Rampenlicht der neuen Scoreboards. Kennzahlen sind wie Scheinwerferlicht; sie sind der beste Katalysator für Veränderung, den es gibt. Wenn man Teams, die sich für erfolgreich halten, offen und für alle sichtbar Daten zeigt, die das Gegenteil belegen, dann finden sie einen Weg, um das Ruder herumzureißen und zu gewinnen. Am Scoreboard können sie ablesen, was sie tun müssen, um ihre Ergebnisse zu verbessern.

Die Nachtschicht begann um Mitternacht und verglich als Erstes ihr Scoreboard mit dem Scoreboard der Tagschicht. Das spornte die Nachtschichtarbeiter an, die Ergebnisse der Tagschicht zu übertreffen. In dem Unternehmen herrschte die für die nördlichen Regionen typische Eishockeykultur. Die einzige Unterhaltung, die dieser abgelegene Ort bot, waren zwei Eishockeystadien. Die Arbeiter wussten, dass sie am Wochenende mit ihren Kollegen der anderen Schichten Eishockey spielen und Bier trinken würden, und sie wollten die Schicht sein, die sich mit den besseren Ergebnissen brüsten konnte.

Der 4DX-Prozess fördert den natürlichen Wettbewerbsdrang der Menschen. Als Folge stieg die Qualitätskennzahl von 74 auf 94 und machte das Werk vom schwächsten Glied der Kette zu einem Werk, dessen Leistung den Branchenstandard weit übertraf. Innerhalb eines Jahres hatte das Werk, das noch nie seine Produktionsvorgaben erfüllt hatte, diese um 4000 metrische Tonnen übertroffen und damit mindestens fünf Millionen Dollar zum Geschäftsergebnis beigetragen.

Das Team-Scoreboard ist ein hochwirksames Instrument zur Veränderung des menschlichen Verhaltens. Und das gilt für alle Bereiche – selbst wenn sie sich tief im Wald befinden.

In Teil II finden Sie eine ausführliche Anleitung zur Erstellung und Pflege eines motivierenden Scoreboards.

Die 4 Disziplinen und Teamengagement

Wir würden gerne sagen können, dass wir die Verbindung zwischen der Implementierung des 4DX-Prozesses und Teamengagement schon vorher bis ins Detail kannten, aber das stimmt nicht. Dieses Wissen kam durch Erfahrung. Als wir begannen, den 4DX-Prozess in gemeinsamen Projekten mit Unternehmen aus der ganzen Welt umzusetzen, wurden wir Zeuge signifikanter Verbesserungen der Arbeitsmoral und des persönlichen Engagements der Mitarbeiter auf allen Ebenen des Unternehmens, auch wenn ihre jeweiligen WIGs vordergründig gar nichts mit diesen beiden Aspekten zu tun hatten. Angesichts dessen, was wir bisher über den 4DX-Ansatz geschildert haben, finden Sie das vielleicht nicht überraschend. Doch wir waren damals überrascht.

FranklinCovey hatte sich einen weltweiten Namen mit der Unterstützung von Individuen und Teams gemacht, die sich die Steigerung ihrer persönlichen Effektivität und eine Verbesserung ihrer Arbeitsmoral und ihres Engagements zum Ziel gesetzt hatten. Der 4DX-Prozess verfolgte einen exklusiven Fokus auf Geschäftsergebnisse und rundete damit das gesamte Spektrum der zielorientierten Umsetzung ab. Im Rahmen unserer ersten Implementierungsprojekte stellten wir eine deutliche Zunahme des Engagements der Beteiligten fest, und zwar ab dem Zeitpunkt, als das Team begann, den Erfolg seiner Anstrengungen zu erkennen. Der persönliche Ehrgeiz der individuellen Teammitglieder war nicht zu übersehen.

Unsere Implementierungsprojekte beinhalteten üblicherweise mehrtägige intensive Arbeitssitzungen mit Managern und Teams, und wie in jeder Gruppe gab es dabei die üblichen Skeptiker und Verweigerer. Zu unserer Überraschung stellten wir bei unserem erneuten Besuch zwei Monate später fest, dass uns die anfänglichen Verweigerer genauso begeistert vorführten, was sie erreicht hatten, wie alle anderen.

Viele sind davon überzeugt, dass die Ergebnisse letztlich vom persönlichen Engagement abhängen. Wir teilen diese Überzeugung. Wir wissen jedoch auch – und haben es über die Jahre immer wieder beobachtet –, dass auch die Ergebnisse das Engagement beflügeln. Das gilt insbesondere wenn ein Team erkennt, dass seine Leistungen direkten Einfluss auf das Ergebnis ausüben. Das ist ein wechselseitiger Prozess, in dem sich beide Aspekte gegenseitig nähren. Nach unserer Erfahrung gibt es keinen größeren Ansporn, als wenn ein Mensch das Gefühl hat, er oder sie würde gewinnen. Oftmals ist der Ansporn, der aus diesem Gefühl entsteht, größer als der Leistungsanreiz, der sich mit Geld, Vergütungspaketen, Arbeitsbedingungen, persönlichen Beziehungen zu Kollegen oder einem guten Verhältnis zum direkten Vorgesetzten erzielen lässt. Menschen arbeiten für Geld und kündigen aus Geldgründen. Dennoch sind in vielen Teams Menschen beschäftigt, die zwar gut bezahlt sind, deren Leistung aber nicht ihrem Gehalt entspricht.

Im Jahr 1968 veröffentlichte der Autor Frederick Herzberg einen Artikel in der *Harvard Business Review*, der die treffende Überschrift hatte: »One More Time: How Do You Motivate Employees?«[13] In diesem Aufsatz betonte er die enge Verbindung zwischen Engagement und Ergebnissen: »Die Menschen empfinden dann die größte Arbeitszufriedenheit (und sind daher am motiviertesten), wenn ihre Arbeit ihnen die Gelegenheit bietet, die Früchte ihrer Leistung zu erkennen.«

43 Jahre später betonen die Autoren Teresa Amabile und Steven Kramer in ihrem Artikel »Small Wins« in einer weiteren Ausgabe desselben Magazins, welche Bedeutung das Empfinden für die eigene Leistung für Mitarbeiter hat: »Der Drang nach Fortschritt und Weiterentwicklung ist ein grundlegender Aspekt der menschlichen Natur, doch kaum ein Manager versteht das oder weiß, wie er Fortschritte beschleunigen und somit die Motivation steigern kann.»[14]

Wir haben gelernt, dass Scoreboards ein wirksames Instrument zur Förderung des persönlichen Ehrgeizes und des Mitarbeiterengagements sind. Ein motivierendes Scoreboard fördert nicht nur die Zielerreichung, sondern nutzt überdies den naturgegebenen menschlichen Drang nach Fortschritt und Weiterentwicklung, um bei den Mitarbeitern eine Siegermentalität zu wecken.

Wenn Sie noch immer Zweifel an der positiven Wirkung des Siegergefühls auf das Teamengagement haben, denken Sie an eine Zeit in Ihrer eigenen Karriere zurück, als Sie Ihre Arbeit mit größtem Engagement und Begeisterung verrichtet haben; eine Zeit, in der Sie es gar nicht abwarten konnten, morgens aufzustehen, weil Sie von Ihrer Arbeit völlig absorbiert waren. Stellen Sie sich dann folgende Frage: Habe ich mich damals als Sieger gefühlt? Wenn Sie so beschaffen sind wie die Mehrheit der Menschen, werden Sie das wahrscheinlich bejahen.

Mit dem 4DX-Prozess können Sie echte Siegchancen erzeugen. Mit der 1. Disziplin verengen Sie Ihren Fokus auf ein absolut vorrangiges Ziel und setzen eine klare Frist, bis wann dieses Ziel erreicht werden muss. Mit der 2. Disziplin definieren Sie Frühindikatoren, die Ihrem

Team als Hebel zur Zielerreichung dienen. Diese Hebel machen daraus einen Wettbewerb: Ihr Team schließt eine strategische Wette auf die konsequente Umsetzung der Frühindikatoren ab. Aber ohne die 3. Disziplin, das heißt ohne ein motivierendes Scoreboard, würde dieser Wettbewerb nicht nur vom Tagesgeschäft verschlissen, es würde auch niemanden kümmern.

Ein Siegerteam braucht keine künstlichen Maßnahmen zur Steigerung seines Engagements. Der ganze Psychohype, die Jubelhymnen und Anfeuerübungen, die Unternehmen so gerne zelebrieren, steigern die allgemeine Arbeitsmoral nicht annähernd so erfolgreich wie die Zufriedenheit, die sich einstellt, wenn Mitarbeiter ein wirklich wichtiges Ziel exzellent umsetzen.

Die ersten drei Disziplinen sind starke Motoren für die Umsetzung, aber eigentlich sind sie erst der Anfang. Sie bereiten das Spiel vor, aber Ihr Team zieht vielleicht noch nicht konsequent und kontinuierlich genug an einem Strang, wie Sie nun erfahren werden.

4. Disziplin: Halten Sie sich regelmäßig gegenseitig verantwortlich

Die 4. Disziplin besteht darin, einen Mechanismus, um sich regelmäßig gegenseitig verantwortlich zu halten; einen kontinuierlichen Zyklus der Rechenschaftslegung über die bisher erreichten Ergebnisse und die Fortschritte in der Zielerreichung.

Hier geschieht die eigentliche Umsetzung. Wie erwähnt, dienen die ersten drei Disziplinen zur Spielvorbereitung; erst mit der Anwendung der 4. Disziplin zieht Ihr Team konsequent und zielgerichtet an einem Strang.

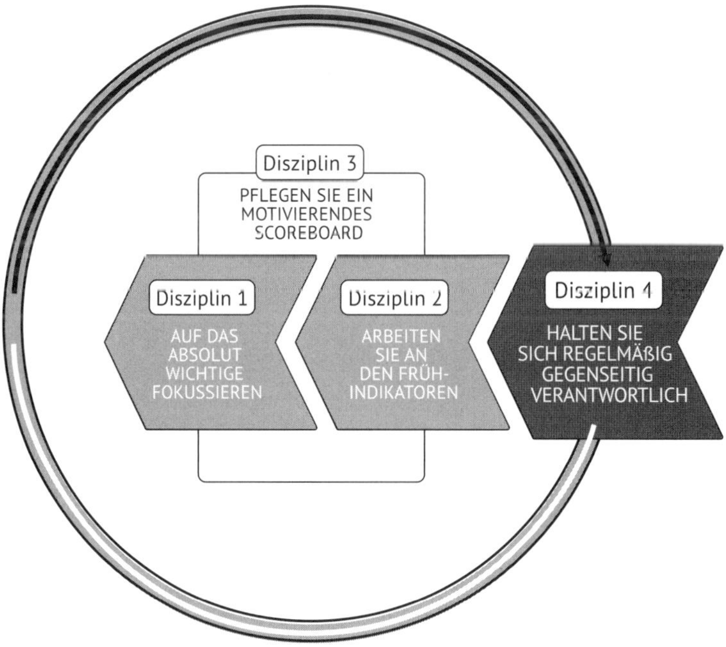

Es ist diese Disziplin, welche die Teammitglieder zu einer Kraft vereint, und das ist der Grund, warum sie die anderen drei Disziplinen umschließt.

Viele Führungskräfte definieren Umsetzung schlicht als die Fähigkeit, sich ein Ziel zu setzen und es zu erreichen. Nach Jahren der Vermittlung dieser Prinzipien können wir Ihnen sagen, dass diese Definition unzureichend ist. Wie zuvor erwähnt, ist das eigentlich Schwierige die – seltene – Fähigkeit, ein kritisches Ziel zu erreichen, während man gleichzeitig versucht, in einem anstrengenden und fordernden Tagesgeschäft den Kopf über Wasser zu halten. Und es ist noch schwieriger, wenn die Zielerreichung voraussetzt, dass viele Menschen ihr Verhalten ändern. Herausragende Teams arbeiten mit einer ausgeprägten Zielverantwortlichkeit. Ohne sie zielt jeder in seine eigene Richtung und tut, was er persönlich für das Wichtigste hält. Unter diesen Voraussetzungen geht die Zielerreichung schon bald im Wirbelsturm des Tagesgeschäfts unter.

Die ersten drei Disziplinen verleihen Fokus und Klarheit und sorgen für Engagement – alles wichtige und notwendige Erfolgsvoraussetzungen. Mit der 4. Disziplin stellen Sie und Ihr Team jedoch sicher, dass Ihr Ziel auch erreicht wird, egal was um Sie herum geschieht.

In den meisten Organisationen drückt sich die Verantwortlichkeit in jährlichen Leistungsbeurteilungen aus, die selten eine motivierende Erfahrung sind, egal ob Sie die Gespräche führen oder das Gespräch mit Ihnen geführt wird. Verantwortlichkeit kann auch bedeuten, dass Sie wegen eines Fehlers oder Versäumnisses in die Chefetage zitiert werden.

In einer 4DX-Organisation bedeutet Verantwortlichkeit dagegen, dass sich jeder Einzelne gegenüber dem gesamten Team persönlich zur Zielerreichung verpflichtet und dass die konsequente Einhaltung dieses Versprechens in kurzen Abständen regelmäßig und diszipliniert – gemeinsam und ohne ›finger-pointing‹ – verfolgt wird.

Herkömmliche Denkweise	4DX-Prinzip
Die Verantwortlichkeit wird bei uns von oben diktiert. Unsere Vorgesetzten führen regelmäßig Beurteilungsgespräche mit uns, in denen sie uns unsere Beurteilung mitteilen und uns Entwicklungsziele vorgeben.	Die Verantwortlichkeit wird vom ganzen Team geteilt. Wir treffen gegenseitige verbindliche Zusagen und müssen nicht nur unserem Vorgesetzten über die Erfüllung unserer Zusagen Rechenschaft ablegen, sondern auch gegenüber den anderen Teammitgliedern.

Die WIG-Session

Im Rahmen der 4. Disziplin hält Ihr Team mindestens eine WIG-Session pro Woche ab, die nicht länger als 20 bis 30 Minuten dauert und eine feste Tagesordnung hat, die zügig abgearbeitet wird. Sie bestimmt den wöchentlichen Rhythmus der Verantwortlichkeit jedes Einzelnen für die Zielerreichung. Diese Disziplin macht buchstäblich den Unterschied zwischen einer erfolgreichen und einer gescheiterten Umsetzung.

Im Mai 1996 versuchte der bekannte Autor Jon Krakauer, mit einer Gruppe zahlender Bergsteiger den Mount Everest zu besteigen. Als sie die ersten Hindernisse wie Schneestürme, stürmische Winde und Höhenkrankheit überwinden mussten, begann die Gruppe auseinanderzubrechen. Einige eigensinnige Bergsteiger beschlossen daraufhin, den Gipfel im Alleingang zu erklimmen. Die Teamdisziplin war dahin. Alle hatten dasselbe Ziel, aber der Verlust der Teamdisziplin und des Gefühls der gegenseitigen Verantwortung in einer unerbittlichen Umgebung erwies sich als tödlich: acht Bergsteiger starben.[15]

Fünf Jahre später startete eine andere Gruppe zur Bezwingung des Mount Everest. Ihr Ziel war es, den blinden Bergsteiger Erik Weihenmayer bei seinem Ziel zu unterstützen, den Gipfel zu erklimmen. Wie Krakauers Gruppe plante auch dieses Team die Route sorgfältig. Der große Unterschied war jedoch, dass Weihenmayers Gruppe sich jeden Abend beim »Zeltmeeting«, wie sie es nannten, versammelte. Die Teammitglieder besprachen, was sie bisher erreicht hatten und welche Lektionen sie dabei gelernt hatten, die ihnen helfen würden, den folgenden Tag zu planen und die nötigen Anpassungen vorzunehmen. Die schnelleren Bergsteiger des Teams »machten den Weg frei«, sicherten den Pfad, befestigten Seile und arbeiteten sich anschließend wieder zurück, um sich wieder Erik und seinen Begleitern anzuschließen. Erik sagte: »Unser Team blieb immer zusammen und alle passten aufeinander auf. Das hat mir den nötigen Mut und die Kraft gegeben, bis zum Schluss durchzuhalten.«

An einem kritischen Punkt brauchte ihr blinder Führer 13 Stunden, um die Teleskopleitern zu überqueren, die eine Brücke über die Gletscherspalten des berüchtigten Khumbu-Eisbruchs schlugen. Das Team wusste, dass es diese Leitern am Gipfeltag in zwei Stunden würde überbrücken müssen. In abendlichen Zeltmeetings (eine Art WIG-Session) tauschten die Teammitglieder Lektionen und Erfahrungen aus und legten gemeinsam die Strategie für den folgenden Tag fest. Das erforderte viele Tage der praktischen Übung und ebenso viele abendliche Zeltmeetings. Das Ergebnis? Am Gipfeltag brachten sie das gesamte Team in kleinen, gesicherten Untergruppen in Rekordzeit auf die andere Seite des Eisbruchs.

Der kontinuierliche Zyklus der gegenseitigen Verantwortlichkeit war der Schlüssel zur Zielerreichung. Am 25. Mai 2001 hatte Erik Weihenmayer als erster und bisher einziger blinder Mensch den

Gipfel des Mount Everest bezwungen. Die weiteren Pionierleistungen seines Teams: die größte Zahl an Bergsteigern eines Teams, die an einem einzigen Tag die Spitze des Mount Everest erreichten – insgesamt waren es 18. Am Ende gelang es Erik und fast allen Mitgliedern seines Teams, den höchsten Berg der Welt zu erreichen und sicher zur Basis zurückzukehren.[16]

Der Fokus der WIG-Sessions ist einfach: Es geht darum, sich gegenseitig für die Aktivitäten zur Verantwortung zu ziehen, welche die Frühindikatoren vorantreiben, die ihrerseits die Zielerreichung inmitten der vielfältigen Anforderungen des Tagesgeschäfts garantieren. Doch das ist leichter gesagt als getan. Damit dieser Fokus jede Woche aufs Neue gestärkt und bekräftigt wird, müssen zwei Regeln für die WIG-Session strikt eingehalten werden.

1. Die WIG-Session sollte immer am gleichen Tag und zur gleichen Uhrzeit stattfinden (*mindestens* einmal pro Woche oder auch öfter, zum Beispiel täglich). Diese Beständigkeit ist von erfolgsentscheidender Bedeutung. Ohne sie wird Ihr Team niemals in der Lage sein, einen nachhaltigen Leistungsrhythmus zu entwickeln. Wenn Sie auch nur eine Woche auslassen, büßen Sie wertvolle Dynamik ein. Dieser Verlust beeinträchtigt die Zielerreichung. Das bedeutet, dass die WIG-Session heilig ist; sie findet jede Woche mit der Regelmäßigkeit eines Schweizer Uhrwerks statt, auch wenn der Teamleiter oder Manager verhindert ist und die Leitung delegieren muss.

Es ist beeindruckend, was sich mit der einfachen Disziplin eines zielfokussierten wöchentlichen Meetings über einen längeren Zeitraum erreichen lässt. Es gibt kaum etwas Vergleichbares. Offen gesagt sind wir erstaunt, dass diese Disziplin nicht öfter praktiziert wird. In einer Umfrage, die sich an mehrere Hunderttausend Mitarbeiter in unterschiedlichen Industrien weltweit richtete, sollten die Teilnehmer sich zur folgenden Aussage äußern: »Ich setze mich mindestens einmal pro Monat mit meinem Vorgesetzten zusammen, um über meine Fortschritte in der Zielerreichung zu sprechen.« Zu unserer Überraschung antworteten nur 34 Prozent der Befragten positiv auf diese Aussage, obwohl nur von einem Meeting pro Monat die Rede ist statt eines wöchentlichen Meetings, wie es der Best Practice von Hochleistungsteams entspricht. Kein Wunder, dass in so vielen Organisationen Verantwortlichkeit ein Fremdwort ist!

Sie fragen sich womöglich, was an einer wöchentlichen WIG-Session so besonders ist. Wir haben festgestellt, dass für die meisten Unternehmenseinheiten eine Woche einen perfekten Zeitabschnitt darstellt. Er ist kurz genug, um alle Beteiligten fokussiert und hochengagiert zu halten, aber gleichzeitig lang genug, um eine Erfüllung der wöchentlichen Zusagen zu garantieren. In vielen operativen Umgebungen stellen Wochenabschnitte einen natürlichen Rhythmus des Unternehmenslebens dar. Wir denken in Wochen und sprechen in Wochen; Wochen haben einen klar definierten Beginn und ein ebensolches Ende. Sie sind eines der grundlegendsten Elemente des menschlichen Lebens und ermöglichen eine perfekte regelmäßige Rechenschaftslegung.

2. Das Tagesgeschäft ist in einer WIG-Session tabu. Egal wie dringend ein Problem auch sein mag, die Diskussion in einer WIG-Session ist ausschließlich auf Aktivitäten und Ergebnisse beschränkt, die zur Zielerreichung führen. Wenn Sie Bedarf an Gesprächen über andere Themen haben, halten Sie *nach* der WIG-Session Ihr eigentliches Teammeating ab, aber achten Sie strikt auf eine Trennung beider Themenkomplexe. Der intensive Fokus macht die WIG-Session nicht nur zu einem sehr schnellen, sondern auch höchst effektiven Instrument zur Erzielung der angestrebten Ergebnisse. Der Fokus auf die Zielerreichung sendet die klare Botschaft aus, dass kein Erfolg im Tagesgeschäft das Versäumnis kompensieren kann, eine Zusage der Vorwoche nicht einzuhalten. Viele unserer Klienten machen in ihren Unternehmen genau das: Erst halten sie eine WIG-Session von 20 bis 30 Minuten Dauer ab und gleich anschließend ihren üblichen Jour fixe, in dem Themen diskutiert werden, die für das Tagesgeschäft relevant sind.

Die Dauer von 20 bis 30 Minuten ist der angestrebte Standard. Wenn Sie noch nie WIG-Sessions abgehalten haben, werden diese zunächst womöglich etwas länger dauern. Mit zunehmender Fokussierung Ihrer Zeit und Energie auf die Realisierung der Frühindikatoren gewinnen Ihre Meetings jedoch an Effizienz und Effektivität. Wir wissen auch, dass diese Meetings je nach Funktion oder Beschaffenheit Ihres Teams etwas länger dauern können. Doch selbst dann kann jedes Team in jeder Funktion lernen, kurze, effiziente Sitzungen abzuhalten, die sich auf das absolut vorrangige Ziel konzentrieren, anstatt langatmiger Zusammenkünfte, in denen unzählige Themen debattiert werden. Um Ihre WIG-Sessions kurz und fokussiert zu halten, kann es gelegentlich nötig sein, weitere Meetings anzusetzen, etwa um Probleme zu lösen, die den Rahmen der WIG-Sessions sprengen. Sie könnten zum Beispiel sagen: »Bill, Sie sprechen hier ein wichtiges Problem an, das noch diese Woche gelöst werden muss. Wir sollten diesen Donnerstag ein weiteres Meeting ansetzen, um uns eingehender mit diesem Problem zu beschäftigen und eine Lösung dafür zu finden.« Anschließend setzen Sie Ihre WIG-Session fort.

WIG-Sessions können unterschiedliche Inhalte haben, aber die Grundstruktur der Tagesordnung ist immer dieselbe. Nachfolgend die dreiteilige Tagesordnung einer WIG-Session einschließlich einiger Beispiele über die Arten von Aussagen, die Sie in diesen Meetings hören sollten:

1. Eigenverantwortung: Bericht über die Erfüllung der eingegangenen Verpflichtungen (der Teamleiter macht den Auftakt)

    - »Ich hatte letzte Woche versprochen, drei Kunden persönlich anzurufen, die uns eine schlechtere Bewertung gegeben haben. Das habe ich getan, und das habe ich dabei erfahren: …«

- »Ich habe mich verpflichtet, Termine für einen Kundenbesuch mit mindestens drei potenziellen Kunden zu vereinbaren und hatte am Ende vier Termine!«

- »Ich habe mit unserem Vice President gesprochen, habe aber keine Genehmigung für unser Vorhaben, und zwar aus folgenden Gründen …«

2. Überprüfung des Scoreboards: Lektionen aus Erfolgen und Misserfolgen

   - »Unsere Ergebniskennzahl befindet sich im grünen Bereich, aber einer unserer Frühindikatoren befindet sich im Warnbereich. Folgendes ist wohl passiert: …«

   - »Wir verzeichnen eine Verbesserung unserer Frühindikatoren, aber unsere Ergebniskennzahl bewegt sich bisher nicht. Wir haben uns als Team darauf geeinigt, unsere Anstrengungen diese Woche zu verdoppeln, um das zu erreichen.«

   - »Wir sind zwar auf einem guten Weg zur Zielerreichung, aber wir haben diese Woche eine großartige Anregung eines unserer Kunden umgesetzt, die unsere Ergebnisse im Hinblick auf unseren Frühindikator weiter verbessert hat!«

3. Planung: Hindernisse aus dem Weg räumen und neue Verpflichtungen eingehen

   - »Ich habe die Lösung für das Problem. Ich kenne jemanden, der …«

- »Ich sorge dafür, dass das Lagerproblem, das unseren Frühindikator behindert, bis nächste Woche gelöst ist, egal was ich sonst noch zu tun habe …«

- »Ich werde mich mit Bob zusammensetzen und mit ihm unsere Zahlen durchgehen und nächste Woche mindestens drei Vorschläge unterbreiten, die uns dabei helfen, unsere Ergebnisse zu verbessern.«

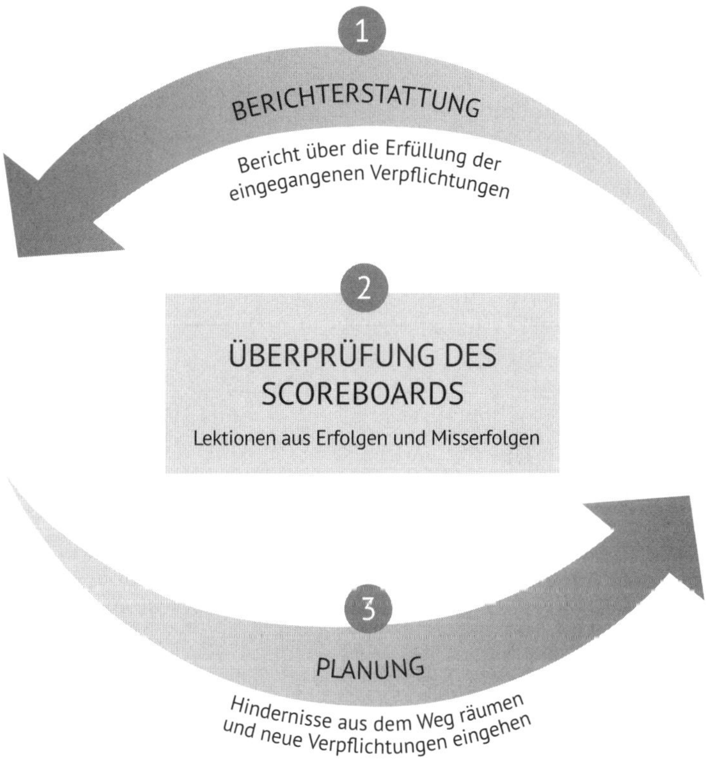

Eine WIG-Session ist eine kurze, intensive Zusammenkunft, die ausschließlich diesen drei Punkten gewidmet ist. Der Zweck der WIG-Session besteht darin, Rechenschaft über die Erfüllung bisher getroffener Zusagen abzulegen und neue Zusagen zu treffen, die das WIG-Scoreboard verbessern.

Wie Sie trotz der Ablenkungen durch das Tagesgeschäft den Fokus wahren

In einer WIG-Session halten Sie und alle Mitglieder Ihres Teams sich gegenseitig verantwortlich über die Erreichung der auf dem Scoreboard abgebildeten Messgrößen. Das erreichen Sie, indem Sie und alle anderen Teilnehmer sich auf ein oder zwei konkrete Aktivitäten verpflichten, die unmittelbare positive Auswirkungen auf Ihre Frühindikatoren haben werden. In der nächsten WIG-Session berichtet dann jeder über seine Ergebnisse.

Zur Vorbereitung auf das Meeting denkt jedes Teammitglied über dieselbe Frage nach: »Welches sind die ein oder zwei wichtigsten Dinge, die ich diese Woche tun kann, um die Frühindikatoren positiv zu beeinflussen?« Wichtig ist hier die Vorbereitung, da bei spontan überlegten Commitments in der WIG-Session häufig die Qualität fehlt.

Wir müssen hier sehr vorsichtig sein. Die Frage, die sich die Teammitglieder stellen sollten, lautet nicht: Was ist das Wichtigste, das ich diese Woche tun kann? Denn diese Frage ist so breit angelegt, dass sie den Fokus zurück auf das Tagesgeschäft zu lenken droht. Stattdessen sollten sie sich eine wesentlich konkretere Frage stellen: Was kann ich diese Woche tun, um zur Verbesserung der Frühindikatoren beizutragen?

Wie zuvor besprochen, ist der konsequente Fokus auf die Verbesserung der Frühindikatoren Woche für Woche von maßgeblicher Bedeutung, weil diese den Hebel darstellen, mit dem das Team das WIG erreichen kann. Die Zusagen stehen für die Dinge, die neben dem Tagesgeschäft geschehen müssen, damit die Frühindikatoren optimiert werden können. Das ist der Grund, warum in der 2. Disziplin die Beeinflussbarkeit der Frühindikatoren so stark betont wurde: Das Team kann sie durch die Erfüllung seiner wöchentlichen

Verpflichtungen Woche für Woche verbessern. Die Einhaltung der wöchentlichen Zusagen ist der Motor, der die Frühindikatoren antreibt, die ihrerseits wiederum die Zielerreichung vorantreiben.

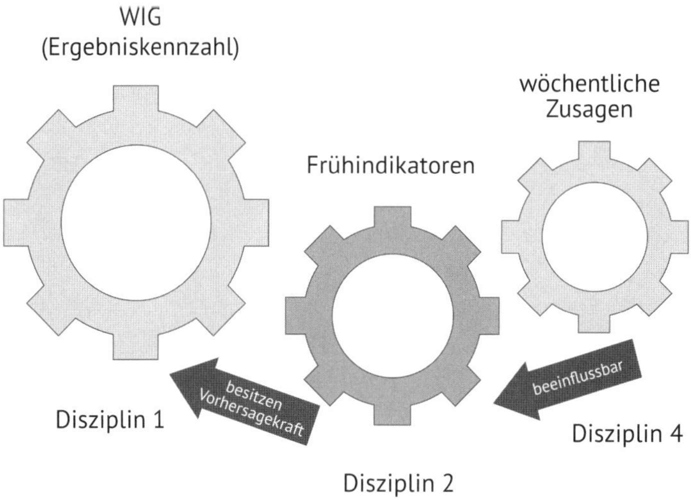

Durch die Einhaltung ihrer wöchentlichen Zusagen beeinflussen die Teammitglieder die Frühindikatoren, anhand derer sich eine Erfolgsprognose über die Ergebniskennzahl des WIG treffen lässt.

Betrachten wir das Fallbeispiel von Susan, Leiterin eines Pflegeteams in einem Krankenhaus. Der vom Team bestimmte Frühindikator lautet, die Zeit zur Verabreichung von Schmerzmitteln an Patienten zu verkürzen. Susan kann an ihrem Scoreboard ablesen, dass zwei Mitglieder ihres Teams, die jeweils zur Tagschicht im siebten Stockwerk und zur Intensivpflege im achten Stockwerk gehören, den anderen hinterherhinken. Sie weiß, dass im siebten Stockwerk ein neuer Betreuer arbeitet, der sich mit den Prozeduren der Schmerzbehandlung erst noch vertraut machen muss. Sie weiß auch, dass die Intensivpflege im achten Stock personell unterbesetzt ist. Susans Selbstverpflichtung für diese Woche könnte also lauten, die Verfahren zur Schmerzbehandlung mit dem Team des siebten Stockwerks zu überprüfen und die Vakanz in der Intensivpflege zu besetzen.

Betrachten wir nun das Fallbeispiel von Tom, Mitglied eines Verkaufsteams, dessen Frühindikator lautet, jede Woche zwei neue Verkaufsangebote zu versenden. Tom weiß, dass seine Liste an Kaufinteressenten abnimmt, daher könnte seine Zusage für diese Woche lauten, Namen und Kontaktinformationen von zehn zusätzlichen potenziellen Kunden zu gewinnen und auf diese Weise dafür zu sorgen, dass er genügend Namen auf seiner Liste hat, um zwei von ihnen in die Angebotsphase überzuleiten.

In diesen beiden Fallbeispielen verpflichten sich sowohl Führungskräfte als auch Teammitglieder auf die Umsetzung von wöchentlichen Zusagen (mehr darüber auf Seite 263). Die Art der Zusage kann sich jede Woche ändern, weil sich das Geschäft wie auch die Ergebnisse des Teams ständig verändern. Das einzig Konstante ist der Prozess.

Machen Sie sich bewusst, dass diese wöchentlichen verpflichtenden Zusagen oftmals keine dringenden oder sogar notwendigen Aktivitäten sind. Nicht selten handelt es sich um Dinge, die eine Selbstverständlichkeit sein sollten, die aber allzu oft dem Tagesgeschäft zum Opfer fallen – wie zum Beispiel das Pflegen des CRM-Systems nach einem Kundenkontakt. Ohne den kontinuierlichen Rhythmus der Rechenschaftslegung gemäß der 4. Disziplin wird es immer Dinge geben, von denen das Team zwar weiß, dass es sie erledigen müsste, die aber nie mit der notwendigen Konsistenz verfolgt werden.

Wie Sie einen kontinuierlichen Kreislauf der Rechenschaftslegung erzeugen

Micare, das Kohle für zahlreiche Kraftwerke in Mexiko produziert, ist eines der größten Privatunternehmen des Landes. Der 4DX-Prozess wird in allen Bereichen und auf allen Ebenen des Unternehmens praktiziert.

Montagmorgens finden in jeder Abteilung des Konzerns WIG-Sessions statt. Die Meetings sind über Videotelefonie mit entfernten Unternehmensstandorten verbunden, sodass alle Mitarbeiter zu jedem Zeitpunkt und an jedem Ort stets auf dem gleichen Stand sind. Die Ergebnisse aller Manager sind für alle auf dem Bildschirm sichtbar.

Jede Gruppe (Produktion, Auslieferung, Personal, Finanzen, operative Einheit et cetera) unterhält ein Scoreboard. Alle sind sichtbar im Unternehmen platziert und werden ständig aktualisiert. Jeder Mitarbeiter – Ingenieure, Bergarbeiter und selbst die Wartungstechniker – kann Ihnen auf Anhieb die WIGs seines Teams nennen. Als wir eine Besichtigungstour durch das Unternehmen machten, erinnerten wir uns an den folgenden Satz von Jack Welch, dem legendären ehemaligen CEO von General Electric:

> *»Ein Ziel, mag es noch so erstrebenswert klingen, ist keines, solange es im Vagen bleibt. Zielmarken müssen so klar definiert sein, dass man eindeutig erkennt, ob sie erreicht wurden. Alle Beteiligten müssen die Richtung klar vor Augen haben. Wohin geht die Reise? Wenn Sie einen Mitarbeiter mitten in der Nacht aufwecken und ihm diese Frage stellen, muss er Ihnen noch im Halbschlaf die richtige Antwort geben können.«*[17]

Das entspricht der strategischen Klarheit und dem Commitment, das sich auf allen Ebenen von Micare feststellen lässt. Was hat das auf 4DX basierende operative System zur Erreichung der WIGs des Unternehmens beigetragen? Hier die Ergebnisse, die über einen Zeitraum von sieben Jahren erzielt wurden:

- Die Anzahl der Unfälle mit Arbeitsausfall sank von fast 700 auf weniger als 60 Zwischenfälle pro Jahr.
- Die zur Verarbeitung der Kohle nötige Wassermenge – ein wichtiges umweltrelevantes Thema – sank um zwei Drittel.

- Die jährliche Rehabilitation ausgeerzter Flächen stieg von sechs auf mehr als 200 Hektar.
- Der Ausstoß von Rußpartikeln rund um die Gruben sank von 346 auf 48 Einheiten pro Kubikmeter.
- Die Pro-Kopf-Kohlegewinnung stieg von 6000 auf 10 000 metrische Tonnen pro Jahr.

Insgesamt hat der 4DX-Prozess laut Angaben des CEO von Micare zu einem dramatischen Anstieg der Geschäftsergebnisse geführt und wichtige Verbesserungen auf den Gebieten Sicherheit und Umweltschutz erzielt. Der Konzern führt diese Resultate in erster Linie auf den konsequenten Fokus auf die Zielverantwortlichkeit aller Mitarbeiter zurück. Die regelmäßigen WIG-Sessions – so simpel dieses Konzept auch ist – sorgen für eine kontinuierliche Fokussierung der gesamten Organisation auf das absolut vorrangige Ziel.

Denken Sie daran, die WIG-Session kurz und knapp zu halten. Wenn sich jeder Teilnehmer an die Struktur hält und sich auf die drei Tagesordnungspunkte beschränkt, sind keine langen Debatten nötig. Einer unserer größten Kunden pflegte zu sagen: »Je länger jemand redet, desto weniger hat er erledigt.«

Die WIG-Session ermöglicht es dem Team zu bewerten und zu verarbeiten, welche Dinge sich bewährt haben und welche nicht funktionieren. Wenn die Frühindikatoren keine Hebelwirkung auf die Ergebniskennzahl ausüben, entfaltet das Team seine gesamte Kreativität, um sich neue Aktivitäten zu überlegen, die eine größere Hebelwirkung haben. Wenn die Mitarbeiter bei der Erfüllung ihrer Zusagen auf Hindernisse treffen, können sie sich gegenseitig dabei helfen, diese aus dem Weg zu räumen. Was für einen Mitarbeiter an der Basis schwer zu erreichen ist, könnte der Teamleiter womöglich mit einem Federstrich aus der Welt schaffen. Tatsächlich sollten Sie als Führungskraft jedes Teammitglied wiederholt fragen: »Was kann ich diese Woche tun, um Ihnen bei der Erfüllung Ihrer Zusagen zu helfen?«

Wichtig ist auch der Hinweis, dass Sie als Manager wahrscheinlich jede Woche an zwei WIG-Sessions teilnehmen – es sei denn, Sie arbeiten an der Basis –, und zwar eines, das von Ihrem eigenen Vorgesetzten geleitet wird, und eines, das Sie als Teamleiter führen (mehr darüber auf Seite 253).

Nun wollen wir die 4. Disziplin auf das Fallbeispiel des zuvor genannten Bauunternehmens Younger Brothers Construction übertragen, dessen WIG lautete, die Arbeitsunfälle bis zum 31. Dezember des laufenden Jahres von 57 auf zwölf Zwischenfälle zu senken. Der Frühindikator enthielt die Maßnahme, auf eine strikte Einhaltung der sechs Sicherheitsstandards zu achten, von denen sich das Unternehmen eine drastische Verringerung der Unfallrate versprach.

Stellen Sie sich vor, Sie wären Projektmanager von Younger Brothers und für mehrere Bautruppen verantwortlich. In den WIG-Sessions mit Ihrem Vorgesetzten würden Sie drei Dinge tun:

1. Einen Bericht über die Erfüllung der Zusagen ablegen, die Sie in der Vorwoche getroffen haben: »Letzte Woche habe ich mich darauf verpflichtet, neue Klammern für die Baugerüste anzuschaffen, damit die Sicherheitsbedingungen für alle meine Bautruppen den Vorschriften (einer der sechs Sicherheitsstandards) entsprechen, und das habe ich getan.«

2. Die Scoreboards überprüfen: »Unsere Ergebniskennzahl, die Unfallstatistik, weist aktuell durchschnittlich fünf Arbeitsunfälle pro Monat auf. Diese Zahl liegt leicht über der Zielrate für dieses Quartal. Mein Frühindikator, die strikte Einhaltung der Sicherheitsstandards, befindet sich mit 91 Prozent im grünen Bereich, aber die

Bautruppen 9, 11 und 13 liegen darunter, weil sie sich nicht konsequent an die Vorschrift halten, Schutzbrillen zu tragen.«

3. Zusagen für die folgende Woche treffen: »Diese Woche werde ich mich mit den jeweiligen Bauaufsehern der drei genannten Bautruppen zusammensetzen, die Einhaltung der Sicherheitsmaßnahmen überprüfen und dafür sorgen, dass jeder eine Schutzbrille hat.«

Jede Zusage muss zwei Standards erfüllen: Erstens muss sie eine konkrete, messbare Leistung enthalten. Die Zusage, sich auf die Bautruppen 9, 11 und 13 zu »konzentrieren« und mit ihnen an der Einhaltung der Sicherheitsstandards zu »arbeiten«, wäre beispielsweise zu vage. Mit einer derart schwammigen Zusage ist keine persönliche Rechenschaft für ein konkretes Ergebnis möglich, und das birgt die Gefahr, dass sie im stressigen Tagesgeschäft untergeht. Zweitens muss die zugesagte Aktivität Einfluss auf den Frühindikator haben. Wenn ihre Umsetzung keinen Einfluss auf den Frühindikator ausübt, bringt sie das Team der Zielerreichung kein bisschen näher.

Mit zunehmendem Verständnis des Sinns und der Bedeutung der WIG-Sessions werden Sie auch die Bedeutung der zwei zentralen Merkmale der Frühindikatoren erkennen, über die wir im Rahmen der 2. Disziplin gesprochen haben. Wenn sie beeinflussbar sind, lassen sie sich mithilfe der Umsetzung der wöchentlich zugesagten Aktivitäten verändern. Wenn sie Vorhersagekraft besitzen, wird ihre Erfüllung automatisch zur Zielerreichung führen.

Eine WIG-Session ist wie ein wissenschaftliches Dauerexperiment. Die Teammitglieder bringen ein Höchstmaß an zielgerichteter Kreativität ein, um sich Maßnahmen zu überlegen, mit denen sie die Scoreboards beeinflussen können. Sie verpflichten sich, neue Ideen und Hypothesen zu testen und die Ergebnisse vorzulegen.

Im Zentrum für zystische Fibrose des Medizinzentrums der Universität von Minnesota in Fairview halten die Ärzte ein wöchentliches Meeting ab, um die Lungenfunktion ihrer besonders schwachen Patienten, zumeist Babys und Kleinkinder, zu überprüfen. Die zystische Fibrose verschlechtert schrittweise die Atmung der Patienten, daher lautete das WIG dieses weltweit renommierten Behandlungszentrums, allen Patienten zu einer 100-prozentigen Lungenfunktion zu verhelfen. Mit einer geringeren Ergebniskennzahl, etwa 90 Prozent oder gar 80 Prozent, geben sie sich nicht zufrieden. In ihren wöchentlichen Zusammenkünften sprechen die Ärzte über die im Laufe der Woche festgestellten Verbesserungen der Lungenfunktion und verpflichten sich auf Aktivitäten zur weiteren Beobachtung. Da das Körpergewicht der Patienten möglicherweise ein Frühindikator für voll funktionsfähige Lungen ist, wird es von den Ärzten sorgfältig überwacht und einige Kleinkinder erhalten eine entsprechende Zusatznahrung. Außerdem führen sie Experimente mit Nebelzelten und Massagewesten sowie weiteren Maßnahmen zur Befreiung der Atemwege durch. Anschließend berichten sie dem Team über die Ergebnisse. Jede Woche machen sie neue Lernerfahrungen und teilen ihre Lektionen mit den anderen Teammitgliedern.

Nur wenige Menschen legen sich gegenseitig so streng Rechenschaft über ein WIG ab wie das Fairview-Team. Die Ergebnisse sprechen für sich: Seit vielen Jahren ist nicht ein Patient an zystischer Fibrose gestorben.[18]

Zwar ist der Leiter der WIG-Session für die Qualität der Zusagen verantwortlich, aber das eigentliche Commitment, das Gefühl der persönlichen Ergebnisverantwortung, muss von jedem Einzelnen kommen. Das können wir gar nicht stark genug betonen. Wenn Sie Ihren Teammitgliedern lediglich Anweisungen erteilen, werden diese dabei wenig lernen. Wenn sie *Ihnen* jedoch regelmäßig sagen können, was nötig ist, um das vereinbarte WIG zu erreichen, lernen sie viel über Umsetzung – und Sie ebenso.

Dem Team die Initiative zu überlassen, seine eigenen wöchentlichen Verantwortlichkeiten zu definieren, mag zunächst dem natürlichen Führungsempfinden widersprechen, vor allem wenn Sie selbst klar vor Augen haben, was getan werden muss, und Ihre Teammitglieder womöglich erwarten, entsprechende Anweisungen von Ihnen zu erhalten. Was Sie jedoch letztlich erreichen wollen, ist, dass sich jedes Teammitglied persönlich für die Erfüllung der getroffenen Zusagen verantwortlich fühlt. Als Führungskraft können Sie natürlich Mitarbeiter coachen, denen es schwerfällt, ergebnisrelevante Zusagen zu treffen, aber Sie wollen sicherstellen, dass die Verbesserungsvorschläge letztlich von Ihren Mitarbeitern kommen und nicht von Ihnen vorgegeben werden. In Ihrem Team steckt meist mehr Potenzial und Engagement, als Sie vielleicht meinen.

Wie Sie Ihre Energie zwischen dem Tagesgeschäft und Ihrem WIG-Commitment aufteilen

Die WIG-Sessions bewahren Ihre absolut vorrangigen Ziele davor, im aufreibenden Tagesgeschäft unterzugehen. Nachstehend ist ein typischer Wochenkalender abgebildet. Die schwarzen Felder stehen für die Verpflichtungen, die Sie in der WIG-Session eingegangen sind. Diese einfache Abbildung ist ideal, um das Verhältnis zwischen dem Zeit- und Energieaufwand für das Tagesgeschäft und die Verfolgung des WIG deutlich zu machen.

Wenn wir die 4. Disziplin vorstellen, stellen sich einige Manager irrtümlicherweise eine Woche vor, die fast ausschließlich aus schwarzen Feldern besteht, was bedeutet, dass der Schwerpunkt ihrer Tätigkeit in dieser Woche auf den eingegangenen Verpflichtungen liegt. Das trifft in der Realität jedoch nur selten zu. Der größte Teil der Energie wird nach wie vor in die Bewältigung der täglichen Prioritäten fließen, und so sollte es auch sein. Der kritische Wert der 4. Disziplin besteht darin, dass die schwarzen Felder – die Zeit und Energie, die Sie *neben dem Tagesgeschäft* auf die Erfüllung Ihrer eingegangenen Verpflichtungen verwenden – beständig Ihr WIG fokussieren.

Wöchentliche Commitments

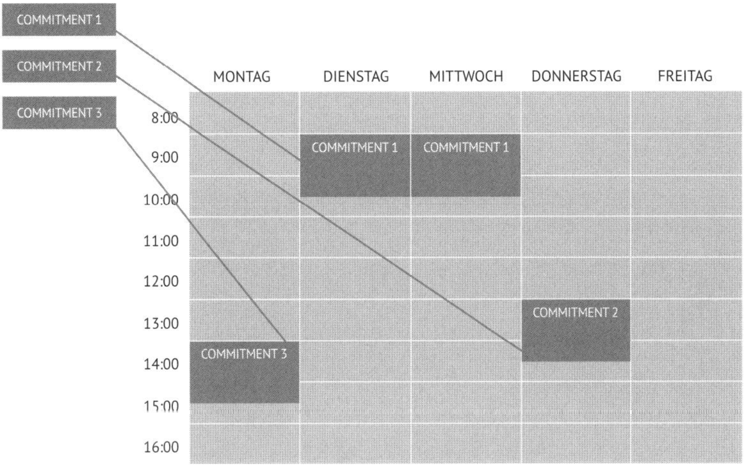

Die grauen Felder repräsentierten das Tagesgeschäft und die schwarzen Felder die wöchentlichen Verpflichtungen, die Sie eingegangen sind, um das WIG zu erreichen. Wenn Sie Letztere aktiv in Ihre Woche einplanen, senken Sie das Risiko, dass Ihr Fokus abgelenkt wird.

Was würde geschehen, wenn Sie eines der schwarzen Felder aus Ihrer Wochenplanung entfernen würden? Würde ein Leerraum entstehen? Denken Sie an das letzte Mal zurück, als Sie erleichtert waren, dass ein Meeting abgesagt wurde, weil Sie dadurch eine Stunde mehr Zeit gewonnen haben. Wie lange hat es gedauert, bis drei andere Meetings und fünf dringende Aufgaben gleichzeitig um diese Stunde konkurrierten? Wie lange würde es dauern, bis das Tagesgeschäft die freie Stunde, die Sie vermeintlich gewonnen haben, vereinnahmt hätte?

Jeder Manager kennt die Antwort: »Keine drei Sekunden!« Die grauen Felder neigen dazu, die schwarzen Felder zu vertreiben. Mit anderen Worten, die vielfältigen Anforderungen des Tagesgeschäfts werden so viel Zeit und Energie verschlingen, wie sie nur können. Dem Parkinson'schen Gesetz zufolge nimmt jede Aufgabe so viel Zeit in Anspruch, wie zu ihrer Erfüllung zur Verfügung steht. Und dieses Prinzip gilt nirgendwo so sehr wie im Zusammenhang mit dem Tagesgeschäft. Die Umsetzung Ihres WIG hängt davon ab, dass Sie inmitten all der grauen Feldern ganz bewusst Platz für schwarze Felder schaffen.

Stellen Sie sich nun vor, das Diagramm repräsentiere die gesamte Energie Ihres Teams über den Zeitraum einer Woche. In diesem neuen Kontext stehen die schwarzen Felder für die Energie, die jedes Teammitglied in das WIG investiert, indem es seine eingegangenen wöchentlichen Verpflichtungen erfüllt. Wenn Sie die Kette der Verantwortlichkeit Woche für Woche beibehalten, wird Ihr Team seine gebündelte Energie auf die Frühindikatoren richten, die unmittelbare Auswirkungen auf die Zielerreichung haben.

Diese wöchentliche Disziplin hat auch einen großen Einfluss auf die Arbeitsmoral. Denken Sie an das letzte Mal, als Sie eine ganze Woche ausschließlich mit dem Grau des Tagesgeschäfts verbracht haben – unzählige Arbeitsstunden, in denen Sie nichts weiter gemacht haben, als Lösungen für die vielfältigen Probleme zu finden, die sich bei der Erledigung Ihrer täglichen Aufgaben stellen. Das Schlimmste daran waren die Bauchschmerzen, die Sie empfanden, weil Sie am Ende der Woche trotz größter Anstrengungen eigentlich nichts Wesentliches erreicht hatten.

Wenn Ihr Arbeitsleben nur noch aus grauer Routine besteht, haben Sie das Gefühl, Ihre Führungseigenschaften würden verkümmern. Und vor allem werden Sie feststellen, dass sich das gleiche Gefühl im Engagement und in der Leistung Ihrer Mitarbeiter widerspiegelt.

WIG-Sessions sind das Gegenmittel für graue Routinewochen. Wenn die Disziplin regelmäßiger WIG-Sessions eingehalten wird, das heißt, wenn Sie und Ihr Team bewusst Platz für neue, zielorientierte Aufgaben schaffen, werden Sie nicht nur stetige Fortschritte in der Zielerreichung machen, sondern auch das Gefühl haben, das Zepter in der Hand zu halten, anstatt sich ausschließlich von den Anforderungen des Tagesgeschäfts bestimmen zu lassen.

WIG-Sessions und Engagement

Mark McChesney, der ältere Bruder eines der Buchautoren, hatte als Kind nur ein Ziel: Autodesigner werden. Mark arbeitete intensiv auf die Verwirklichung seines Traums hin und wurde schließlich als Designer bei einem der drei großen amerikanischen Automobilhersteller eingestellt. Fast alle Designer seines Teams hatten den gleichen Traum, den sie nun auslebten: Sie konnten jeden Tag das tun, was sie mehr als alles andere auf der Welt tun wollten – Autos designen. Man sollte meinen, unter diesen Umständen wären sie jeden Tag mit Feuereifer bei der Sache. Hier kommt jedoch der faszinierende Teil der Geschichte: Das Engagement der Designabteilung war von allen Abteilungen des Konzerns am niedrigsten. Ja, richtig – die Menschen, die das Privileg genossen, das tun zu können, was sie sich am meisten wünschten, zeigten das geringste Engagement. Wie kann das sein?

In seinem Buch *The Three Signs of a Miserable Job* beschreibt Patrick Lencioni auf brillante Weise die drei Gründe, warum sich Menschen innerlich von ihrer Arbeit distanzieren:

1. **Anonymität:** Sie haben das Gefühl, ihre Vorgesetzten wüssten nichts über ihre Arbeit oder zeigten kein Interesse.

2. **Irrelevanz:** Sie erkennen nicht, dass ihre Arbeit irgendetwas bewirkt.

3. **Nichtmessbarkeit:** Sie können ihren individuellen Beitrag zum Gesamtergebnis nicht messen.[19]

Alle drei von Lencioni beschriebenen Anzeichen sind in der Designabteilung des Automobilkonzerns vorhanden. Erstens hat sich der ursprüngliche Entwurf des Autodesigners zu dem Zeitpunkt, da das Modell in die Produktion geht, so stark verändert, dass der Urheber oft in Vergessenheit gerät (Anonymität). Zweitens wird das Produkt im Allgemeinen erst Jahre nach der Entwicklung des Designs auf den Markt gebracht, sodass die Designer ihren Beitrag zum Endprodukt womöglich nicht mehr erkennen (Irrelevanz). Und drittens ist die Bewertung der Leistung eines Designers höchst subjektiv (Nichtmessbarkeit).

Lencionis drei Anzeichen für eine innere Distanzierung erklären nicht nur, was in der Designabteilung geschah, sondern auch, was in vielen anderen Berufen geschieht. Aber sie beschreiben auch sehr gut, wie eine ausschließlich vom Tagesgeschäft bestimmte Arbeit – unsere »graue Woche« – empfunden wird. Die gute Nachricht ist, dass eine korrekte Umsetzung der 4. Disziplin die Lösung für alle drei Probleme ist.

In einem Team, das regelmäßige WIG-Sessions abhält, versinken die individuellen Teammitglieder nicht in Anonymität. Im Gegenteil, sie stehen mindestens einmal pro Woche im Rampenlicht. Sie sind auch nicht irrelevant, weil sie genau erkennen können, auf welche Weise die Erfüllung ihrer eingegangenen Verpflichtungen die Frühindikatoren verbessern, die ihrerseits die Zielerreichung garantieren. Und sie leiden definitiv nicht unter der Nichtmessbarkeit ihrer Leistung, denn sie führen ein klares, öffentliches Scoreboard, das jede Woche aktualisiert wird und ihre persönliche Leistung abbildet.

Die gesamten Effekte der WIG-Sessions machen sich nicht sofort bemerkbar. Oft dauert es drei bis vier Wochen, bis ein Team einen

Rhythmus gefunden hat, der ihm hilft, den Fokus auf das WIG zu wahren und nicht über das Tagesgeschäft zu reden. Sobald diese Meetings nach den ersten Wochen produktiver werden, setzt die Wirkung ein: Die Frühindikatoren beginnen ihre Hebelwirkung auf die Ergebniskennzahl zu entfalten und das Team beginnt sich als *Gewinner* zu fühlen.

Eine andere Art der Verantwortlichkeit

In unserem Onlinesystem my4dx.com, das wir für die Durchführung von WIG-Sessions verwenden, sind viele Millionen WIG-Verpflichtungen von Teams aus allen Teilen der Welt festgehalten. Mehr als 75 Prozent dieser Leistungszusagen wurden trotz eines aufreibenden Tagesgeschäfts erfüllt. Diese realen Daten zeigen, dass WIG-Sessions echte Verantwortlichkeit erzeugen und eine nachhaltige Ergebnisverfolgung garantieren.

Wichtig ist jedoch, in diesem Zusammenhang die besondere *Art* dieser Verantwortlichkeit zu verstehen. Oft haben die Worte *Verantwortlichkeit* und *Rechenschaft* einen negativen Beigeschmack. Wenn Ihr Chef sagt: »Kommen Sie in einer Stunde zur Berichterstattung in mein Büro«, dann können Sie sicher sein, dass da nichts Gutes schwant. Die Verantwortlichkeit beziehungsweise Rechenschaftslegung, die eine WIG-Session erzeugt, ist jedoch von anderer Art. Sie ist nicht organisationsbezogen, sondern es handelt sich um eine *persönliche* Verantwortlichkeit. Anstelle einer Verantwortung für das übergeordnete Ergebnis, das Sie gar nicht beeinflussen können, handelt es sich um Ihre persönliche Verantwortung für eine wöchentliche Verpflichtung, die Sie eingegangen sind und deren Erfüllung Sie in der Hand haben. Außerdem berichten Sie nicht nur Ihrem Vorgesetzten von Angesicht zu Angesicht, sondern auch Ihren Teamkollegen.

Die Frage, die Sie letztlich in einer WIG-Session stellen, lautet: Haben wir unsere *gegenseitigen* Verpflichtungen erfüllt? Wenn die Antwort positiv ausfällt und alle sehen, dass ihre Kollegen ihre jeweiligen selbst formulierten Verpflichtungen konsequent erfüllen, wächst der gegenseitige Respekt. Die Teammitglieder lernen, dass sie darauf vertrauen können, dass jeder seine Arbeit macht und sein Versprechen einhält. Dieses Vertrauen führt zu einer spürbaren allgemeinen Leistungssteigerung.

Nehmen Sie die Erfahrung eines führenden Unternehmens in der Extrusion von Polymerschaum. Die Firma stellt erstaunliche Dinge aus farbigem Schaum her – von Hightech-Isoliermaterial bis hin zu Spielzeugen für den Swimmingpool. Eines seiner drei Fertigungswerke stand gut da, es erzielte in allen Bereichen – Kosten, Profitabilität und Sicherheit – überdurchschnittliche Ergebnisse. Dennoch hatten der Werksleiter und sein Team nicht das Gefühl, es sei ein herausragendes Werk, weil sie trotz aller Verbesserungen keine bahnbrechende Leistungssteigerung verzeichneten.

Das Werk besaß eine traditionelle Organisationsstruktur. Trotz seiner offenen und freundlichen Atmosphäre verließen sich die Mitarbeiter darauf, dass der Werksleiter alles dirigierte und überwachte, alle Entscheidungen traf und dafür sorgte, dass jeder Mitarbeiter seine Arbeit machte.

Der 4DX-Prozess brachte den ersehnten Durchbruch. In den 18 Monaten nach der Einführung dieses Ansatzes erzielte das Werk folgende Ergebnisse:

- Senkung der Fertigungskosten um mehr als eine Million Dollar,
- Unterschreitung des Budgets für das laufende Fiskaljahr um mehr als 30 Prozent,

- Senkung der Unfälle auf einen einzigen registrierten Zwischenfall und Senkung der Unfälle mit Arbeitsausfall auf null,
- Unterschreitung des veranschlagten Budgets im ersten Quartal des folgenden Fiskaljahrs.

Der Werksleiter äußerte sich wie folgt über den 4DX-Prozess: »Das ist einfach ein hochwirksames Instrument. Es garantiert den Erfolg jeder Initiative, die ein Unternehmen verfolgt. Ob es Six Sigma, lean Management oder eigenverantwortliche Arbeitsteams sind – 4DX liefert Ihnen stets die angestrebten Ergebnisse.«

Der Schlüssel zu dieser Veränderung lag in den WIG-Sessions. Jedes Team hielt eine WIG-Session pro Woche ab, in der jeder Werksmitarbeiter Rechenschaft über seinen persönlichen Beitrag zur Bewegung des Scoreboards und der Zielerreichung ablegte. Jede Woche präsentierten die Mitarbeiter neue Ideen, um das Scoreboard weiter zu verbessern. Die regelmäßigen WIG-Sessions halfen ihnen, ihren Fokus auf die Zielerreichung zu wahren, und nicht nur das: Die Meetings trugen auch dazu bei, den Teamgeist zu fördern, das heißt, gemeinsam nachzudenken, gemeinsame Entscheidungen zu treffen, sich gegenseitig zu helfen und gemeinsam Siege zu feiern. Die Folge war, dass das Werk eine Kultur des ausgeprägten Mitarbeiterengagements entwickelte, die sich durch eine kontinuierliche gegenseitige Rechenschaft auszeichnete.

Der Präsident des Unternehmens fasste die Effekte der WIG-Sessions im Laufe der 4DX-Implementierung wie folgt zusammen: »Die WIG-Sessions sind wesentlich energiegeladener als unsere traditionellen Meetings. Sie haben die Produktivität jedes Einzelnen unserer Standorte substanziell erhöht und die Rechenschaftslegung stark vereinfacht.«

Im Laufe der Jahre haben wir viele Tausend solcher WIG-Sessions erlebt, und diese Erfahrung hat eines deutlich gemacht: Die Verantwortlichkeit gegenüber Kollegen derselben Hierarchieebene, die in den WIG-Sessions erzeugt wird, ist für die meisten Menschen ein wesentlich größerer Motivator als die Ergebnisverantwortung gegenüber ihrem Vorgesetzten. Mitarbeiter strengen sich an, um ihre Vorgesetzten nicht zu enttäuschen, aber sie tun fast alles, um ihre Teamkollegen nicht zu enttäuschen. Um diese Ebene der Verantwortlichkeit zu erreichen, müssen Sie jedoch noch einen weiteren Punkt verstehen. Wir haben gesagt, dass die ersten drei Disziplinen der Spielvorbereitung dienen, aber Ihr Team erst mit Anwendung der 4. Disziplin konsequent und zielgerichtet an einem Strang zieht.

Der Geschäftsführer der größten und renommiertesten Lebensversicherungsgesellschaft Indiens inspirierte mit seinem eigenen Verhalten viele seiner Mitarbeiter zu einer engagierten und regelmäßigen Teilnahme an den WIG-Sessions. Jeden Montag um 11 Uhr vormittags leitete er die WIG-Sessions, hörte sich die Rechenschaftsberichte an und räumte Hindernisse aus dem Weg, die eine Erfüllung der eingegangenen Verpflichtungen erschwerten. Auf diese Weise schuf er die Voraussetzungen dafür, dass seine Mitarbeiter an den Erfolgsindikatoren arbeiten konnten. »An jenem Montag war jedoch alles anders; er nahm an einer wichtigen Vorstandssitzung teil, die um 9.30 Uhr begonnen hatte. Die Chance, dass er an der WIG-Session teilnehmen würde, war gleich null«, berichtete einer seiner Mitarbeiter. »Zu unserer großen Überraschung vernahmen wir jedoch punkt elf seine sonore Stimme: ›Guten Morgen alle zusammen!‹ Wir waren alle sehr beeindruckt.« Nach dieser Episode waren alle Mitarbeiter noch eifriger bestrebt, regelmäßig an den WIG-Sessions teilzunehmen.

Als er zu seinem Führungsverhalten befragt wurde, sagte er: »Führungskräfte haben die Macht, die Kultur ihrer Organisation zu beeinflussen. Die Menschen betrachten sie als Vorbild. Die WIG-Sessions sind ein maßgebliches Element der Entwicklung einer Kultur der Umsetzung, und diese Botschaft muss immer von der Spitze ausgehen.« Je nachdem, wie ernst Sie als Manager Ihre Vorbildfunktion nehmen und wie zuverlässig und konsequent Sie Ihre eigenen Verpflichtungen erfüllen, wird die WIG-Session in der Wahrnehmung Ihrer Mitarbeiter entweder zu einer überaus wichtigen oder einer x-beliebigen Veranstaltung.

Wie Sie eine innovative Kultur entwickeln

Manchen Menschen gefällt die starre Struktur der WIG-Sessions nicht. Wenn sie richtig durchgeführt werden, sind WIG-Sessions jedoch äußerst kreative Veranstaltungen. Kreativität, die sich an einer zielgerichteten Struktur orientiert, erzeugt ein hohes Maß an Engagement, wie der herausragende Neurowissenschaftler Dr. Edward Hallowell herausgefunden hat. Die motivierendsten Situationen, so seine Feststellung, sind jene, die »hoch strukturiert sind und zugleich ein hohes Maß an Neuartigkeit und Stimulierung bieten«.[20]

Die Struktur der regelmäßigen gegenseitigen Rechenschaftslegung kann die Kreativität des Teams freisetzen. Von einem Team, das sich auf Disziplin und Umsetzung konzentriert, erwartet man nicht unbedingt ein hohes Maß an Kreativität und Innovation. Bei Teams, die den 4DX-Prozess richtig umsetzen, haben wir diese Kombination jedoch regelmäßig festgestellt. Die WIG-Sessions spornen zum Experimentieren mit unverbrauchten Ideen an. Sie erzeugen eine engagierte Beteiligung aller Teilnehmer an der Problemlösung und fördern den Austausch von Lernerfahrungen. Sie sind ein Forum für innovative Erkenntnisse über Möglichkeiten zur Verbesserung der Frühindikatoren. Und weil so viel auf dem Spiel steht, regen sie alle Mitarbeiter zu qualitativ hochwertigen Beiträgen an.

Towne Park, der größte Anbieter von Valet-Parkservices für gehobene Hotels und Krankenhäuser in den USA, ist ein gutes Beispiel. Das Unternehmen wurde seit jeher sehr gut geführt. Als Gaylord Entertainment, einer der größten Kunden von Towne Park, als einer der ersten Anwender des 4DX-Prozesses große Erfolge verzeichnen konnte, begann sich auch die Unternehmensführung von Towne Park für dieses Konzept zu interessieren.

Towne Park maß bereits so gut wie jeden Aspekt seines Geschäfts: Öffneten die Hotelportiers bei der Ankunft die Tür für Sie und Ihre Gäste? Verwendeten sie die vom Hotel vorgeschriebene Begrüßung? Boten Sie den Gästen eine Flasche Wasser an? Die Führungskräfte von Towne Park konnten über alle diese Daten spontan Auskunft geben, da sie buchstäblich alle Aktivitäten maßen, die ihrer Meinung nach Bedeutung für ihre Kunden hatten. Dennoch beschlossen sie, den 4DX-Prozess auf das Unternehmensziel – die Steigerung der Kundenzufriedenheit – anzuwenden, um zu sehen, ob weitere Verbesserungen möglich wären. Während sie im Rahmen der 2. Disziplin an der Formulierung ihrer Frühindikatoren feilten, erkannten sie, dass es einen Aspekt gab, den sie nicht maßen und der wahrscheinlich die größte Hebelwirkung auf die Kundenzufriedenheit entfalten würde: Wie lange muss ein Gast warten, bis sein Auto vorgefahren wird?

Also machten sie die Dauer der Fahrzeugrückgabe zu ihrem wichtigsten Frühindikator. Zwar war ihnen schon immer klar, dass das ein wichtiger Aspekt ihrer Dienstleistung war, aber sie hatten ihn nie gemessen, weil er selbst für ein Unternehmen, das so stark auf Ergebnismessung fokussiert, nicht leicht zu messen ist. Sie wussten, dass sie zur Erfassung der durchschnittlichen Rückgabezeit eine Art Stoppuhr aktivieren mussten, die die Zeit zwischen dem Abruf eines Autos und dem Zeitpunkt maß, zu dem ein Mitarbeiter den Wagen vorfuhr und dem Gast die Schlüssel überreichte. Diese Rückgabezeit musste an allen Standorten und für alle Teams kontinuierlich erfasst werden.

Sie können sich vorstellen, wie schwierig es ist, diese Daten im ständigen Hin und Her ankommender und abfahrender Autos – dem üblichen Tagesgeschäft – zu erfassen. In der Tat erschien es so kompliziert, dass einige Führungskräfte meinten, es sei unmöglich. Da sie sich jedoch auf ihr WIG einer beispiellosen Kundenzufriedenheit verpflichtet hatten und gleichzeitig davon überzeugt waren, dass die Rückgabezeit der wichtigste und zugleich ein beeinflussbarer Hebel für die Zielerreichung war, verpflichteten sie sich darauf, diese Daten zu erfassen und zu verfolgen. Wie alle herausragenden Führungsteams fanden sie einen Weg, sobald sie diese Entscheidung getroffen hatten.

Zunächst fragten sie sich, ob die Rückgabezeit aufgrund der zahlreichen externen Faktoren, wie etwa der Standort des Parkplatzes und die Entfernung zum geparkten Wagen, wirklich beeinflussbar war. Trotz dieser Bedenken gelang es ihnen jedoch, ihre Rückgabezeit spürbar zu verkürzen. Wie stellten sie das an?

Die Mitarbeiterteams fanden eine Lösung, weil sie hochengagiert an der Zielerreichung arbeiteten. Sobald sich der Frühindikator auf dem Scoreboard verbesserte, begannen die Mitarbeiter, neue Wege zu suchen, um ihrem Ziel näherzukommen. Zum Beispiel empfahlen sie den ankommenden Gästen, vor dem Check-out kurz anzurufen, sodass ihr Auto bereits auf sie wartete, wenn sie aus dem Hotel kamen. Immer wenn ein Gast vor dem Verlassen des Hotels anrief, wusste der entsprechende Mitarbeiter, dass die Rückgabezeit null betragen würde. Außerdem fragten sie die Gäste, an welchem Tag sie voraussichtlich abreisen würden. Lag das Abreisedatum gegen Ende der Woche, parkten sie den Wagen am hinteren Ende des Parkplatzes. Mit zunehmendem Näherrücken des Abreisedatums wurde der Wagen umgeparkt, um die Rückgabezeit am Abreisetag zu verkürzen.

Diese und eine Reihe anderer Innovationen verkürzten nicht nur die Rückgabezeit (Frühindikator), sondern führten auch zu einem unmittelbaren Anstieg der Kundenzufriedenheit (Ergebniskennzahl). Towne Park konnten einen vollen Erfolg verbuchen. Ohne das Engagement seiner Mitarbeiter wäre die maßgebliche Idee, die schließlich zum Erfolg führte, aber vielleicht nie aufgebracht, geschweige denn umgesetzt worden.

Das Towne-Park-Team in Miami stand jedoch vor einem scheinbar unüberwindbaren Hindernis: Eine 1,20 Meter hohe Betonmauer verlief mitten durch die Parkgarage, sodass die Valet-Mitarbeiter gezwungen waren, sie bei der Autorückgabe in ihrer gesamten Länge zu umfahren. Nach mehreren Monaten, in denen sich die Mitarbeiter bemüht hatten, den Zeitverlust, den diese Mauer verursachte, auf andere Weise zu kompensieren, kam es bei einer ihrer WIG-Sessions zum entscheidenden Durchbruch. James McNeil, einer der Assistant-Account-Manager, verpflichtete sein Team zur Entfernung der Mauer. Dafür holte er die Genehmigung des zuständigen Bauingenieurs ein, der bestätigte, dass es sich nicht um eine tragende Wand handelte, lieh sich eine Betonsäge und rekrutierte mehrere andere Teamleiter zu seiner Unterstützung. Am folgenden Samstagmorgen begannen sie in aller Frühe, die Betonmauer zu zersägen, und transportierten anschließend mehrere Tonnen Beton ab. Am Ende des Tages war die Mauer weg.

Als Führungskraft sollten Sie von dieser Geschichte fasziniert sein. Wie hätten die Mitarbeiter Ihrer Meinung nach reagiert, wenn ein Manager des Unternehmens sie angewiesen hätte, etwas so Sachfremdes zu tun, wie eine Betonmauer einzureißen? Bestenfalls hätten sie protestiert und schlimmstenfalls einen Aufstand angezettelt – selbst ansonsten engagierte Mitarbeiter. Da der Frühindikator jedoch eine erfolgskritische Maßnahme beinhaltete, wollten die Mitarbeiter den Erfolg nicht behindern, sodass der gegenteilige Effekt entstand. Die Mauer einzureißen war ihre eigene Idee gewesen. Ihr Wunsch, das übergeordnete Ziel zu erreichen, war so stark, dass sie sich nicht aufhalten ließen. Not(wendigkeit) macht erfinderisch! Nachdem sie die Verkürzung der Rückgabezeit zu ihrem WIG gemacht hatten, wurde ihre Kreativität freigesetzt, und so fanden sie einen Weg.

Maßgeblich ist hier die Erkenntnis, dass ein derart ausgeprägtes Engagement nicht durch Befehle und Kontrolle entsteht, das heißt einem Ansatz, der sich ausschließlich auf die formale Autorität von Führungskräften verlässt. Autorität erzeugt bestenfalls Dienst nach Vorschrift. Im Gegensatz dazu führt der 4DX-Prozess zu Ergebnissen, die nicht das Produkt formaler Autoritätsausübung sind, sondern aus dem grundlegenden Bedürfnis eines jeden Teammitglieds entstehen, sich bedeutend zu fühlen, einen wichtigen Beitrag zu leisten und in letzter Instanz erfolgreich zu sein.

Diese Art Engagement erzeugt wahres Commitment, und dieser innere Drang veranlasste das Towne-Park-Team, die Betonmauer einzureißen. Nur ein solcher Grad an Identifikation mit den Unternehmenszielen kann außerordentliche Ergebnisse herbeiführen.

In Teil II bieten wir Ihnen eine präzise Anleitung, wie Sie diesen Grad an Identifikation mithilfe einer regelmäßigen gegenseitigen Rechenschaftslegung erzeugen.

Die Macht des 4DX-Prozesses

Nun, da wir alle 4 Disziplinen der Umsetzung vorgestellt haben, hoffen wir, dass Sie erkennen, welche Macht sie auf die Transformation Ihrer Unternehmenskultur und die Steigerung Ihrer

Geschäftsergebnisse ausüben. Manager glauben oft, sie täten bereits einen Großteil der Dinge, die wir ihnen vermitteln. Immerhin sind Ziele, Messgrößen, Scoreboards und Meetings keine neuen Themen. Doch sobald sie den 4DX-Prozess anwenden, berichten dieselben Manager regelmäßig über ein spürbares Umdenken in ihren Teams, der – oft zum ersten Mal – zu vorhersagbaren Ergebnissen führt.

Wenn Sie den 4DX-Prozess einer klassischen Jahresplanung gegenüberstellen, können Sie sehen, wie sehr sich dieses Paradigma vom typischen Zielsetzungsprozess unterscheidet. Üblicherweise beginnt er mit der Erarbeitung einer Jahresplanung, die zahlreiche Ziele enthält. Danach wird jedes Ziel in Projekte, Meilensteine, Aufgaben und Unteraufgaben heruntergebrochen, die in den folgenden Monaten erledigt werden müssen, damit der Plan Erfolg hat. Je tiefer der Planungsprozess reicht, desto komplexer wird der Plan.

Trotz der bisweilen beeindruckenden Komplexität empfinden die Führungskräfte so etwas wie einen »Planungsrausch« – dieses hoffnungsvolle Gefühl, das sie beseelt, wenn sie sagen: »Das könnte wirklich funktionieren!« Anschließend werden bunte PowerPoint-Präsentationen erstellt, um den Plan zu erklären. Klingt das irgendwie vertraut? Wenn ja, bleibt nach der Präsentation nur ein Schritt offen: zusehen, wie der Plan langsam, aber sicher in Vergessenheit gerät, weil die veränderten Geschäftsbedürfnisse, die sich im Laufe des Jahres einstellen und von denen keines ursprünglich einkalkuliert war, den Plan zunehmend irrelevant machen.

Denken Sie nur an die Erfahrung, die das Bauunternehmen Younger Brothers Construction mit seinem WIG der Senkung der Unfallstatistik gemacht hat. Egal wie detailliert oder strategisch brillant der Jahresplan auch gewesen sein mag, niemals hätten die Manager des Unternehmens voraussehen können, dass sich einer von ihnen in der 32. Woche mit den Bautrupps 9, 11 und 13 würde zusammensetzen müssen, um über das Thema Schutzbrillen zu sprechen. Mit anderen Worten: Ausgerechnet jene Informationen, welche die größte Hebelwirkung auf die Zielerreichung haben, waren nicht im Plan enthalten – und sind es auch nie.

Im Rahmen der 4. Disziplin verfolgt das Team dagegen eine Strategie der kleinen Schritte. Es plant von Woche zu Woche, abgestimmt auf die definierten Frühindikatoren. Im Wesentlichen erzeugt es auf der Basis selbst formulierter Verpflichtungen einen flexiblen Just-in-time-Plan, der sich an jede Veränderung anpassen lässt. Die kontinuierlich erneuerte wöchentliche Energie, die auf die Arbeit an den Frühindikatoren verwendet wird, erzeugt eine einzigartige Form der Verantwortlichkeit, die das Team immer wieder direkt mit dem Ziel verknüpft.

Hätte Younger Brothers die strikte Einhaltung der Sicherheitsstandards nicht zum Frühindikator für sein Ziel bestimmt, die Unfallrate zu senken, hätten die Mitarbeiter sich trotzdem jede Woche auf bestimmte Aktivitäten verpflichten können. Allerdings wären diese nie so zielspezifisch gewesen. Was hätten die Mitarbeiter ohne diesen konkreten Frühindikator jede Woche tun können, um in der Folgewoche die Zahl der Unfälle zu senken? Das wäre ein derart breit angelegtes, allgemeines Vorhaben gewesen, dass es leicht in Überforderung hätte ausarten können.

Und stellen Sie sich erst die Situation der Manager vor. Man kann sie regelrecht frustriert sagen hören: »Das sind alles erwachsene Menschen, die seit Jahren auf dem Bau arbeiten. Wenn sie sich nicht um ihre eigene Sicherheit kümmern, was soll ich dann tun?«

Wenn die Menschen einmal vor einem Ziel kapitulieren, das unerreichbar wirkt, egal wie strategisch es auch sein mag, dann gibt es nur eine Sache, der man sich wieder zuwenden kann: dem Tagesgeschäft. Dessen Herausforderungen sind bekannt und es gibt einem das Gefühl vertrauter Sicherheit. Wenn das geschieht, spielt Ihr Team nicht mehr auf Sieg, sondern defensiv um den Erhalt des Status quo.

Der große Unterschied besteht darin, dass 4DX eine Organisation auf Erfolg ausrichtet. Betrachten Sie den 4DX-Prozess als eine Art Betriebssystem. Sie brauchen ein leistungsfähiges Betriebssystem, das jedes Programm verarbeiten kann, das Sie installieren. Wenn es der Aufgabe nicht gewachsen ist, kann das Programm noch so gut sein, es wird nicht stabil auf Ihrem Computer laufen. Ebenso wenig wird Ihre Strategie – so überzeugend sie auch formuliert sein mag – verlässlich funktionieren, wenn Sie kein Betriebssystem zur Umsetzung Ihrer Ziele haben. Selbst wenn Sie Ergebnisse erzielen, werden diese weder nachhaltig sein noch können sie systematisch und kontinuierlich verbessert werden. Der 4DX-Prozess sorgt für eine präzise und konsistente Umsetzung eines jeden Ziels, das Sie sich und Ihrem Team oder Ihrer Organisation setzen, und legt die Grundlage für weitere Erfolge in der Zukunft.

Einer der zentralen Gründe für die Wirksamkeit des 4DX-Prozesses lautet, dass er auf zeitlosen Prinzipien beruht. Außerdem besitzt er Allgemeingültigkeit – er lässt sich auf jede Organisation in jeder Umgebung anwenden. Wir haben die Prinzipien dieses Prozesses nicht erfunden; wir haben sie nur aufgedeckt und kodifiziert. Andere haben diese Prinzipien schon vor uns angewendet, um das menschliche Verhalten im Dienste eines höheren Ziels erfolgreich zu verändern.

Im Jahr 1961 verlor Jean Nidetch aus Queens, New York, die Geduld mit Diäten. Sie hatte deutliches Übergewicht, aber es fiel ihr schwer, eine Diät durchzuhalten. Bei jedem neuen Versuch scheiterte sie. Als sie beschloss, eine Diät auszuprobieren, die sie von der städtischen Gesundheitsbehörde erhalten hatte, beschloss sie gleichzeitig, eine neue Methode auszuprobieren. Sie lud einige Freundinnen ein, die auch mit ihrem Gewicht kämpften, sich jede Woche zu treffen und sich gegenseitig Rechenschaft über die Einhaltung der Diät abzulegen. Die Frauen setzten sich vernünftige und erreichbare Teilziele, um pro Woche ein oder zwei Pfund abzunehmen. Sie überwachten genau ihre Kalorienaufnahme und verglichen das Ausmaß an körperlichen Aktivitäten, die sie unternahmen. Nach einem Zeitraum von ungefähr zwei Jahren hatten sie ihre Abnehmziele erreicht – es war das Ergebnis einer gemeinsamen Anstrengung.

Jeans Abnehmklub gewann immer neue Mitglieder und verwandelte sich 1963 in die Organisation Weight Watchers. Seitdem ist daraus ein internationales Netzwerk geworden, das Produktlinien wie Diätgetränke, Zuckerersatzstoffe und Publikationen vertreibt. »Mein kleiner Privatklub hat sich zu einer ganzen Branche entwickelt«, sagt Jean Nidetch.

Kein anderes Programm kann mit der Erfolgsbilanz von Weight Watchers mithalten, was die breite Unterstützung von Menschen in ihrem Bemühen angeht, ein gesundes Gewicht zu wahren. Der Erfolg von Weight Watchers lässt sich auf dieselben Prinzipien zurückführen, die auch den 4 Disziplinen zugrunde liegen:

- **1. Disziplin:** Ein ausgeprägter Fokus auf eine klare Ergebniskennzahl, nämlich innerhalb einer bestimmten Frist eine bestimmte Menge Gewicht zu verlieren – *von X auf Y bis zum Tag X* (Von-auf-bis-Formel).

- **2. Disziplin:** Handlung auf der Basis der hocheffektiven Frühindikatoren »Kalorienzufuhr« und »Kalorienumsatz durch Sport«, die beide von den Teilnehmern beeinflusst werden können. Diese Frühindikatoren werden in Form von Punkten ausgedrückt, die sich leicht verfolgen lassen.

- **3. Disziplin:** Regelmäßige Aktualisierung der Fortschritte und Überwachung der Frühindikatoren sowie der Ergebniskennzahl (Körpergewicht). Ein motivierendes Scoreboard engagiert die Teilnehmer emotional und hält sie auf Zielkurs.

- **4. Disziplin:** Regelmäßige gegenseitige Rechenschaftslegung – also das wöchentliche Treffen mit Gleichgesinnten. Sie tauschen Geschichten aus, prüfen das Scoreboard (die Waage), feiern Erfolge, sprechen über Rückfälle und geben sich gegenseitig Tipps, um neue Rückfälle zu vermeiden. Viele Teilnehmer und Teilnehmerinnen geben an, das wöchentliche Treffen sei der motivierendste Aspekt des Programms.[21]

Die dem 4DX-Prozess zugrunde liegenden Prinzipien sind zeitlos und allgemeingültig, eine Schlussfolgerung, die wir im Zuge unserer Zusammenarbeit mit den besten Unternehmen der Welt immer wieder feststellen konnten.

Teil II – Wie Sie den 4DX-Ansatz gemeinsam mit Ihrem Team im Unternehmen verankern

Wie Sie in Teil I erfahren haben, ist 4DX ein Betriebssystem, das Ihnen die Zielerreichung erleichtert. In Teil II geht es darum, was Sie erwarten können, wenn Sie den 4DX-Prozess gemeinsam mit Ihrem Team implementieren und die konkreten Schritte zur Umsetzung einleiten. Sie werden von der Erfahrung vieler Tausend Arbeitsteams profitieren, die sich auf dieselbe spannende Herausforderung verpflichtet haben.

Erinnern Sie sich daran, dass 4DX kein Richtlinienkatalog ist, sondern aus verschiedenen Disziplinen besteht. Die Implementierung des 4DX-Prozesses wird gewisse Anstrengungen erfordern, aber dafür werden Sie mit einem Hochleistungsteam belohnt, das beständig für exzellente Ergebnisse sorgt.

Dieser Teil wird Sie durch die Installierung dieses Prozesses begleiten. Betrachten Sie ihn als Wegweiser, der Ihnen alle Informationen liefert, die Sie für Ihren Erfolg brauchen. Wenn Sie eine hochrangige Führungskraft sind, die im Rahmen der Implementierung die Aktivitäten Dritter anleitet, werden Sie in diesem Buchteil eine wertvolle Übersicht über diesen Prozess finden. Wenn Sie ein Manager der mittleren Führungsebene sind, der den 4DX-Prozess mit seinem Team implementiert, finden Sie hier eine wertvolle Orientierung.

In jedem Fall können Sie die Informationen in diesem Teil während der Implementierung sowie im Laufe der kommenden Jahre, in denen Sie zunehmend an 4DX-Erfahrung gewinnen, bei Bedarf immer wieder zu Hilfe nehmen.

Was Sie erwartet

Die berühmte Sisyphus-Sage aus dem griechischen Altertum handelt von einem Mann, dem die Götter die Strafe auferlegten, einen gewaltigen Felsblock einen Berg hinaufzurollen. Kurz vor dem Gipfel rollt der Stein jedoch jedes Mal wieder den Abhang hinunter, und Sisyphus muss von vorne anfangen – und das bis in alle Ewigkeit!

So fühlt man sich auch am Ende eines anstrengenden Tages, wenn man zwar viel gearbeitet hat, aber kein einziges Ergebnis vorweisen kann und weiß, dass sich diese Routine Tag für Tag wiederholen wird. Jim Dixon, Geschäftsführer der Filiale Store 334 einer großen Supermarktkette, hatte jeden Tag das Gefühl, er verrichte Sisyphusarbeit. Filiale 334 hatte von allen 250 Märkten der Sparte die schlechtesten Zahlen vorzuweisen. Diese Supermarktfiliale war bei den Kunden nicht sehr beliebt und eigentlich wollte auch niemand dort arbeiten.

Jeden Morgen, zu Arbeitsbeginn, schlug sich Jim immer wieder gegen die Stirn, und zwar immer wegen der gleichen Probleme. Müll und zurückgelassene Einkaufswagen auf dem Parkplatz, zerbrochene Flaschen in den Regalgängen und gähnende Lücken in den Regalen selbst. In diesem Supermarkt passierte gar nichts, außer wenn Jim seinen Leuten Beine machte oder die Dinge selbst erledigte. Nicht selten füllte er noch um Mitternacht Regale auf oder wischte verschüttete Milch vom Boden. Eigentlich hatte er Mitarbeiter für diese Arbeiten eingestellt, und er hatte auch Mitarbeiter eingestellt, damit sie andere Mitarbeiter einstellten, die diese Arbeiten erledigen sollten.

Wie Sisyphus hatte Jim das Gefühl, er rolle einen Riesenstein mühselig einen steilen Hang hoch, nur um jeden Abend mitansehen zu müssen, wie er wieder hinabrollte. Nie hatte er Zeit oder Energie, um die Ergebnisse des Lebensmittelmarktes auf spürbare Weise zu verbessern.

Als Jim in der Filiale 334 eingesetzt wurde, galt er als Manager mit großem Potenzial. Nun wirkte er wie ein mittelmäßiger Mikromanager. Als wir ihn kennenlernten, hatte er 16 Tage durchgearbeitet und seit mehr als einem Jahr keinen Urlaub genommen. Die Umsätze waren im Keller, die Mitarbeiterfluktuation hingegen hoch. Der stellvertretende Personalleiter vertraute uns an: »Entweder kündigt Jim von sich aus oder wir müssen ihn entlassen.«

Angesichts dieses Arbeitspensums können Sie sich vorstellen, dass Jim nicht gerade begeistert davon war, zusätzlich noch an einem 4DX-Workshop teilnehmen zu müssen. Noch dazu im Dezember, dem für das Lebensmittelgeschäft arbeitsreichsten Monat.

Für Jim und seine Abteilungsleiter war das absolut vorrangige Ziel kein Geheimnis. Sollten sie die Umsätze des Vorjahres verfehlen, bestand die Gefahr, dass der Supermarkt geschlossen werden musste. Insofern gab es nichts Wichtigeres. Der Knackpunkt war jedoch die Bestimmung eines Schlüsselziels als Frühindikator. Was konnten sie anders machen als bisher? Was würde die größte Hebelwirkung auf eine Umsatzsteigerung entfalten?

Jim und seine Mitarbeiter waren sich ziemlich sicher, dass die Umsätze steigen würden, wenn sich die Ladenatmosphäre und die Einkaufserfahrung verbesserten. Ein sauberer, attraktiver Supermarkt mit prall gefüllten Regalen würde mehr Kunden anlocken. Im Anschluss schlug jede Abteilung zwei oder drei entscheidende Verbesserungen vor, die sie als Messgrößen für ihr jeweiliges Team festlegten, und sie beschlossen, täglich ihre eigenen Fortschritte auf einer Skala von 1 bis 10 zu überprüfen:

- Fleischabteilung: frisches Fleisch in einer blitzblanken Kühltheke;
- Obst- und Gemüseabteilung: volle Regale bis fünf Uhr morgens;
- Bäckerei: alle zwei Stunden ofenfrisches Brot.

Am Ende dieses Prozesses hatten Jim und sein Team einen Plan. Sie würden umgehend mit der Umsetzung beginnen und der stellvertretende Geschäftsführer und die Abteilungsleiter würden täglich das Scoreboard aktualisieren. Die strategische Wette des Supermarktteams lautete: Wenn sich die Einkaufsbedingungen für die Kunden verbessern, dann steigen auch die Umsätze. Sie hatten das Gefühl, das könnte funktionieren.

Am selben Morgen hängten sie die Scoreboards auf, aber bereits am selben Abend hatten die Mitarbeiter sie abgerissen. Am folgenden Tag hängten sie die Scoreboards erneut auf, doch die vielfältigen Ablenkungen des Tagesgeschäfts und der Druck sorgten dafür, dass die Abteilungsleiter und deren Mitarbeiter schnell wieder in ihre alte Routine verfielen. Nach zwei Wochen hatten die fünf Abteilungen 13 von 50 Punkten auf der Skala erreicht, die sie selbst erarbeitet hatten! Jim war frustriert und das wichtige übergeordnete Ziel geriet in Gefahr.

Den Grund hierfür erfahren Sie später – genauso wie den Rest der Geschichte.

Die Veränderungsphasen

Die Veränderung menschlichen Verhaltens ist eine große Aufgabe. Bei der Implementierung des 4DX-Prozesses sind viele Manager daher mit ähnlichen Herausforderungen konfrontiert. Wir haben festgestellt, dass die meisten Teams fünf Stadien der Verhaltensänderung durchlaufen. In diesem Kapitel wollen wir Ihnen dabei helfen, den Implementierungsprozess zu verstehen, und Sie durch die Veränderungsstadien begleiten.

Phase 1: Vorbereitung

Folgen wir Marilyn, Leiterin der OP-Schwesternabteilung in einem großen städtischen Krankenhaus, durch ihren 4DX-Implementierungsprozess. Sie und ihr Team stehen bei der täglichen Arbeit unter sehr hohem Druck, denn von der Qualität der chirurgischen Eingriffe hängen buchstäblich Menschenleben ab.

Marilyns Team hatte jüngst einen steilen Anstieg der sogenannten perioperativen Zwischenfälle – also Zwischenfälle während des operativen Eingriffs – festgestellt. Trotz des immensen Drucks, der in einem OP-Saal herrscht, teilten alle die Leidenschaft für die Reduzierung dieser Zwischenfälle, da diese die Patienten in Gefahr bringen. In einem 4DX-Meeting übersetzten sie ihren Fokus in ein WIG: die Steigerung der Zahl an operativen Eingriffen ohne Zwischenfälle von 89 auf 98 Prozent bis zum 31. Dezember des laufenden Jahres. Anschließend untersuchte das Team sorgfältig jene Faktoren, die für die meisten Zwischenfälle verantwortlich waren, sowie jene, die für die Patienten das größte Risiko darstellten, und isolierten auf diese Weise zwei Frühindikatoren, welche die größte Hebelwirkung auf die Zielerreichung haben würden: eine 100-prozentige Erfüllung aller präoperativen Kontrollen mindestens 30 Minuten vor dem Eingriff sowie eine doppelte Zählung der OP-Bestecke nach allen Operationen.

Phase 1: Vorbereitung

Marilyn und ihr Team verpflichten sich auf ein neues Leistungsniveau. Sie orientieren sich am 4DX-Prozess und entwickeln kristallklare WIGs und Frühindikatoren sowie ein motivierendes Scoreboard. Sie verpflichten sich auf regelmäßige WIG-Sessions. Zwar ist es natürlich, dass nicht alle Teammitglieder gleich engagiert sind, aber sie werden insgesamt motivierter sein, wenn sie intensiv an der 4DX-Work-Session beteiligt werden.

Als sie das erste Meeting beendeten, freute sich Marilyn auf die folgende Woche, in der die aktive Umsetzung starten sollte. Nie hatte sie ein Ziel und den Plan zu seiner Umsetzung klarer vor Augen gehabt. Der Rest, so dachte sie, wäre ein Kinderspiel. Natürlich unterschätzte sie die Aufgabe. Das geschieht aufgrund der inhärenten Schwierigkeit, das eigene Verhalten und das Verhalten der Teammitglieder inmitten eines aufreibenden Tagesgeschäft zu verändern. Erfolg beginnt damit, ein glasklares Ziel und den 4DX-Umsetzungsprozess vor Augen zu haben. Denken Sie daran, dass Ihre Schlüsselaktivitäten im Zusammenhang mit der Implementierung des 4DX-Ansatzes folgende sind:

- Seien Sie ein Vorbild für die Fokussierung auf ein absolut vorrangiges Ziel.
- Identifizieren Sie Frühindikatoren mit großer Hebelwirkung.
- Erstellen Sie ein Team-Scoreboard.
- Führen Sie mindestens einmal pro Woche eine WIG-Session durch.

Phase 2: Start

Marilyn startete den 4DX-Prozess mit der ersten Operation der neuen Woche: Montagmorgen um sieben Uhr. Gegen Mittag geriet das Team bereits ins Straucheln. Der Frühindikator verlangte von den OP-Schwestern, dass sie die Überprüfung des OP-Bestecks 20 Minuten früher durchführten als normal, aber der veränderte Zeitplan und eine neue Checkliste brachten alle durcheinander.

Angesichts eines dicht gedrängten OP-Zeitplans und des krankheitsbedingten Ausfalls einer OP-Schwester hatten Marilyn und ihr Team alle Hände voll zu tun. Dieser erste Morgen war eine eindrückliche Demonstration dessen, wie schwierig es ist, neben den normalen Anforderungen des Tagesgeschäfts neue Ziele umzusetzen. Marilyn bemerkte, dass einige Teammitglieder mehr Veränderungsbereitschaft zeigten als andere. Ihre besten Mitarbeiterinnen waren erfolgreich, und obwohl es alles andere als einfach war, freuten sie sich über die Herausforderung. Doch zwei ihrer langjährigen und besonders erfahrenen OP-Schwestern bezweifelten, ob die Veränderung der Prüfroutine wirklich notwendig war, und beklagten sich über den zusätzlichen Stress. Marilyn bemerkte zudem, dass die neueren Schwestern, die sich in ihrer Rolle noch nicht ganz sicher fühlten, die Prüfroutine zusätzlich bremsten.

In dieser Woche wurde Marilyn klar, dass das, was sich so leicht planen ließ, sehr schwer umzusetzen war. Nicht nur kämpfte sie darum, bei all den Anforderungen den Kopf über Wasser zu halten, sie musste zudem mit einem Team arbeiten, dessen Mitglieder sehr unterschiedlich motiviert waren.

Phase 2: Start

Nun ist das Team startbereit. Ob Sie ein formales Kick-off-Meeting abhalten oder sich kurz zusammensetzen, das ist jedenfalls der Startschuss auf dem Weg zu Ihrem WIG. Genau wie eine Rakete, die mit geballter Kraft von der Abschussrampe abgeschossen werden muss, damit sie die Erdanziehungskraft durchbrechen kann, braucht Ihr Team gerade zum Auftakt den intensiven Anschub durch eine Führungskraft.

Der Auftakt zur Implementierung des 4DX-Prozesses verläuft nicht unbedingt reibungslos. Sie werden in Ihrem Team *Vorbilder* (diejenigen, die gleich auf den Zug aufspringen), *potenzielle Erfolgsträger* (diejenigen, die zunächst zögerlich sind, dann aber zu Höchstleistungen auflaufen können) und *Verweigerer* (diejenigen, die sich jeder Veränderung widersetzen) haben. Hier einige Schlüsselelemente für einen erfolgreichen Auftakt:

- Machen Sie sich klar, dass eine Startphase Fokus und Energie – vor allem seitens der Führungskraft – erfordern.
- Bleiben Sie fokussiert und implementieren Sie unbeirrbar den 4DX-Prozess. Sie können ihm vertrauen.
- Identifizieren Sie Ihre Vorbilder, Ihre potenziellen Erfolgsträger und Ihre ewigen Verweigerer (Genaueres zu diesen Gruppen erfahren Sie noch).

Phase 3: Anwendung

Marilyn strengte sich intensiv an, um ihren Fokus auf das WIG zu bewahren. Ihr Team passte Zeitpläne an und nahm Feinjustierungen an den Methoden zur Leistungserfassung auf dem Scoreboard vor. Marilyn schulte und coachte ihre potenziellen Erfolgsträger und sprach mit den Verweigerern im Team über die Notwendigkeit einer Verhaltensänderung.

Woche für Woche arbeitete das gesamte Team an den Frühindikatoren, die sich allmählich zu bewegen begannen. Als sich die Teammitglieder zu ihrer ersten wöchentlichen WIG-Session trafen, überprüften sie als Erstes ihr Scoreboard und trafen anschließend individuelle Zusagen über Aktivitäten, mit denen sich die Ergebnisse weiter verbessern ließen.

Nach kurzer Zeit hatte Marilyn das Gefühl, das Team habe seinen Rhythmus gefunden, und die Rate der perioperativen Zwischenfälle begann zu sinken. Als die Teammitglieder sahen, dass sich der Frühindikator bewährte und die Dinge in Bewegung kamen, stieg ihr Enthusiasmus. Zum ersten Mal seit vielen Monaten fühlten sie sich als Gewinner.

Phase 3: Anwendung

Die Teammitglieder wenden den 4DX-Prozess an. Ihre veränderten Verhaltensweisen sind der Motor für die Zielerreichung. Sie können davon ausgehen, dass der Widerstand nachlassen und der Enthusiasmus zunehmen wird, sobald die ersten Ergebnisse des 4DX-Prozesses sichtbar werden. Die Teammitglieder sind für den Erhalt des neuen Leistungsniveaus trotz der Anforderungen des Tagesgeschäfts verantwortlich und legen sich gegenseitig Rechenschaft ab.

Machen Sie sich klar, dass die Anwendung des neuen 4DX-Prozesses Zeit in Anspruch nimmt. Beharrlichkeit in der Verfolgung ist hier erfolgsentscheidend. Lassen Sie sich nicht ablenken, ansonsten werden Sie leicht vom Tagesgeschäft vereinnahmt. Denken Sie an die nachfolgenden Schlüsselelemente für eine erfolgreiche Etablierung des 4DX-Prozesses:

- Konzentrieren Sie sich zuerst auf die Einhaltung des Prozesses und dann auf die Resultate!

- Gehen Sie Verpflichtungen ein und legen Sie sich in den wöchentlichen WIG-Sessions gegenseitig Rechenschaft über deren Erfüllung ab.

- Verfolgen Sie die Ergebnisse jede Woche auf einem für alle sichtbaren Scoreboard.

- Investieren Sie in Form von zusätzlichen Schulungen und Beratungen in Ihre potenziellen Erfolgsträger.

- Lösen Sie unverzüglich jedes Problem mit Verweigerern und räumen Sie gegebenenfalls Hindernisse für sie aus dem Weg.

Phase 4: Optimierung

In den folgenden vier Wochen stellte Marilyn erfreut fest, dass ihr Team Fortschritte machte und die perioperativen Zwischenfälle langsam, aber stetig abnahmen. Allerdings musste das Team Gas geben, wenn es sein WIG bis zum Ende des Jahres erreichen wollte. Doch Marilyn wusste nicht, was sie sonst noch tun könnten. In der WIG-Session, die später noch am selben Tag stattfand, überraschten ihre OP-Schwestern sie mit dem Vorschlag, die Frühindikatoren zu verändern: Sie wollten die Operationstabletts in den OP-Sälen anders anordnen, damit sie die präoperativen Kontrollen schneller und präziser durchführen konnten. Und wenn sie zu Beginn einer Schicht die OP-Säle für die vorrangigen und die nachfolgenden Operationen gleichzeitig überprüften, konnten sie den Rest des Tages ihren Zeitplan besser einhalten. Zudem schlugen sie vor, das für den Patiententransport verantwortliche Team solle sie vorab informieren, sobald ein Patient auf dem Weg in den OP-Saal war, sodass die Schwestern den OP-Saal noch einmal überprüfen konnten.

Phase 4: Optimierung

In dieser Phase entwickelt Ihr Team eine 4DX-Mentalität. In dieser Phase können Sie erwarten, dass Ihre Teammitglieder ihre Arbeit engagierter und zielgerichteter erledigen, da sie wirksame Resultate erzielen. Nun werden sie aktiv nach Wegen zur Optimierung ihrer Ergebnisse suchen. Sie wissen nun, wie es sich anfühlt, auf Sieg zu spielen.

Marilyn war freudig überrascht, dass ihr Team eigenständig Möglichkeiten zur Optimierung der Ergebnisse gefunden hatte. Ihr wurde klar, dass das Team sich wahrscheinlich gegen die zusätzliche Arbeit gewehrt hätte, wenn der Vorschlag von ihr gekommen wäre. Doch weil die OP-Schwestern diese Ideen selbst entwickelt hatten, waren sie nun nicht nur bereit, sie auszuführen, sondern zeigten dabei auch Enthusiasmus.

Marilyn hatte in ihren Mitarbeiterinnen das Gefühl geweckt, dass es um etwas Wichtiges ging. Und nun spielte ihr Team auf Sieg. Die OP-Schwestern fühlten sich für den Prozess verantwortlich. Wiederholt schlugen sie neue Methoden vor, um die Frühindikatoren zu verbessern, und das wirkte sich positiv auf die Ergebniskennzahlen aus. Die Selbstverpflichtungen, die sie Woche für Woche eingingen, waren präzise und ihre Nachverfolgung exzellent. Die WIG-Sessions waren strikt ergebnisfokussiert. Was Marilyn jedoch wirklich faszinierte, waren das intensive Engagement und die Energie ihrer Mitarbeiter. Das hatte sie noch nie zuvor erlebt.

Wenn Sie den 4DX-Prozess konsequent verfolgen, können Sie davon ausgehen, dass Ihre Mitarbeiter ihn aus eigener Initiative optimieren. Hier die Schlüsselelemente zur optimalen Nutzung dieser Phase:

- Spornen Sie zu einem Brainstorming über kreative Ideen zur Verbesserung der Frühindikatoren an, auch wenn einige besser geeignet sind als andere.
- Sprechen Sie Ihren Mitarbeitern für eine exzellente Nachverfolgung Anerkennung aus und feiern Sie Erfolge.
- Spornen Sie die Teammitglieder an, sich gegenseitig Hindernisse aus dem Weg zu räumen und jedes gelöste Problem zu feiern.
- Sprechen Sie Anerkennung aus, wenn potenzielle Erfolgsträger beginnen, sich wie Vorbilder zu verhalten.

Phase 5: Verankerung des 4DX-Prozesses

Auf der Jahresversammlung des Krankenhauses ging Marilyn stolz zum Podium, während sie von allen Seiten Beifall erntete. Es war kaum zu glauben, dass sie noch elf Monate zuvor vor einer Krise gestanden hatte. Die zunehmende Zahl an perioperativen Zwischenfällen hätte sie den Job und – schlimmer noch – Patientenleben kosten können. Doch nun wurden Marilyn und ihr Team für das Übertreffen ihres eigenen Ziels und die niedrigste Rate an perioperativen Zwischenfällen in der Geschichte des Krankenhauses ausgezeichnet. Sie hatten ihre Arbeitsweise grundlegend verändert und – ganz nebenbei – Umsetzungsgewohnheiten entwickelt, die ein Garant für zukünftige Erfolge waren. Die Verhaltensänderungen, die zu Beginn so schwer zu erzielen waren, hatten sich in einen alltäglichen Standard und integralen Bestandteil des Arbeitslebens verwandelt.

Genau diese veränderte Arbeitsweise hatte dafür gesorgt, dass sich das Tagesgeschäft weitaus besser steuern ließ.

Phase 5: Das Neue wird zur Gewohnheit

Wenn der 4DX-Prozess in Fleisch und Blut übergeht, werden Sie nicht nur feststellen, dass Sie Ihr Ziel erreichen werden, sondern auch, dass sich die Ergebnisse Ihrer Mitarbeiter ständig verbessern. Das eigentliche Ziel des 4DX-Prozesses besteht nicht allein darin, Ergebnisse zu erzielen, sondern eine Kultur der Exzellenz in der Umsetzung zu erzeugen und zu pflegen.

Marilyn wusste, dass ihr Team nun viel zielgerichteter, fokussierter und engagierter bei der Sache war; sie und ihr Team befanden sich auf der Zielgeraden zu ihrem WIG.

Der 4DX-Ansatz formt Gewohnheiten: Sobald die neuen Verhaltensweisen zum integralen Bestandteil der täglichen Routine werden, können Sie immer wieder neue Ziele setzen und diese mit Exzellenz umsetzen. Nachfolgend die Schlüsselelemente, die Ihrem Team dabei helfen, den 4DX-Prozess zu verinnerlichen:

- Feiern Sie die Zielerreichung.
- Formulieren Sie umgehend ein neues WIG, um den 4DX-Prozess als neues operatives System zu formalisieren.
- Betonen Sie, dass Ihr neuer operativer Standard lautet: kontinuierliche Exzellenz in der Erfüllung der Frühindikatoren.
- Helfen Sie einzelnen Teammitgliedern dabei, nachhaltige Spitzenleistungen zu erzielen, indem sie ihre Ergebnisse verfolgen und so aus guten Mitarbeitern zu herausragenden Mitarbeitern werden.

Wie Sie aus guten Mitarbeitern herausragende Mitarbeiter machen

Wie erwähnt, reagieren Ihre Mitarbeiter unterschiedlich. Üblicherweise fällt ihr Verhalten in eine der folgenden drei Kategorien:

Vorbilder. Diese Mitarbeiter erbringen nicht nur Spitzenleistungen, sie sind auch am stärksten engagiert. Sie setzen den 4DX-Prozess begeistert um und nutzen ihn, um ihre Leistung ständig weiterzusteigern. Das sind die Mitarbeiter, die Sie am liebsten klonen würden.

Verweigerer. Die ewigen Neinsager sind das Gegenteil der Vorbilder. Wenn Sie den 4DX-Prozess vorstellen, werden sie Ihnen sofort tausend Gründe nennen, warum das nie funktionieren kann, und dass es unmöglich ist, diesen Prozess neben den Anforderungen des Tagesgeschäfts zu bewältigen. Andere ziehen sich einfach zurück und hoffen, dass es niemand merkt. Der 4DX-Prozess macht ihren passiven Widerstand jedoch für jeden offensichtlich. Einer unserer Kunden kommentierte das folgendermaßen: »Wenn Sie die 4 Disziplinen implementieren, gibt es kein Versteck.«

Die meisten Mitarbeiter bewegen sich irgendwo zwischen Vorbild und Verweigerer. Sie bilden den größten potenziellen Hebel zur Steigerung der Performance.

Potenzielle Erfolgsträger. Das sind Mitarbeiter, die theoretisch Spitzenleistungen erbringen könnten, aber dieses Niveau noch nicht erreicht haben. Einigen von ihnen fehlt der Fokus auf die Ziele oder ein bestimmtes Wissen, das sie zur Verbesserung ihrer Ergebnisse benötigen. Andere brauchen womöglich nur Verantwortungsdruck.

Generell sieht die Leistung der jeweiligen Gruppe ungefähr so aus:

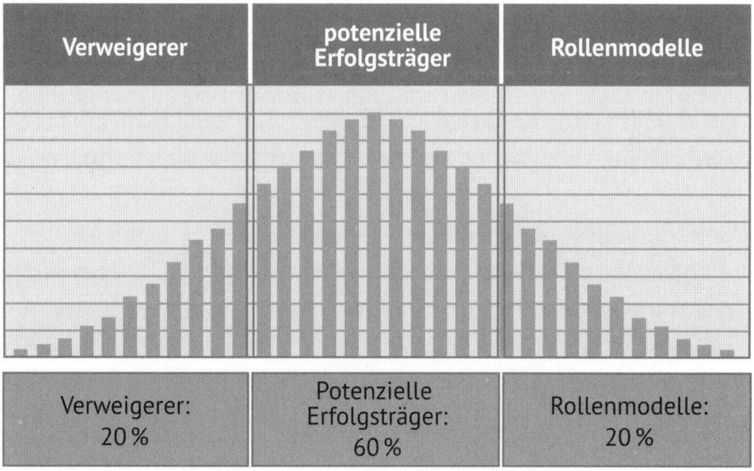

In der Mitte staut es sich. Die natürliche Variabilität in jedem System erzeugt diese Kurve, Normalkurve genannt. Sie werden immer ungefähr 20 Prozent Höchstleister und 20 Prozent Leistungsschwache haben; die übrigen 60 Prozent bewegen sich irgendwo zwischen diesen beiden Extremen. Diese Mehrheit könnte durchaus Spitzenleistungen erbringen, wenn sie entsprechend motiviert wäre. Das sind die potenziellen Erfolgsträger, die einen größeren Beitrag leisten könnten, wenn sie nur wüssten, wie. Selbstverständlich variieren diese Zahlen – doch wie würde das Gesamtergebnis aussehen, wenn die mittleren 60 Prozent ebenso herausragende Ergebnisse erzielen würden wie die oberen 20 Prozent? Wie würde sich Ihr Gesamtergebnis verändern, wenn die Abbildung aussehen würde wie die folgende?

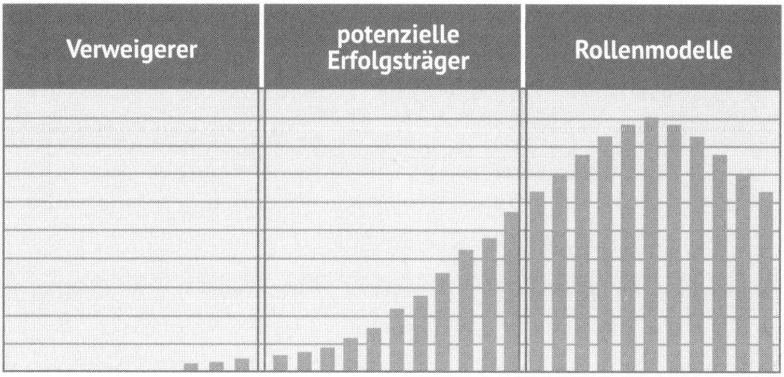

Die Kurve verschiebt sich in Richtung eines insgesamt verbesserten Leistungsniveaus, weil die Mitarbeiter des Mittelfelds nachhaltige Spitzenleistungen erbringen und ins obere Leistungssegment vorrücken. Weil alle Mitarbeiter effektivere und effizientere Arbeit leisten, verschiebt sich die Kurve stetig weiter nach rechts. Dagegen verharrt das Leistungsnivau in einem gewöhnlichen Team eher auf einem mittleren bis niedrigen Leistungsniveau.

- Ein Hotel, das sich mit einer durchschnittlichen Gästebewertung zufriedengibt, bewegt sich im mittleren bis unteren Leistungsniveau. Schließlich sind doch alle relativ zufrieden, oder nicht?

- Eine Hochschule, die sich mit durchschnittlichen Abschlussquoten (das bedeutet auch einer normalen Abbrecherquote) zufriedengibt, bewegt sich im mittleren bis unteren Leistungsniveau.

- Ein Krankenhaus, dessen Verwaltung damit zufrieden ist, dass sich die Infektionsrate innerhalb der akzeptierten Norm hält, bewegt sich im mittleren bis unteren Leistungsniveau. (Und in diesem Fall ist durchaus die Frage berechtigt, ob die akzeptierte Norm *tatsächlich* akzeptabel ist, da wir hier über vermeidbares Leid und Tod sprechen!)

Keine dieser Organisationen wird einen Quantensprung zu herausragender Leistung vollbringen, solange sie sich mit einer gewöhnlichen Leistungskurve zufriedengibt.

Wie der berühmte Basketballtrainer der Universität von Kentucky, Adolph Rupp, einmal sagte: »Wann immer Sie einen Mensch auf einem Berggipfel sehen, können Sie sicher sein, dass er nicht hinaufgefallen ist.« Wenn Sie also das breite Mittelfeld zu Spitzenleistungen motivieren können, hat das signifikante Auswirkungen auf das Ergebnis. Das erreichen Sie durch beständigen Ansporn und Motivation zu neuen und besseren Verhaltensweisen. Genau das ist das Ziel des 4DX-Prozesses. Ob es sich um Krankenhäuser, Supermarktketten, Produktionsunternehmen, Hotels, Softwareunternehmen, Elektrizitätswerke oder Einzelhandelskonzerne mit zahlreichen Filialen handelt, das Ergebnis ist fast immer identisch: eine neue Kultur der Spitzenleistung und konsistent exzellente Ergebnisse. Das ist nicht leicht und geschieht auch nicht über Nacht. Die Implementierung des 4DX-Prozesses und seine feste Verankerung in der DNA einer Organisation und ihrer Teams bedarf eines ausgeprägten Fokus und großer Disziplin *über einen langen Zeitraum*. Die Kurve, mit der Sie rechnen müssen, sieht üblicherweise so aus:

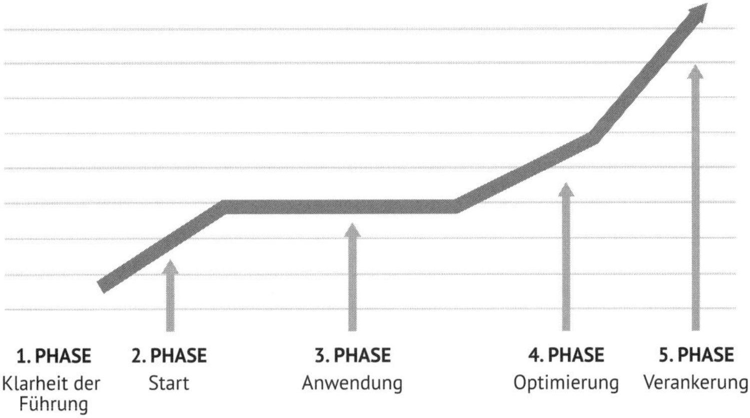

Die erste Ergebnisverbesserung lässt sich schon nach kurzer Zeit feststellen, wir haben aber beobachtet, dass in der dritten Phase oft ein Leistungsplateau erreicht wird – das ist die Phase, in der die Mitarbeiter damit beschäftigt sind, ihre Denkweise zu verändern. Doch sobald sich das Team an den 4DX-Prozess gewöhnt hat, zahlt sich die Anstrengung in barer Münze aus.

Eine große indische Immobiliengesellschaft hatte sich entschlossen, den 4DX-Prozess in ihren Verkaufsteams einzuführen, um den Absatz zu steigern. Die Verkaufsteams waren über verschiedene Regionen verstreut.

Während des Projekts konnten wir unterschiedliche Verhaltensweisen beobachten: Einige Manager zeigten großes Engagement und planten ihre tägliche Arbeit unter Berücksichtigung der WIG-Sessions, wohingegen andere ihre WIG-Sessions oft mit 20 bis 25 Minuten Verspätung abhielten. Es war interessant zu sehen, dass sich diejenigen Teams, deren Leiter auf einen pünktlichen Beginn der WIG-Sessions achteten, auf Erfolgskurs befanden, während diejenigen Teams, deren Leiter die wöchentlichen WIG-Sessions stets mit einer erheblichen Verspätung durchführten, den vereinbarten Zielen weit hinterherhinkten.

Führungskräfte spielen eine überaus wichtige Rolle für die Entwicklung der Unternehmenskultur. Um eine erfolgreiche Implementierung zu gewährleisten, sollten sie die 4 Disziplinen der Umsetzung vorbildlich anwenden.

Wir haben dieses Buch mit dem Hinweis begonnen, dass die wahrscheinlich größte Herausforderung, mit der eine Führungskraft konfrontiert ist, die Umsetzung einer Strategie ist, deren Erfolg davon abhängt, dass die Beteiligten ihr Verhalten ändern. Der 4DX-Prozess ist ein erprobtes System, mit dem sich jede Herausforderung meistern lässt, und das nicht nur als einmaliger Akt, sondern fortlaufend.

In den folgenden Kapiteln werden wir Sie Schritt für Schritt durch jede Disziplin begleiten, damit Sie sie gemeinsam mit Ihrem Team anwenden können.

Die Anwendung der 1. Disziplin: Auf das absolut Wichtige fokussieren

Eine herausragende Teamleistung beginnt mit der Auswahl von ein bis zwei WIGs. Die Fokussierung auf diese absolut vorrangigen Ziele ist das grundlegende Prinzip des 4DX-Prozesses. Ohne dieses Prinzip wird Ihr Team von den Anforderungen des Tagesgeschäfts absorbiert. Viele Teams verfolgen eine Vielzahl von Zielen, mitunter sind es Dutzende, die alle oberste Priorität genießen. Das bedeutet aber letztlich, dass keines wirklich Priorität hat. Ein Kunde beschrieb es sehr treffend: »Wenn Sie so viele Ziele auf einmal verfolgen, verfolgen Sie letztlich gar keines, denn die Energie, die Sie auf jedes einzelne Ziel verwenden können, ist zu gering, als dass sie etwas bewirken könnte; das macht das Ganze bedeutungslos.«

Die Auswahl des richtigen WIG ist erfolgsentscheidend. Führungskräfte zögern oft, ihren Fokus zu verengen, weil sie sich über die Folgen der Auswahl eines falschen WIG oder ein mögliches Scheitern Sorgen machen. Wenn Sie ein WIG auswählen, beginnen Sie jedoch ein wichtiges Vorhaben, bei dem viel auf dem Spiel steht und Ihr Team Großes bewirken kann. Wenn Sie Erfolg sehen wollen, ist die 1. Disziplin unerlässlich.

Schritt 1: Wägen Sie die Alternativen ab

Beginnen Sie mit einem Brainstorming über mögliche WIGs. Selbst wenn Sie das Gefühl haben, bereits zu wissen, welches Ziel absolut vorrangig sein sollte, wählen Sie am Ende dieses Prozesses unter

Umständen ein ganz anderes aus. Nach unserer Erfahrung geschieht das oft.

Je nach Beschaffenheit Ihrer Organisation und der Position Ihres Teams innerhalb der Organisationsstruktur führen Sie das Brainstorming auf unterschiedliche Weise durch:

WENN	DANN
Wenn das Team Teil einer Organisation mit zahlreichen Zielen ist,	dann sammeln Sie Vorschläge zu der Frage, welche Organisationsziele wirklich ausschlaggebend sind.
Wenn die Organisation auf der obersten Führungsebene bereits ein oder zwei WIGs definiert hat,	dann sammeln Sie Vorschläge zu der Frage, welchen Beitrag Ihr Team zu den WIGs leisten kann.
Wenn das Team die Organisation ist, zum Beispiel ein Kleinunternehmen oder eine Non-Profit-Einrichtung,	dann sammeln Sie Ideen, die die größte Hebelwirkung auf die Realisierung der Mission oder das Wachstum des Unternehmens haben.

Wie Sie Vorschläge einholen

Sie haben drei Möglichkeiten:

1. Ein Brainstorming mit Führungskollegen, vor allem wenn Sie alle das gemeinsame Unternehmensziel fokussieren. Wenn Sie befürchten, dass Ihre Kollegen die Arbeit Ihres Teams womöglich nicht verstehen, wird ihre Perspektive als Außenstehende dennoch wertvoll sein, insbesondere wenn Sie von Ihren Kollegen abhängig sind oder umgekehrt.

2. Ein Brainstorming mit Ihren Teammitgliedern oder einer repräsentativen Gruppe. Es liegt auf der Hand, dass sich die Mitarbeiter eher für die Zielerreichung verantwortlich fühlen, wenn sie an der Auswahl des WIG beteiligt sind.

3. Ein Brainstorming, das Sie nur für sich alleine durchführen. Sie können das WIG immer noch von Ihrem Team bestätigen lassen, wenn Sie die Frühindikatoren bestimmen.

Top-down oder bottom-up?

Sollten WIGs von den Führungskräften oder vom Team definiert werden?

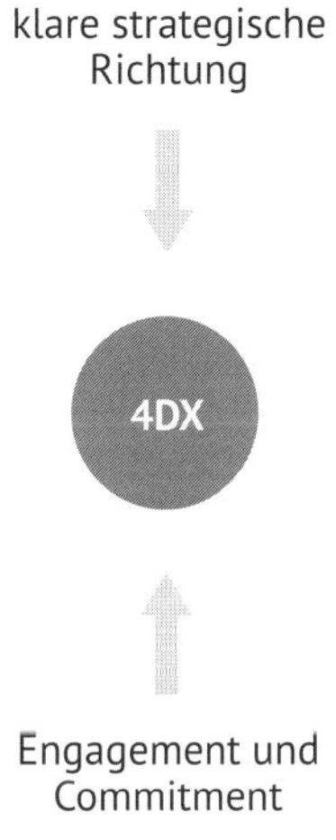

Mithilfe der 4 Disziplinen geben die Führungskräfte von oben die strategische Richtung bei der Bestimmung des WIG vor. Die Teammitglieder unterbreiten aktiv Vorschläge, wodurch ihr Engagement für und ihre Identifikation mit dem WIG steigt.

Top-down: Eine Führungskraft, die das WIG ohne Beteiligung des Teams vorgibt, hat unter Umständen Probleme, das notwendige

Verantwortungsgefühl und die Identifikation des Teams mit dem absolut vorrangigen Ziel zu erreichen. Wenn die Verantwortlichkeit allein auf der formalen Autorität einer Führungskraft beruht, wird das Team wahrscheinlich keine Spitzenleistungen erbringen. Der Preis ist eine schwache Mitarbeiterbindung sowie wenig Kreativität und Innovation.

Bottom-up: WIGs, die ausschließlich vom Team definiert werden, besitzen für das übergeordnete Gesamtziel möglicherweise nicht genügend Relevanz. Ohne eine überzeugende strategische Richtung könnte das Team wertvolle Zeit und Energie damit verlieren, über jeden Schritt den nötigen Konsens zu erzielen.

Top-down und bottom-up: Idealerweise sind sowohl die Führungskräfte als auch das Team an der Bestimmung der WIGs beteiligt. Nur die Führungskraft kann Klarheit darüber geben, was das Wichtigste ist. Sie ist in letzter Instanz für das WIG verantwortlich, sollte die Teammitglieder aber nicht ausschließlich mittels Ausübung ihrer formalen Autorität zur Beteiligung bewegen. Um das Ziel zu erreichen und das Team zu transformieren, müssen die Teammitglieder aktiv an der Bestimmung des WIG beteiligt werden: »Ohne Beteiligung keine Identifikation und kein Engagement.«

Fragen zur Bestimmung des WIG

Die folgenden Fragen haben sich unserer Erfahrung nach bei der Bestimmung des WIG bewährt:

- »Welches ist der eine Bereich Ihrer Teamleistung, den Sie am liebsten verbessern würden (unter der Annahme, dass alles andere unverändert bleibt), um das übergeordnete Unternehmensziel zu erreichen?« (Diese Frage ist nützlicher als »Was ist das Wichtigste, das wir tun können?«)

- »Welches sind die größten Stärken des Teams, die genutzt werden können, um die Zielerreichung zu garantieren?« (Mit dieser Frage generieren Sie Ideen in Bereichen, in denen Ihr Team bereits Erfolg hat, aber in denen es seine Leistung noch weiter steigern kann.)

- »Welches sind die Bereiche, in denen die mageren Ergebnisse des Teams der größten Verbesserung bedürfen, um sicherzustellen, dass das Gesamtziel erreicht wird?« (Mit dieser Frage generieren Sie Ideen rund um Ergebnislücken, die – falls sie nicht geschlossen werden – eine Gefahr für die Zielerreichung darstellen.)

Geben Sie sich nicht nur mit einigen Vorschlägen für ein mögliches WIG zufrieden. Sammeln Sie so viele Ideen, wie Sie vernünftigerweise können. Unsere Erfahrung zeigt, dass das Ziel, das am Ende ausgewählt wird, eine umso höhere Qualität hat, desto länger und kreativer die Liste an möglichen WIGs ist.

Denken Sie an das Was, nicht an das Wie. Machen Sie nicht den weitverbreiteten Fehler, den Fokus vom Ziel auf die Frage der Zielerreichung zu verlagern. Das Wie ist das neue, bessere Verhalten, das die Zielerreichung garantiert. Darüber sprechen wir später, bei der 2. Disziplin.

Eine Fünf-Sterne-Hotelkette hat folgendes WIG definiert: Gewinnsteigerung von 54 Millionen auf 62 Millionen Dollar bis zum 31. Dezember des laufenden Jahres. Verschiedene Abteilungen eines der Hotels hielten ein Brainstorming über ihre jeweiligen Team-WIGs ab:

Reinigung und Zimmerpflege	Blitzsaubere Gästezimmer. Wir sind schon die Besten – werden wir noch besser!
Restaurant	Allianzen mit örtlichen Sport- und Kultureinrichtungen

Valet-Parkservice	Sicherstellen, dass kein Gast auf sein Auto warten muss
Rezeption	Eine schnellere Gästeabfertigung bei An- und Abreise

Betrachten wir die Liste der Vorschläge der Veranstaltungsabteilung. Da diese Abteilung den Gewinn sowohl durch die Steigerung ihrer Umsätze als auch die Senkung der Kosten beeinflussen kann, sammelte sie Ideen für beide Vorhaben.

VERANSTALTUNGSABTEILUNG

Umsatzsteigerung

- Steigerung der Zahl an Unternehmensveranstaltungen und Jahresversammlungen
- Steigerung des durchschnittlichen Food-&-Beverage-Verkaufs pro Event
- Steigerung des Prozentsatzes an Events, die das Premiumpaket »Bar« buchen
- Steigerung der Zahl an gebuchten Hochzeitsfeiern
- Steigerung des Prozentsatzes an Events, die das All-inclusive-Angebot buchen

Kostensenkung

- Senkung der Überstundenkosten pro Event
- Senkung der Kosten für Tisch- und Raumdekoration
- Senkung der Lebensmittelkosten insgesamt
- Senkung (oder Eliminierung) der Kosten für Aushilfen und Zeitarbeitskräfte

Schritt 2: Isolierung und Priorisierung der Teilziele gemäß ihrer Bedeutung für das Gesamtziel

Wenn Sie mit Ihrer Liste mit möglichen Teilzielen zufrieden sind, müssen Sie aus dieser Liste diejenigen Vorschläge auswählen, die Ihrer Meinung nach den größten Beitrag zur Erreichung des *übergeordneten Gesamtziels* leisten. Die Kalkulation des Beitrags, den ein Teilziel zur Erreichung des Gesamtziels leistet, hängt von der Beschaffenheit des übergeordneten Gesamtziels ab:

Wenn das übergeordnete Gesamtziel …	bewerten Sie das Teilziel im Hinblick auf …
… ein Finanzziel ist,	… voraussichtliche Umsätze, Profitabilität, Investmentperformance, Cashflows und/oder Kosteneinsparungen.
… ein Qualitätsziel ist,	… Effizienzen, Durchlaufzeiten, Produktivitätssteigerungen und/oder Kundenzufriedenheit.
… ein strategisches Ziel ist,	… seine Ausrichtung auf die Unternehmensmission, Wettbewerbsvorteile, Chancenrealisierung und/oder Reduzierung von Gefahren.

Susan, die Leiterin der Veranstaltungsabteilung, ist für Konferenzen, Bankette und Sonderveranstaltungen verantwortlich. Im ersten Schritt identifizierten sie und ihr Team Teilziele, die zum Gesamtziel der Umsatzsteigerung beitragen würden. Um diese Liste weiter einzugrenzen, berechnete das Team den finanziellen Beitrag eines jeden Vorschlags. Es war nicht schwierig, die Vorschläge zu isolieren, die dem Team die größten Gewinne bescheren würden, doch das war nicht der richtige Fokus. Die wahre Herausforderung bestand in der Priorisierung der Teilziele nach ihrem Beitrag zur Erreichung des *übergeordneten Gesamtziels*. Mit anderen Worten: Es mussten jene

Teilziele isoliert werden, die am meisten Umsatz für das *gesamte Hotel* generieren würden. Als sich das Team auf dieses Kriterium konzentrierte, rückten Unternehmensveranstaltungen und Hochzeitsfeiern an die erste Stelle, weil sich mit ihnen Umsätze erzielen ließen, die über die Veranstaltungen hinausreichten, und zwar in Form von Zimmerbuchungen auswärtiger Veranstaltungsgäste, Restaurantmahlzeiten, Wellnessbehandlungen et cetera.

Tappen Sie nicht in die Falle, ein WIG auszuwählen, das die Ergebnisse des Teams verbessert, aber wenig zur Erreichung des übergeordneten Gesamtziels beiträgt! Am Ende entschieden sich Susan und ihr Team für zwei Teilziele, die eindeutig den größten Beitrag zum Gesamtziel leisten würden.

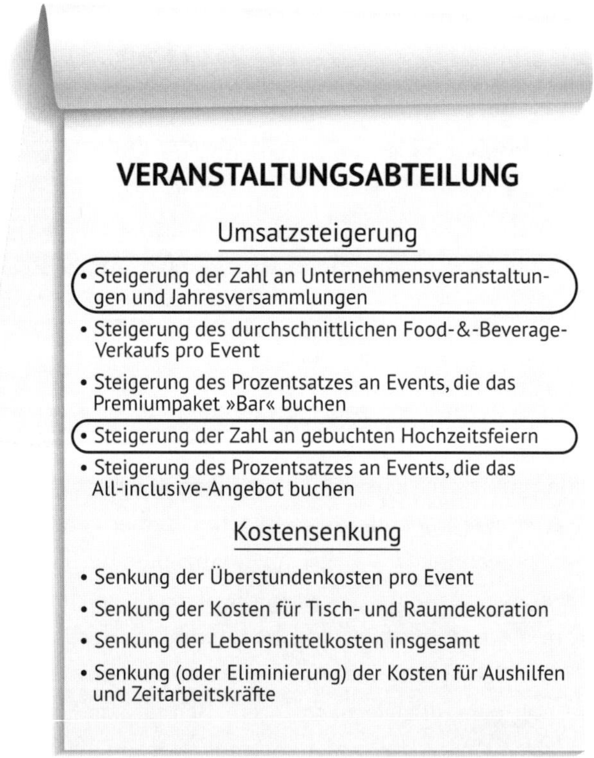

Ein großer Pharmakonzern verwendete ebenfalls diesen Prozess der Isolierung, um sein WIG zu bestimmen: eine Verkürzung der Markteinführungszeit für Neuprodukte von rund siebeneinhalb auf fünf Jahre. Für dieses Unternehmen bedeutet der Absatz eines begehrten Medikaments über ein Jahr im Schnitt mehr als eine Milliarde Dollar, daher ist der alte Spruch »Zeit ist Geld« nicht nur dahingesagt. Clive, der die Abteilung für regulatorische Angelegenheiten leitet, überwacht den Prozess der Medikamentenzulassung durch die entsprechenden Behörden der verschiedenen Länder, in denen das Medikament verkauft werden soll. Jedes neue Medikament muss diesen komplexen Zulassungsprozess durchlaufen, der in jedem Land anders ist.

Im ersten Schritt machte das Team folgende Vorschläge für die Bestimmung seines Teilziels:

1. Entwurf eines Antragsformulars, das die Kriterien aller Länder erfüllt, anstatt der Verwendung unterschiedlicher Antragsformulare für jedes Land,

2. Gewinnung ehemaliger hochrangiger Mitarbeiter der Regulierungsbehörden als Berater,

3. Eliminierung von Fehlern in den Antragsformularen,

4. Lobbyarbeit bei den jeweiligen Regierungen, um eine Ausweitung der Kriterien für eine schnelle Zulassung eines neuen Medikaments zu erreichen, damit diese schneller auf den Markt gebracht werden können.

Einige Teammitglieder drängten auf die zweite Option, weil sie das Gefühl hatten, ihrer Abteilung mangele es an Fachwissen. Andere gaben den Behörden die Schuld und wollten ihre Anstrengungen auf die vierte Alternative konzentrieren. Doch auch die erste Option war von Bedeutung, weil sie die Beachtung so vieler unterschiedlicher Formulare mit unterschiedlichen Kriterien als frustrierend empfanden.

Als sie ihre Vorschläge jedoch im Lichte des übergeordneten Gesamtziels – Verkürzung der Markteinführungszeit – betrachteten, entdeckten sie etwas, was ihnen zuvor nicht aufgefallen war: Die Behörden schickten oft Anträge zurück, weil diese Fehler enthielten oder bestimmte Punkte unklar waren. Durch diese Verzögerungen verdoppelte sich die Zeit bis zur Zulassungserteilung. Aus diesem Blickwinkel betrachtet war das dritte Ziel eindeutig das wichtigste Teilziel, auf das sich die gesamte Aufmerksamkeit des Teams richten musste.

In einem ähnlich gelagerten Fall verkündete ein großes skandinavisches Transportunternehmen drei Ziele für das laufende Jahr: Qualitätsverbesserung, Produktivitätssteigerung und Kostensenkung. Stein war für die Be- und Entladung der Container in einem großen Lagerhaus des Unternehmens in Norwegen verantwortlich. Er wusste, dass die Unternehmensziele sehr hochgesteckt waren, aber er wollte unbedingt, dass sein Team einen messbaren Beitrag zu allen drei Zielen leistete.

Im Rahmen einer 4DX-Work-Session wurden viele begründete Teilziele formuliert, zum Beispiel:

- Wartung der Ladekräne verbessern, um die Ausfallzeiten zu verringern,
- alle Mitarbeiter in Six Sigma zertifizieren, um den Beladeprozess zu optimieren,
- Umbau des Güterdepots am Ende der Schienenstrecke, um den Containertransport zu den Schiffen zu verkürzen.

Jedes Teilziel hatte Auswirkungen auf die drei Unternehmensziele, aber nicht alle zur selben Zeit. Inzwischen hatte Stein im Internet von einem Hafen in Malaysia erfahren, der vor Kurzem den Weltrekord bei der Anzahl an Containerbewegungen pro Stunde gebrochen hatte. Er berichtete seinem Team von dieser Entdeckung. Das weckte den Wettbewerbsgeist und so legten sich die Teammitglieder auf folgendes WIG fest: Verdoppelung der Anzahl der Containerbewegungen pro Stunde. Dieses Ziel war nur mit einem Höchstmaß an Produktivität und Qualität zu erreichen, und die eingesparte Zeit würde automatisch auch die Kosten senken.

Schritt 3: Testen Sie die besten Vorschläge

Sobald Sie einige Zielvorschläge identifiziert haben, testen Sie sie anhand von vier Kriterien, die ein Teilziel erfüllen muss:

- Ist das Teilziel auf das übergeordnete Gesamtziel ausgerichtet?
- Ist es messbar?
- Wer ist für die Ergebnisse verantwortlich – unser Team oder irgendein anderes Team?
- Wer ist für die Zielerreichung verantwortlich – das Team oder die Führungkraft?

Ist der Vorschlag auf das übergeordnete Gesamtziel ausgerichtet? Besteht eine Sichtverbindung zwischen dem möglichen Teilziel und dem übergeordneten Gesamtziel? Um bedeutsame Teilziele zu formulieren, sollten Sie eine klare Verbindungslinie zwischen dem Team-WIG (in der Mitte) und den WIGs des gesamten Unternehmens (insofern sie identifiziert werden können) erkennen können.

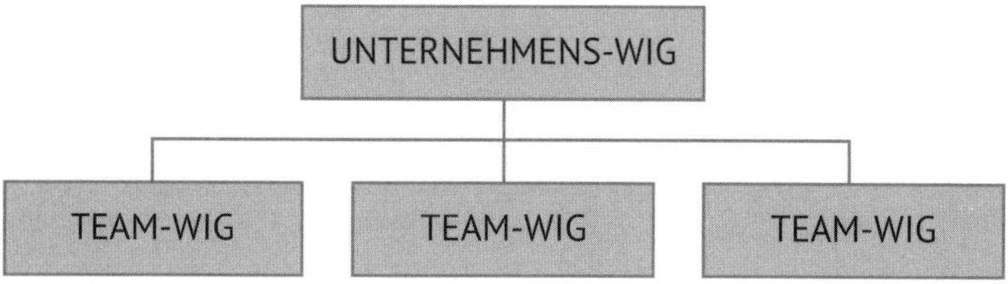

Wenngleich dieser Test offensichtlich erscheint, sind manche Teams so von einer Idee begeistert, dass sie vergessen, dass der Beitrag des Team-WIG zum Gesamtziel die höchste Priorität genießt. Wenn ein Vorschlag diesen Test nicht besteht, streichen Sie ihn und testen Sie den nächsten Vorschlag auf Ihrer Liste.

Ist es messbar? Einer unserer Kunden sagte: »Wenn Sie Ihren Erfolg nicht messen, dann üben Sie nur.« Ein Spiel, bei dem die Treffer nicht gezählt werden, wird nie ein entscheidendes Spiel sein. Ein WIG setzt voraus, dass Sie ab dem ersten Tag der Umsetzung glaubwürdige Messgrößen etabliert haben. Wenn ein erheblicher Aufwand erforderlich ist, bis die Messung überhaupt beginnen kann, etwa die Leistung eines Systems, das erst noch entwickelt werden muss, dann streichen Sie diesen Vorschlag einstweilen. Erst wenn das System reibunglos läuft, können Sie es erneut in Betracht ziehen. Zeit, die in ein Spiel ohne Treffer investiert wird, ist verlorene Zeit.

Wer ist für die Ergebnisse verantwortlich? Ist das Team mindestens zu 80 Prozent für die Ergebnisse verantwortlich? Dieser Test soll vermeiden, dass Ihr Team in seiner Zielerreichung in erheblichem Maße von anderen Teams abhängt. Die konzeptionelle Messgröße von 80 Prozent kann Ihnen dabei helfen zu bestimmen, wie groß die Abhängigkeit Ihres Teams bei der Zielerreichung ist. Beträgt die Ergebnisverantwortung weniger als 80 Prozent, wird kein Team Verantwortung übernehmen, und das verhindert eine konsequente Rechenschaftslegung. Wenn zwei Teams zu 80 Prozent Ergebnisverantwortung für dasselbe Ziel tragen, kann die geteilte

Verantwortung ein antriebsstarker Leistungsmotor sein, sofern beide Teams und ihre jeweiligen Führungskräfte verstehen, dass sie nur gemeinsam siegen oder verlieren.

Wer ist für die Zielerreichung verantwortlich? Ist es ein Vorhaben auf Teamebene oder auf Führungsebene? Dieser abschließende Test ist subtiler als die anderen, aber gleichermaßen wichtig. Hängt das Teilziel zu stark von Funktionen ab, die nur die Führungskraft erfüllt, wird das Team schnell das Interesse an der Zielerreichung verlieren. Das Teilziel sollte in erster Linie von der Leistung der Teammitglieder abhängen und nicht von den Aktivitäten der Führungskraft.

Wenn ein WIG-Kandidat einen dieser Tests nicht besteht, sollten Sie den Vorschlag noch einmal überdenken. Verlangen Sie von Ihrem Team nicht, seine gesamte Energie auf ein unnötiges oder ungeeignetes Vorhaben zu konzentrieren. Unter dem Druck der Verantwortlichkeit werden diese Schwächen schnell zutage treten.

Schritt 4: Bestimmen Sie das WIG

Wenn Sie Ihre Zielvorschläge ausgewählt und auf WIG-Tauglichkeit getestet haben, sorgen Sie dafür, dass sie möglichst klar und messbar formuliert sind. Bestimmen Sie die WIGs gemäß den folgenden Regeln:

- Vermeiden Sie abstrakt klingende Substantivierungen. Verwenden Sie stattdessen Verben.
- Definieren Sie die Ergebniskennzahl mithilfe der Von-auf-bis-Formel.
- Achten Sie auf eine einfache Formulierung.

- Definieren Sie den Inhalt des Ziels (Was), nicht die Art und Weise der Zielerreichung (Wie).

Vermeiden Sie abstrakte Substantive

Verwenden Sie einfache Verben, da sie die Gedanken sofort auf Handlung fokussieren. Für fast alle mehrsilbigen Verben (Beispiel: »operationalisieren«) gibt es einfache Synonyme (»umsetzen«). Ebenso überflüssig sind lange, wortreiche Einführungen. Wählen Sie lieber kurze, prägnante Sätze:

RICHTIG	FALSCH
Kosten senken Umsatz steigern Kundenzufriedenheitswerte steigern Ein Werk hinzufügen Ein Produkt einführen	Um für unsere Shareholder Mehrwert zu generieren, die Karrieren unserer Mitarbeiter zu fördern und unseren grundlegenden Werten treu zu bleiben, werden wir dieses Jahr ein überaus wichtiges Ziel implementieren, um …

Bestimmen Sie die Ergebniskennzahl

Ergebniskennzahlen sagen Ihnen, ob Sie Ihr Ziel erreicht haben. Sie ziehen eine klare Bilanz über die erbrachte Leistung. Schreiben Sie eine Ergebniskennzahl im Von-auf-bis-Format auf, wie die nachfolgenden Beispiele zeigen:

Aktuelles Ergebnis (Von X)	Angestrebtes Ergebnis (auf Y)	Frist (Bis)
Fehlerquote von elf Prozent	Fehlerquote von vier Prozent	31. Juli
drei Lagerumschläge pro Jahr	zehn Lagerumschläge pro Jahr	Ende des laufenden Fiskaljahrs
zwölf Prozent Investmentrendite pro Jahr	30 Prozent Investmentrendite pro Jahr	Innerhalb von drei Jahren

Die daraus resultierenden WIGs sehen folgendermaßen aus:

- Die Routingfehler von elf auf vier Prozent pro Jahr senken.
- Die Lagerumschlagsrate bis zum Ende des laufenden Fiskaljahrs von drei auf zehn steigern.
- Die durchschnittliche Investmentrendite innerhalb von drei Jahren von zwölf auf 30 Prozent steigern.

Formulieren Sie Ihre Ziele schlicht, aber einprägsam

Wir haben bereits auf die alarmierende Tatsache aufmerksam gemacht, dass 85 Prozent der Mitarbeiter nicht sagen können, welches die wichtigsten Ziele ihres Unternehmens sind. Zu den zahlreichen Gründen gehört auch Folgendes: Die meisten Unternehmensziele sind schwammig, aber komplex und prätentiös formuliert.

RICHTIG	FALSCH
Bis zum 31. Dezember die Kundenloyalitätswerte von 40 auf 70 steigern	»Wir haben uns dem Ziel verpflichtet, unsere Kundenbeziehungen zu verbessern und zu erweitern.«
Bis zum Ende des laufenden Fiskaljahrs Inanspruchnahme unseres Investmentberatungsservice um 25 Prozent steigern	»Unser Hauptziel für das kommende Fiskaljahr besteht darin, Investmentinfrastruktur bereitzustellen und durch eine effektive Koordination zu wachsen.«
Innerhalb von fünf Jahren drei Produkte im Wert von zehn Millionen Dollar auf den Markt bringen	»Wir hoffen, die Innovation in dieser Branche zu fördern, indem wir mittels der Biotechnologie den Bedarf nach biobasierten Ressourcen fördern.«

Fokussieren Sie das Was, nicht das Wie

Viele Teams definieren ein klares Ziel, aber dann verkomplizieren sie es, indem sie es um eine langatmige Beschreibungen ergänzen, wie es erreicht werden soll.

RICHTIG	FALSCH
Im Laufe der kommenden zwei Jahre die Gästebindung von 63 auf 75 Prozent steigern.	Im Laufe der kommenden zwei Jahre durch außergewöhnliche Kundenerfahrungen die Gästebindung von 63 auf 75 Prozent steigern

Wie Sie Ihr Ziel erreichen wollen, bestimmen Sie, wenn Sie im Rahmen der 2. Disziplin Ihre Frühindikatoren festlegen. Das WIG sollte ausschließlich darauf fokussieren, *was* das Team erreichen will.

Achten Sie darauf, dass das Ziel erreichbar ist

Oft sprechen wir mit Führungskräften, die davon überzeugt sind, sie müssten Ziele formulieren, die kein Team realistischerweise erreichen kann, während sie unter vier Augen eingestehen, dass sie schon mit einer 75-prozentigen Zielerreichung zufrieden wären. Solche Schachzüge können Ihre Fähigkeit, Ihre Mitarbeiter zu motivieren und Ergebnisse zu erzielen, erheblich beeinträchtigen.

Damit kein Missverständnis aufkommt: Wir plädieren nicht für Ziele, deren Messlatte zu niedrig liegt. Setzen Sie ein anspruchsvolles Ziel, das ihr Team zu Höchstleistungen antreibt, es aber nicht überfordert. Mit anderen Worten: Formulieren Sie ein WIG, das sich *lohnt* und *erreichbar* ist.

Das Arbeitsergebnis

Das Ergebnis der 1. Disziplin ist das Teilziel, das den größten Beitrag zum Gesamtziel leistet, einschließlich der entsprechenden Ergebniskennzahl.

Im zuvor genannten Falbeispiel der Veranstaltungsabteilung eines Hotels entschied sich Susans Team schließlich für das Teilziel, die Zahl der Unternehmensveranstaltungen zu erhöhen, weil es davon überzeugt war, dass es damit die Umsätze steigern und somit mehr Gewinn für das Hotel insgesamt erzielen konnte. Anschließend dachte Susan sorgfältig über die Ergebniskennzahl nach. Die Bestimmung der Lücke zwischen dem aktuellen und dem angestrebten Ergebnis ist eine zentrale Entscheidung. Diese Zahl muss anspruchsvoll, aber realistisch sein. Susan musste nicht nur eine wichtige Herausforderung formulieren; ihr Team musste sie auch bewältigen können. Das abschließend formulierte Ziel für Susans Team war bedeutsam, klar und anspruchsvoll: Die Umsätze aus Unternehmensveranstaltungen bis zum 31. Dezember von 22 auf 31 Millionen Dollar steigern.

Nachdem Sie Ihre Erfahrung mit der 1. Disziplin gemacht haben, wissen Sie nun, dass die Einfachheit der Zielformulierung täuscht. Ihr Team hat aber nun einen klaren Fokus auf ein absolut vorrangiges Ziel – einen Fokus, den es trotz der Anforderungen des Tagesgeschäfts wahren kann. Wie eine Kompassnadel zeigt das WIG eine klare, konsistente Richtung an, die zum Ziel führt.

Was, wenn Ihr Teilziel ein Projekt ist?

Gelegentlich ist Ihr wichtigstes Ziel die erfolgreiche Durchführung eines Projekts. Wenn das der Fall ist, gelten die Prinzipien der 1. Disziplin trotzdem, aber Sie müssen bei der Definition der Ergebniskennzahl besondere Aufmerksamkeit auf die Frist legen.

Bisher haben wir Beispiele für Ergebniskennzahlen verwendet, die auf numerischen Werten basieren, wie etwa Gewinn, Kundenzufriedenheit oder die Anzahl von Arbeitsunfällen. Bei einem Projekt besteht Ihr erster Impuls vielleicht darin, als Ergebniskennzahl eine Zielerfüllung von 100 Prozent festzulegen. Das mag zwar auf der Hand liegen, ist aber oft weitaus weniger präzise als ein numerischer Wert. Und aufgrund weiterer Faktoren, wie zum Beispiel einer Ausdehnung des Projektvolumens, lässt sich eine 100-prozentige Zielerfüllung unter Umständen gar nicht messen.

Bei Projekten ist es daher sinnvoller, eine Ergebniskennzahl festzulegen, die im Zusammenhang mit dem Geschäftsergebnis steht, auf welches das Projekt einzahlen soll. Wie schon der legendäre Harvard-Marketingprofessor Theodore Levitt sagte: »Menschen wollen keinen Millimeter*bohrer* kaufen, was sie brauchen ist ein millimetergroßes *Loch.*«[22] Anstatt also Ihre Ergebniskennzahl in eine Formulierung zu packen wie: »Das neue CRM-System bis zum 31. Dezember fertigstellen und installieren«, könnten Sie eine präzisere Ergebniskennzahl formulieren, indem Sie sie um Messgrößen ergänzen wie etwa:

- 100-prozentige Erfüllung der spezifizierten Marketingfunktionen,
- vollständige Integration mit Microsoft Outlook,
- uneingeschränkte Funktionalität für Smartphones und Tablets.

Das sind fokussiertere und präzisere Formulierungen als »fertigstellen«. Sie ziehen somit eine klare Schlusslinie und bieten eine genaue Erfolgsmessgröße. (Für eine Beschreibung von Projekt-Frühindikatoren siehe ab Seite 211)

Probieren Sie es aus!

Nutzen Sie das WIG-Werkzeug, um mit Ihren Ideen für ein überaus wichtiges Teamziel zu experimentieren.

WIG-Werkzeug

1. Finden Sie Ideen für das Teilziel mit der Brainstorming-Methode.

2. Brainstormen Sie, um Ergebniskennzahlen für jede Idee zu definieren (Von-auf-bis-Formel).

3. Erstellen Sie eine Ideenrangliste anhand des Beitrags zum übergeordneten Unternehmensziel.

4. Testen Sie Ihre Ideen anhand der Checkliste auf Seite 210.

5. Formulieren Sie Ihr abschließendes Teilziel.

Ideen für das WIG	Aktuelle Ergebnisse (von X)	Angestrebte Ergebnisse (auf Y)	Frist (bis)	Position

Abschließende(s) WIG(s):

Haben Sie alles richtig gemacht?

Haken Sie jeden Punkt ab, den Sie erledigt haben, um sicherzustellen, dass Ihre Teilziele und Ergebniskennzahlen die folgenden Standards erfüllen:

- ☐ Haben Sie umfangreiche Anregungen (top-down und bottom-up) eingeholt?
- ☐ Wird Ihr Teilziel einen klaren Beitrag zur Erreichung des übergeordneten Gesamtziels leisten und nicht nur die Ergebnisse Ihres Teams verbessern?
- ☐ Leistet das ausgewählte Team-WIG die größtmögliche Wirkung, um die Erreichung des Gesamtziels zu garantieren?
- ☐ Steht es wirklich in der Macht des Teams, sein Team-WIG ohne größere Abhängigkeiten von anderen Teams zu errreichen?
- ☐ Erfordert das Teilziel den Fokus des gesamten Teams und nicht nur der Führungskraft oder einer Untergruppe?
- ☐ Lässt sich das Teilziel weiter vereinfachen?
- ☐ Ist es aktiv formuliert und enthält es eine klare Ergebniskennzahl?

Die Anwendung der 2. Disziplin: Arbeiten Sie an den Frühindikatoren

Herausragende Teams investieren ihre größten Anstrengungen in die wenigen Aktivitäten, welche die größte Wirkung auf das WIG haben, und das sind die Frühindikatoren. Die richtigen Frühindikatoren sind absolut erfolgsentscheidend, dennoch wird diese Tatsache so oft übersehen, dass wir sie als »Geheimnis der exzellenten Umsetzung« bezeichnen. Anders als die Ergebniskennzahlen, die Ihnen im Nachhinein Aufschluss darüber geben, ob Sie Ihr Ziel erreicht haben, können Sie an den Frühindikatoren ablesen, mit welcher Wahrscheinlichkeit Sie Ihr Ziel erreichen werden. Anhand der Frühindikatoren können Sie den Fortschritt der Aktivitäten messen, welche die größte Hebelwirkung auf das WIG ausüben.

Frühindikatoren müssen sowohl die Wahrscheinlichkeit der Zielerreichung *vorhersagen* können als auch vom Team *beeinflussbar* sein. Nachfolgend einige Beispiele:

Team	Ergebniskennzahl	Frühindikator
Krankenhaus: Qualitätsverbesserungsteam	Todesrate im Krankenhaus in diesem Jahr von vier auf zwei Prozent senken	Zweimal pro Tag Risikopatienten der Standarduntersuchung zur Prävention von Lungenentzündung unterziehen.
Transportunternehmen: Abfertigungsteam	Transportkosten in diesem Quartal um zwölf Prozent senken	Sicherstellen, dass 90 Prozent aller Lieferfahrten mit voll beladenen Lastwagen stattfinden.
Softwareunternehmen	Durchschnittliche Kundenzufriedenheit der Sprints bis Ende August 2016 von fünfeinhalb auf acht Prozent steigern	Sprintqualitätscheckliste zu mehr als 95 Prozent einhalten.

Jeder dieser Frühindikatoren ist beeinflussbar und besitzt Prognosecharakter. Das Team kann auf der Basis dieser Indikatoren, die ihrerseits die Ergebniskennzahl bewegen, handeln. Für überragende Ergebnisse ist es unerlässlich, dass Sie die Frühindikatoren zur Grundlage Ihres Handelns machen, aber es ist zugleich auch der schwierigste Aspekt der Etablierung des 4DX-Prozesses in Ihrem Team.

Dafür gibt es drei Gründe:

- **Der Fokus auf Frühindikatoren kann zunächst der Intuition zuwiderlaufen.** Die meisten Manager konzentrieren sich auf Ergebniskennzahlen – die Geschäftsergebnisse, auf die es letztlich ankommt. Dieser Fokus ist nur natürlich. Doch die Ergebniskennzahlen lassen sich rückwirkend nicht mehr beeinflussen; sie sind Vergangenheit.

- **Frühindikatoren sind schwer zu verfolgen.** Sie sind Messgrößen für neue und veränderte Verhaltensweisen. Verhaltensweisen zu erfassen und zu verfolgen ist wesentlich schwieriger als die Erfassung und Verfolgung von Ergebnissen. Oft gibt es kein fertiges System, das Sie einfach installieren können; möglicherweise müssen Sie es erst entwickeln.

- **Frühindikatoren wirken oft simpel.** Sie verlangen einen laserartigen Fokus auf ein bestimmtes Verhalten, das möglicherweise auf den ersten Blick unbedeutend wirkt (auch wenn das nicht zutrifft), vor allem auf Außenstehende.

Ein Einzelhandelsgeschäft wählte zum Beispiel den folgenden Frühindikator zur Absatzsteigerung aus: Ausverkaufte Artikel auf 20 oder weniger Produkte pro Woche reduzieren. Kann diese sehr gewöhnliche Messgröße tatsächlich Großes bewirken? Hätte das nicht schon längst gemacht werden können? Wenn dieser einfache Hebel allerdings nicht konsistent angewendet wird und die Kunden wiederholt nicht das finden, was sie suchen, werden sie in Zukunft woanders einkaufen. Oft schließen Frühindikatoren schlicht die Lücke zwischen dem, was längst bekannt ist, und der tatsächlichen Umsetzung. So wie ein einfacher Hebel einen großen Felsbrocken bewegen kann, kann ein guter Frühindikator ein wirksamer Hebel zur Zielerreichung sein.

Zwei Arten von Frühindikatoren

Bevor Sie und Ihr Team beginnen, Frühindikatoren zu entwickeln, sollten Sie die unterschiedlichen Arten von Frühindikatoren und deren Merkmale kennen. Es gibt zwei Arten von Frühindikatoren: ergebnisorientierte Aktivitäten und verhaltensorientierte Aktivitäten.

Ergebnisorientierte Aktivitäten sind Frühindikatoren, die das Team auf die wöchentlichen Ergebnisse fokussieren, aber jedem Teammitglied Raum lassen, um die Methoden zur Zielerreichung selbst zu bestimmen. »Ausverkaufte Artikel auf 20 oder weniger pro Woche reduzieren« ist ein Frühindikator vom Typ Zwischenergebnis, der eine Reihe von Aktivitäten beinhalten kann. Egal für welche Aktivität sich die Teammitglieder entscheiden, das Team ist verantwortlich für das *Ergebnis*.

Verhaltensorientierte Aktivitäten sind Frühindikatoren, welche die spezifischen Verhaltensweisen nachverfolgen, die Sie im Laufe der Woche von Ihrem Team erwarten. Sie befähigen das gesamte Team, konsistent neue Verhaltensweisen zu übernehmen, und bieten eine klare Messgröße für die Qualität, mit der diese umgesetzt werden. Mit einem solchen Frühindikator ist das Team für die Übernahme der angestrebten *Verhaltensweisen* verantwortlich, nicht für das Ergebnis.

Beide Arten von Frühindikatoren sind gleichermaßen wertvolle und wirksame Hebel zur Zielerreichung.

WIG

Bis zum 31. Dezember 2011 die durchschnittliche Zahl an Unfällen von zwölf auf sieben senken.

ERGEBNISORIENTIERTE AKTIVITÄT	VERHALTENSORIENTIERTE AKTIVITÄT
FRÜHINDIKATOR	**FRÜHINDIKATOR**
durchschnittliche Rate der Einhaltung der Sicherheitsstandards auf 97 Prozent pro Woche steigern	sicherstellen, dass 95 Prozent aller Mitarbeiter jeden Tag Sicherheitsschuhe tragen

Dieses Beispiel stammt aus unserem Implementierungsprojekt bei Younger Brothers Construction, das sich eine Senkung der Unfallquote zum Ziel gesetzt hatte. Mit der Einhaltung der sechs Sicherheitsstandards entschied sich das Unternehmen für einen ergebnisorientierten Frühindikator, der eine Vielzahl von neuen Verhaltensweisen beinhaltete. Hätten die Führungskräfte dieses Unternehmens geglaubt, ihr Team würde sich nicht gleichzeitig auf so viele neue Verhaltensweisen fokussieren können, hätten sie auch beschließen können, mit einer einzigen hebelnden Verhaltensweise zu beginnen. Beispielsweise hätten sie sich auf das Tragen von Sicherheitsschuhen beschränken und mit der Zeit schrittweise die weiteren gewünschten Verhaltensweisen integrieren können.

WIG

durchschnittliche wöchentliche Verkäufe bis 31. Dezember 2011 von einer Million Dollar auf eineinhalb Millionen Dollar steigern

ERGEBNISORIENTIERTE AKTIVITÄT	VERHALTENSORIENTIERTE AKTIVITÄT
FRÜHINDIKATOR	**FRÜHINDIKATOR**
ausverkaufte Artikel auf 20 oder weniger pro Woche reduzieren	jeden Tag zwei zusätzliche Regalkontrollen durchführen und alle Produktlücken auffüllen

Dieses Beispiel stammt aus einem unserer Projekte mit einer großen Supermarktkette, die als einen der wirkungsvollsten Hebel zur Absatzsteigerung die Aufgabe definiert hatte, dafür zu sorgen, dass die absatzstärksten Produkte immer verfügbar sind. Der verhaltensorientierte Frühindikator – »Jeden Tag zwei zusätzliche Regalkontrollen durchführen und alle Produktlücken auffüllen« – war eine Aufgabe, an der sich alle Teammitglieder beteiligen konnten.

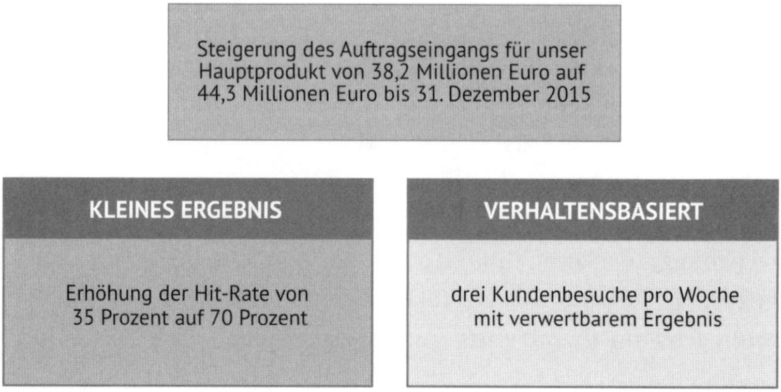

Dieses Beispiel stammt aus der Arbeit mit einem Maschinenbauer in Deutschland. Die Verkaufsabteilung setzt bei der Erreichung ihres Abteilungsziels bewusst sowohl auf einen verhaltensbasierten Indikator (Anzahl Kundenbesuche) als auch parallel auf einen »Kleines Ergebnis«-Indikator (die Hit-Rate als Ausdruck der Effektivität im Vertrieb).

Mit dem rechten Frühindikator sorgen sie dafür, dass die Außendienstmitarbeiter konsequent häufiger das Büro verlassen (ein verändertes effektiveres Verhalten), und mit dem linken gleichzeitig für mehr Fokus auf die wirklich wichtigen und realistischen Kundenkontakte. In der WIG-Session (siehe Disziplin 4) hat man bei der Umsetzung des linken Frühindikators mehr Verhaltensfreiheiten. Beim rechten Frühindikator muss darauf geachtet werden, dass die Vorgabe tatsächlich umgesetzt wird.

Die durchschnittliche Anzahl der beauftragten Jobs/Kunde im Zeitraum von 12 Monaten von aktuell 2,02 auf 2,5 bis zum 31. Dezember 2016 steigern.

KLEINES ERGEBNIS	VERHALTENSBASIERT
Bei Erstaufträgen im Zeitraum von 1. November 2015 bis 31. Dezember 2016 darf die durchschnittliche Dauer von Beauftragung bis zum Status »Profil vorgeschlagen« maximal 10 Arbeitstage betragen.	6 Kundenkontakte (telefonisch/persönlich) pro Woche bei Alt- oder Bestandskunden, mit denen innerhalb der letzten 24 Monate zusammengearbeitet wurde, aber aktuell kein Projekt läuft.

Dieses Beispiel stammt aus der Arbeit mit einem erfolgreichen Personalvermittler aus Österreich. Auch hier sieht man wieder den Unterschied zwischen einem verhaltensbasierten Frühindikator und einem »Kleines Ergebnis«-Frühindikator. Links muss es das Team schaffen, die Dauer von Beauftragungen konsequent zu reduzieren, während sich die Teammitglieder rechts darauf konzentrieren müssen, etwas konsequenter zu tun, als sie es momentan angesichts des Tagesgeschäfts schaffen. Man sieht auch deutlich, dass man Frühindikatoren sehr genau definieren kann: Je klarer sie sind, desto höher ist die Umsetzungswahrscheinlichkeit!

Schritt 1: Wägen Sie die Alternativen ab

Beginnen Sie mit einem Brainstorming über mögliche Frühindikatoren. Widerstehen Sie der Versuchung, eine übereilte Wahl zu treffen. Die Erfahrung hat uns gelehrt, dass die Qualität der Frühindikatoren umso höher ist, je mehr Vorschläge generiert werden.

Die folgenden Fragen haben sich bei der Bestimmung der Frühindikatoren als hilfreich erwiesen:

- Welche völlig neuen Dinge können wir tun, die uns unserem Ziel wirklich näherbringen?

- Welche Stärken dieses Teams können wir als Hebel zur Erreichung unseres WIG nutzen? Welches sind unsere »Erfolgsinseln«? Was machen unsere leistungsstärksten Mitarbeiter anders?

- Welche Schwächen halten uns womöglich davon ab, unser Ziel zu erreichen? Was könnten wir konsequenter machen?

Nehmen wir an, ein Supermarkt habe das WIG formuliert, »den Jahresumsatz um fünf Prozent zu steigern«. Hier einige mögliche Frühindikatoren:

Neue und bessere Aktivitäten identifizieren

- ☐ Zwischen 17 und 19 Uhr (Hauptverkehrszeit) Kunden an der Tür begrüßen und ihnen dabei helfen, die gesuchten Artikel zu finden
- ☐ Lebensmittelbestellungen per SMS und E-Mail annehmen und sie zusammenstellen, damit die Kunden sie nur noch abholen müssen

Erfolgsinseln nutzen

- ☐ Jeden Monat kreative neue Produktdisplays in jeder Abteilung aufstellen
- ☐ Kundenservice-Checkliste der Backwarenabteilung an alle Supermarktabteilungen anpassen

Inkonsistenzen beseitigen

- ☐ Alle zwei Stunden Regale auf ausverkaufte Artikel kontrollieren
- ☐ Warteschlangen an der Kasse grundsätzlich auf zwei Kunden reduzieren

Fokussieren Sie ausschließlich Ideen, die eine große Wirkung auf die Zielerreichung haben. Weichen Sie nicht in eine allgemeine Diskussion über alle Verbesserungsmöglichkeiten aus, die es gibt, sondern konzentrieren Sie sich auf die Dinge, die Sie Ihrem Ziel wirklich näherbringen. Ansonsten haben Sie am Ende eine lange Liste an irrelevanten Vorschlägen.

Ein berühmtes Beispiel für einen produktiven Frühindikator ist die 15-Prozent-Regel von 3M Company. Seit Jahrzehnten verfolgt dieses herausragende Unternehmen das strategische WIG, einen stetigen Strom an großartigen neuen Produkten auf den Markt zu bringen. Um dieses Ziel zu erreichen, entschied es sich für den Frühindikator, vom Forschungsteam zu verlangen, 15 Prozent seiner Arbeitszeit auf Projekte seiner Wahl zu verwenden. Der Autor Jim Collins dazu:

> *»Es gibt keine Vorschriften, an welchen Produkten gearbeitet werden darf, nur der Zeitaufwand für diese Arbeit ist geregelt. Diese Lockerung der Kontrolle hat zu einem steten Strom an profitablen Innovationen geführt – von den berühmten Post-it-Klebezetteln bis zu den weniger bekannten Beispielen wie reflektierende Nummernschilder und Maschinen, die während chirurgischer Eingriffe die Funktion des menschlichen Herzens übernehmen. Umsatz und Gewinn von 3M sind seit der Etablierung der 15-Prozent-Regel um mehr als das 40-Fache gestiegen.«*[23]

VERANSTALTUNGSABTEILUNG

WIG: bis zum 31. Dezember Umsatz aus Unternehmensveranstaltungen von 22 auf 31 Millionen Euro steigern

VORSCHLÄGE FÜR FRÜHINDIKATOREN

- Zahl der Kundenführungen durch unsere Räumlichkeiten erhöhen
- Kontakte zu neuen Unternehmen am Ort knüpfen
- bei bestehenden Kunden zusätzliche Veranstaltungschancen aufspüren
- auf Handelsmessen für Unternehmensveranstaltungen werben
- ein neues Marketingprogramm entwickeln und umsetzen
- unsere Bankett-Menüoptionen verbessern
- unser Premiumpaket für die Bar verstärkt bewerben
- unser erweitertes Audiovisionspaket verstärkt anbieten
- mehr hochwertige Veranstaltungsangebote generieren
- aktives Mitglied im Verband für Konferenzplanung werden
- ehemalige Kunden kontaktieren, die zu anderen Anbietern abgewandert sind, um sie zurückzugewinnen

Der ideale Frühindikator, zum Beispiel 3Ms 15-Prozent-Regel, ist ein hochwirksamer Hebel zur Zielerreichung und lässt sich vom Team beeinflussen.

Schritt 2: Erstellen Sie eine Rangliste der Frühindikatoren gemäß ihrer Hebelwirkung

Wenn Sie mit Ihrer Liste an möglichen Frühindikatoren zufrieden sind, sind Sie bereit, die Vorschläge zu identifizieren, welche die größte potenzielle Wirkung auf das Teilziel haben.

Im Einklang mit dem übergeordneten Gesamtziel des Hotels, die Profitabilität zu steigern, formulierte die Veranstaltungsabteilung das folgende Teilziel: Bis zum 31. Dezember Umsätze aus Unternehmensveranstaltungen von 22 auf 31 Millionen Euro anheben. Anschließend verengten Susan und ihr Team den Fokus auf drei Ideen, die die größte Wirkung auf die Erreichung ihres Teilziels haben würden:

1. **Zahl der Kundenführungen durch unsere Räumlichkeiten erhöhen.** Susans Team wusste aus Erfahrung, dass die Verkaufschancen um ein Vielfaches steigen würden, wenn es ihnen gelänge, potenzielle Kunden zu einem Besuch der Veranstaltungsräume zu bewegen.

2. **Unser Premiumpaket für die Bar verstärkt bewerben.** Da die Gewinnmargen auf die Produkte des Premiumpakets für die Bar besonders hoch waren, trug jede Veranstaltung, bei der sie dieses Paket verkaufen konnten, nicht nur zur Umsatz-, sondern auch zur Profitabilitätssteigerung bei.

3. **Mehr hochwertige Veranstaltungsangebote generieren.** Das Veranstaltungsangebot war der letzte Schritt im Verkaufsprozess. Je öfter Verkaufsgespräche diese Phase erreichten, desto größer war die Wahrscheinlichkeit, dass es zu einem Vertragsabschluss kam. Die Idee lautete, jedes Verkaufsangebot anhand einer Checkliste auf erstklassige Qualität zu prüfen.

Achtung!

Nach der Erstellung einer Liste an möglichen Frühindikatoren hören wir die Teammitglieder oft sagen: »Wir müssen alle Vorschläge umsetzen!« Zweifellos sind alle Vorschläge wertvoll, aber je mehr Sie umzusetzen versuchen, desto weniger Energie können Sie auf jeden einzelnen Vorschlag verwenden. Außerdem ermöglicht die Verengung des Fokus auf einige wenige Frühindikatoren eine größere Hebelwirkung. Wir sagen immer: »Ein Hebel muss intensiv arbeiten, damit sich der Felsbrocken ein wenig bewegt.« Mit anderen Worten: Das Team muss sich bei der Umsetzung der Frühindikatoren intensiv anstrengen, damit sich die Ergebniskennzahl verbessert. Zu viele Frühindikatoren führen nur dazu, dass Sie sich nicht genügend fokussieren und Ihre Energie auf zu viele Aktivitäten streuen.

Schritt 3: Testen Sie die besten Vorschläge

Wenn Sie die Frühindikatoren mit der größten Hebelwirkung auf die Zielerreichung identifiziert haben, testen Sie sie anhand der folgenden sechs Kriterien:

- Besitzt der Frühindikator Vorhersagekraft?
- Ist er beeinflussbar?
- Handelt es sich dabei um einen nachhaltigen Prozess oder einen einmaligen Akt?
- Wer ist für die Zielerreichung verantwortlich: das Team oder die Führungskraft?
- Lässt er sich messen?
- Lohnt es sich, ihn zu messen?

Sagt der Frühindikator etwas über die Wahrscheinlichkeit der Zielerreichung aus?

Das ist der erste und wichtigste Test. Wenn ein Vorschlag diesen Test nicht besteht, streichen Sie ihn, selbst wenn die Idee an sich gut ist, und nehmen Sie sich den nächsten Vorschlag auf Ihrer Liste vor.

Ist er beeinflussbar?

Mit »Einfluss« meinen wir die Frage, ob das Team mindestens zu 80 Prozent Kontrolle über diesen Indikator hat. Wie bei der 1. Disziplin vermeiden Sie mit diesem Test größere Abhängigkeiten von anderen Teams.

Nachfolgend die Frühindikatoren, die Susans Team als Alternative zu den nicht veränderbaren (weil rückblickenden) Ergebniskennzahlen hätte definieren können:

Unveränderliche (rückblickende) Ergebniskennzahlen	**Beeinflussbare Frühindikatoren**
Profitabilität des Catering-Bereichs um 20 Prozent steigern	Premiumpaket für die Bar verkaufen und Bankett-Optionen verbessern
Kunden zurückgewinnen	Ehemalige Kunden kontaktieren, die zu anderen Hotels abgewandert sind, und überzeugende Angebote zu ihrer Rückgewinnung unterbreiten
Zahl der Kongressbuchungen erhöhen	Aktiv an den monatlichen Sitzungen des Verbands für Kongressplanung teilnehmen

Denken Sie daran, dass der ideale Frühindikator eine Aktivität ist, die die Ergebniskennzahl positiv verändert und die das Team *ohne größere Abhängigkeiten von anderen Teams* umsetzen kann.

Handelt es sich dabei um einen nachhaltigen Prozess oder einen einmaligen Akt?

Der ideale Frühindikator ist eine Verhaltensänderung, die den Teammitgliedern in Fleisch und Blut übergeht und die Ergebniskennzahl kontinuierlich verbessert. Zwar kann ein einmaliger Akt eine vorübergehende Verbesserung erzeugen, aber das ist keine echte Verhaltensänderung und hat daher kaum Auswirkung auf die Kultur des Teams.

Nachfolgend einige Beispiele über mögliche weitere Frühindikatoren für Susans Team, anhand derer der Unterschied zwischen einer einmaligen Handlung und einer nachhaltigen Verhaltensänderung deutlich wird:

Nachhaltiger Prozess (richtig)	Einmaliger Akt (falsch)
Sicherstellen, dass jeder Kunde unsere audiovisuellen Einrichtungen und Möglichkeiten kennt und ein individuell auf seine Bedürfnisse zugeschnittenes Angebot erhält	Unser gesamtes audiovisuelles System modernisieren
Checkliste für die Anordnung von Banketttischen ausnahmslos einhalten	Schulungsveranstaltung über die Standards zur Anordnung von Banketttischen abhalten
An allen Zusammenkünften der Handelskammer teilnehmen und alle neuen Unternehmensniederlassungen in unserer Stadt kontaktieren	Mitglied in der Handelskammer werden

Zwar können einmalige Akte durchaus Wirkung erzeugen, aber sie wird nicht von langer Dauer sein. Nur mit einer dauerhaften Verhaltensänderung lassen sich nachhaltige Verbesserungen erzielen.

Wer ist für die Zielerreichung verantwortlich: das Team oder die Führungskraft?

Das Verhalten des Teams muss der Motor sein, der den Frühindikator antreibt. Wenn ausschließlich die Führungskraft (beziehungsweise eine einzelne Person) ihn bewegen kann, wird das Team schnell das Interesse an dem Vorhaben verlieren.

Zum Beispiel verlangt eine Qualitätsinitiative, dass der verantwortliche Manager den Prozess häufig überprüft. Das Ergebnis sind kontinuierlich verbesserte Prüfungsergebnisse. Wenn der Vorschlag für einen Frühindikator lautet, die Prüfungsfrequenz zu erhöhen, eignet er sich nicht als Frühindikator, weil das nur der verantwortliche Manager tun kann. Lautet der Vorschlag jedoch, zügig auf alle im Kontrollbericht festgestellten Mängel zu reagieren, handelt es sich um einen teamorientierten Frühindikator, weil alle Mitglieder des Teams an den Aktivitäten beteiligt sind, die zu verbesserten Prüfungsergebnissen führen.

Dem vergleichbar sind Maßnahmen wie etwa die Besetzung offener Stellen, die Reduzierung von Überstunden oder eine verbesserte Zeitplanung in den meisten Organisationen Beispiele für führungsorientierte Frühindikatoren. Denken Sie daran, dass Frühindikatoren eine Verbindung zwischen dem Team und dem WIG herstellen – aber das gilt nur, wenn das Team auch beteiligt wird!

Lässt er sich messen?

Wie zuvor erwähnt, sind Daten zu Frühindikatoren oftmals schwer zu beschaffen. Außerdem mangelt es den meisten Teams an einem System zu ihrer Verfolgung. Eine Verbesserung der Ergebniskennzahlen setzt aber zwingend voraus, dass die Frühindikatoren verfolgt werden. Wenn das WIG wirklich absolut vorrangig ist, müssen Sie Wege finden, um die neuen Verhaltensweisen zu messen.

Lohnt es sich, den Frühindikator zu messen?

Wenn der Messaufwand größer ist als die Wirkung des Frühindikators oder er schwerwiegende unbeabsichtigte Konsequenzen hat, dann hat er den Test nicht bestanden. Eine große Fast-Food-Kette stellte zum Beispiel Inspektoren ein, die jeden einzelnen Franchisebetrieb besuchen sollten, um die Erfüllung der Unternehmensstandards zu überprüfen. Bei den Betrieben galten sie aber schlicht als Spione; die Teammitglieder fühlten sich nicht respektiert. In diesem Fall kamen zu den direkten Kosten der Gewinnung und Bezahlung einer Armada von Inspektoren noch die indirekten Kosten einer sinkenden Arbeitsmoral und eines erhöhten Misstrauens hinzu.

Letztlich bestanden die Frühindikatoren, die Susans Team definierte, alle Tests. Während des Testprozesses stellten sie fest, dass fast jede Kundenführung durch die Räumlichkeiten zu einem erfolgreichen Angebot führte. Daher beschlossen sie, sich darauf zu konzentrieren, mehr Vor-Ort-Führungen durchzuführen und Vertragsangebote konsequenter nachzuverfolgen.

Schritt 4: Definieren Sie die Frühindikatoren

Wenn Sie die Frühindikatoren in ihre abschließende Form bringen, beantworten Sie die folgenden Fragen:

Verfolgen wir individuelle Leistungen oder die Teamleistung?

Diese Entscheidung wird sich auf die Erfassung der Fortschritte, das Design Ihres Scoreboards und letztlich auf die Art und Weise der Rechenschaftslegung auswirken. Die Verfolgung der individuellen Leistung ist die höchste Stufe der Verantwortlichkeit, sie ist aber zugleich auch am schwierigsten zu realisieren, weil sie von allen die gleiche Leistung verlangt. Alternativ können Sie die Teamleistung verfolgen, was Raum für individuelle Leistungsunterschiede lässt, aber dem Team dennoch ermöglicht, Ergebnisse vorzuweisen.

Überprüfen wir die Frühindikatoren täglich oder wöchentlich?

Um ein ausgeprägtes Engagement zu erreichen, müssen die Teammitglieder sehen können, dass sich die Frühindikatoren bewegen, und zwar mindestens jede Woche. Ansonsten werden sie schnell das Interesse verlieren. Eine tägliche Überprüfung erzeugt die höchste Stufe der Verantwortlichkeit, weil sie von jedem Mitarbeiter jeden Tag die gleiche Leistung verlangt, wohingegen eine wöchentliche Überprüfung tägliche Schwankungen toleriert, solange das Ergebnis am Ende der Woche erreicht wird.

Nachfolgend ein Vergleich zwischen der Verfolgung *ein und desselben Frühindikators* auf individueller und auf Teambasis und einer täglichen versus einer wöchentlichen Überprüfung:

Individuelle Leistung	**Teamleistung**	
Pro Mitarbeiter und Tag 20 Kunden mit einer herzlichen Begrüßung ansprechen und Hilfe anbieten	Jeden Tag 100 Kunden mit einer herzlichen Begrüßung ansprechen und Hilfe anbieten	**Tägliche Überprüfung**
Pro Mitarbeiter und Woche 100 Kunden mit einer herzlichen Begrüßung ansprechen und Hilfe anbieten	Jede Woche 700 Kunden mit einer herzlichen Begrüßung ansprechen und Hilfe anbieten	**Wöchentliche Überprüfung**

Die folgenden Überlegungen sollten in Ihre Entscheidung einfließen:

Individuelle Leistung	**Teamleistung**	
Jedes Teammitglied muss den Frühindikator umsetzen. Eine hohe persönliche Verantwortlichkeit, weil die individuelle Leistung gemessen wird Detaillierte Leistungserfassung	Das Team kann Ergebnisse erzielen, auch wenn einzelne Mitarbeiter keine zufriedenstellende Leistung erbringen. Die Ergebnisse der Spitzenleister gleichen die Ergebnisse leistungsschwacher Mitarbeiter aus.	**Tägliche Überprüfung**
Jeder Mitarbeiter kann das Wochenziel erreichen, auch wenn er ein Tagesziel verfehlt. Das Team siegt nur, wenn jedes Teammitglied Leistung erbringt. Detaillierte Leistungserfassung	Das Team kann das Wochenziel erreichen, selbst wenn ein Tagesziel verfehlt wird. Die Ergebnisse der Spitzenleister gleichen die Ergebnisse leistungsschwacher Mitarbeiter aus. Das Team siegt und verliert gemeinsam.	**Wöchentliche Überprüfung**

Welcher Quantitätsstandard liegt zugrunde?

Mit anderen Worten: Wie viel/wie oft/wie beständig sollen wir Leistung bringen?

Bei Younger Brothers lautete der Frühindikator eine 97-prozentige Erfüllung der sechs Sicherheitsstandards. Wie kam das Unternehmen ausgerechnet auf 97 Prozent? Wie würden Sie es machen?

Diese Entscheidung fällt auf der Basis der Dringlichkeit und der Bedeutung des WIG. Denken Sie daran, dass der Hebel intensiv arbeiten muss, um den Felsbrocken ein klein wenig zu bewegen. Wenn die Erfüllung der Sicherheitsstandards nur 67 Prozent beträgt, wird das Ziel einer Steigerung der Erfüllungsquote auf 97 Prozent den Felsbrocken ein ganzes Stück bewegen – und wenn es um Leib und Leben geht, *muss* sich der Felsbrocken ein gewaltiges Stück bewegen. Setzen Sie also die Zahlen so an, dass sie eine Herausforderung für das Team bedeuten, ohne dass die Zielerreichung zu einem unüberwindlichen Hindernis wird.

In den Niederlanden zum Beispiel wird jeder Krankenhauspatient bei der Aufnahme mit Desinfektionsmittel abgeschrubbt – ein zentraler Frühindikator zur Eliminierung von Krankenhausinfektionen (Healthcare Associated Infections, kurz HAI). Dieses Verfahren nimmt Zeit und andere Ressourcen in Anspruch, aber es lässt sich machen. Andere Länder mit einer höheren HAI-Toleranz oder möglicherweise einer geringeren Infektionsrate wenden dieses Verfahren vielleicht nur stichprobenartig an. Für sie ist eine Nullrate kein WIG.

Manchmal finden Sie diese Zahlen durch Versuch und Irrtum heraus. Ein Kunde aus der Baumaterialbranche versandte vor einem Verkauf pro Woche zwei Massen-E-Mails, erhielt darauf aber kaum Reaktionen. Als das Unternehmen die Zahl der E-Mail-Aktionen auf drei pro Woche erhöhte, erhielt es eine Flut von Aufträgen.

Irgendwie hatten drei E-Mails etwas Magisches, was zwei E-Mails nicht hatten. Wer hätte das gedacht?

Wenn Sie eine Aktivität messen, die Ihr Team bereits ausführt, kommt es darauf an, dass sich die Ergebnisse deutlich über den aktuellen Stand verbessern. Ansonsten wiederholen Sie eine vertraute Definition von Irrsinn: *ständig dasselbe tun, aber erwarten, dass sich die Ergebnisse ändern.*

Welcher Qualitätsstandard liegt zugrunde?

Mit anderen Worten: Welche Ergebnisse werden von uns erwartet?

Nicht alle Frühindikatoren können eine Antwort auf diese Frage geben. Die wirkungsvollsten Frühindikatoren setzen nicht nur einen Standard für Frequenz und Quantität, sondern auch die Qualität der Ergebnisse.

Bei Younger Brothers sind die sechs Sicherheitsstandards die qualitative Komponenten des Frühindikators. Für ein Team in einer schlanken Fertigung könnte es die Minimierung nicht wertschöpfender Prozesse gemäß der Wertstromanalyse sein.

Ist der Frühindikator aktiv formuliert?

Einfache Verben fokussieren die Gedanken auf die Handlung.

WIG	Frühindikator
Bis zum Quartalsende zwei Millionen Dollar zusätzlichen Umsatz erzielen	500 zusätzliche Outbound-Calls pro Woche führen
Im laufenden Fiskaljahr unsere Auftragsquote (Verhältnis von Angeboten zu Aufträgen) von 75 auf 85 Prozent steigern	Sicherstellen, dass alle Angebote zu 98 Prozent unseren schriftlichen Qualitätsmaßstäben entsprechen
Innerhalb von zwei Jahren die Kundenloyalitätsrate von 40 auf 70 erhöhen	Jede Woche 99 Prozent Serverbereitschaft gewährleisten
Im laufenden Jahr den Lagerumschlag von acht auf zehn erhöhen	Für jedes Spezialangebot drei E-Mails an mögliche Kontakte senden

Ist er einfach?

Formulieren Sie Ihren Frühindikator in einem möglichst kurzen Satz. Vermeiden Sie einleitende Erklärungen wie zum Beispiel: »Um unser WIG zu erreichen und die Kundenerwartungen zu übertreffen, werden wir …« Das, was im Anschluss an die Worte »werden wir« folgt, ist der Frühindikator – mehr müssen Sie nicht sagen. Eine klare Aussage erfasst in wenigen Worten das Wesentliche.

Besonderer Hinweis zu prozessorientierten Frühindikatoren

Eine andere Methode zur Identifizierung wirksamer Frühindikatoren besteht darin, Ihre Arbeit in Form von Prozessschritten zu beobachten, vor allem wenn Sie bereits wissen, dass sich Ihr WIG aus dem Prozess ergibt (Beispiele wären ein umsatzbezogenes WIG im Zusammenhang mit einem Verkaufsprozess, ein qualitätsbezogenes WIG im Zusammenhang mit einem Fertigungsprozess oder ein projektbezogenes WIG im Zusammenhang mit einem Projektmanagementprozess).

Das nachfolgende Beispiel handelt von einem grundlegenden elfstufigen Verkaufsprozess.

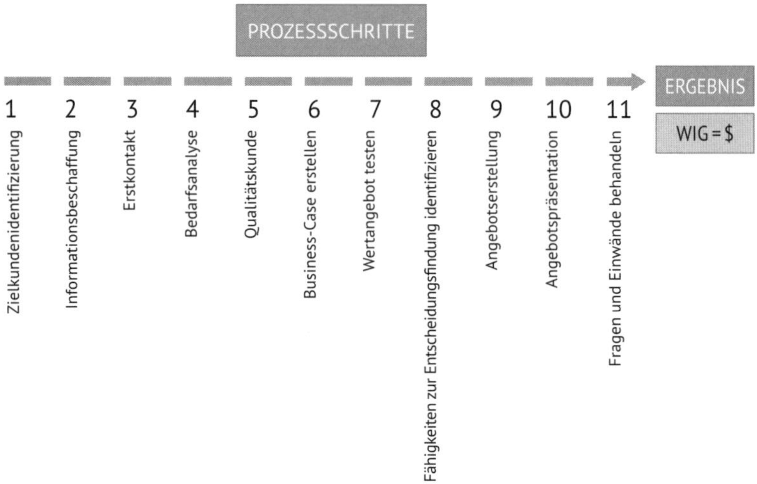

Prozesse stellen immer dieselben Herausforderungen, nämlich die Fragen: Führt der Prozess zu Ergebnissen? Befolgen wir den Prozess überhaupt? Haben wir den richtigen Prozess? Jeder Prozess enthält an irgendeiner Stelle Hebelpunkte – kritische Stellen, an denen die Ergebnisse nicht stimmen. Wenn diese Hebelpunkte zu Frühindikatoren werden, kann das Team seine gebündelte Energie auf ihre Verbesserung richten.

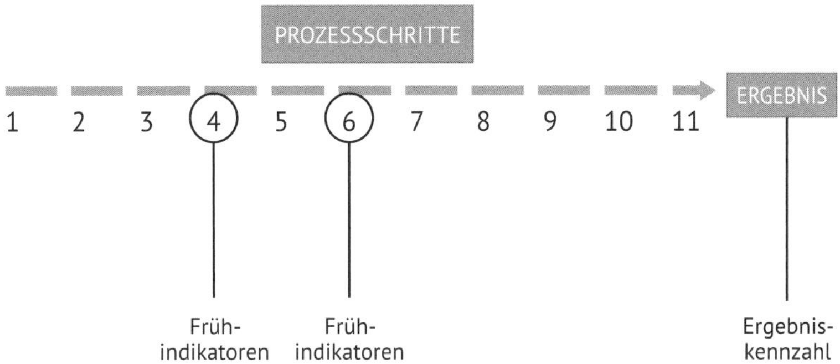

In diesem Fall hat das Team beschlossen, dass eine deutliche Verbesserung der Bedarfsanalyse (Schritt 4) und eine verbesserte Business-Case-Analyse (Schritt 6) die größte Wirkung auf die Ergebnisse haben werden. Das Team hat die entscheidenden Hebelpunkte gefunden.

Anschließend definiert es Frühindikatoren für diese Hebelpunkte. Die Teammitglieder fragen sich: Wie messen wir, ob wir den Bedarf richtig analysiert haben? Woher wissen wir, dass wir einen guten Business-Case haben?

Diese Art Frühindikatoren sind weitaus effektiver als der Vorschlag, den gesamten Prozess auf einmal zu verbessern. In diesem Fall würde der verantwortliche Manager seine Energie auf die Verbesserung aller elf Stufen des Verkaufsprozesses verwenden und das Team würde nie aus seinen gewohnten Verhaltensmustern ausbrechen. Der 4DX-Prozess versetzt einen Manager in die Lage, die wichtigsten Punkte eines Prozesses herauszufiltern und sich anschließend auf die nächstwichtigsten Punkte zu konzentrieren.

Können Projektmeilensteine gute Frühindikatoren sein?

Wenn Ihr WIG ein einziges Projekt ist, können die Projektmeilensteine effektive Frühindikatoren sein, allerdings müssen Sie sie sorgfältig bewerten. Wenn die Meilensteine sowohl Aussagekraft über den Projekterfolg besitzen als auch vom Projektteam beeinflusst werden können, können sie gute Kandidaten sein. Sie müssen allerdings auch wichtig genug sein, damit das Team zu ihrer Erfüllung wöchentliche Selbstverpflichtungen eingehen kann. Je kleiner oder granulierter die Meilensteine sind, desto weniger Gelegenheit bieten sie für wöchentliche Verpflichtungen. Ein Meilenstein, dessen Erreichung weniger als sechs Wochen in Anspruch nimmt, ist im Allgemeinen nicht bedeutend genug, um als guter Frühindikator zu gelten.

Wenn Ihr WIG dagegen aus zahlreichen Projekten besteht, werden Ihre Frühindikatoren höchstwahrscheinlich Verfahren sein, die Sie anwenden, um den Erfolg aller Projekte zu gewährleisten – zum Beispiel die Bestimmung des jeweiligen Projektumfangs, die Definition der funktionalen Anforderungen, Projektkommunikation oder Verfahrenstests. In diesem Fall sollten Sie aus Ihrem Projektprozess die am stärksten beeinflussbaren Elemente mit der größten Vorhersagekraft auswählen und in Frühindikatoren verwandeln.

Alternativ, wenn Ihr Hauptziel es ist, mehrere Projekte erfolgreich ins Ziel zu führen, wählen Sie als Frühindikatoren solche Hebel aus, die dieses Ziel am wahrscheinlichsten erreichbar machen und von Ihnen beeinflussbar sind.

Sie können aus der nachstehenden Tabelle bestimmte Einzelhebel wählen, welche Ihnen besonders wichtig erscheinen – oder Sie messen alle relevanten erfolgskritischen Faktoren der Matrix und wählen den gemittelten Performance-Score als Ihren Frühindikator.

WIG: Bis spätestens 31. Dezember 2016 setzen wir vier Projekte on time/ on budget um!

FRÜHINDIKATOR: der Perfomance-Score über alle Projekte ist mehr als 80 Prozent

Projekt-name	Performance-Score	Unterschriebenes Scope Statement	Risikomanage-mentplan	Kommunikati-onsplan	Projektplan	Meilenstein-einhaltung	Commitments durchgeführt	Projekt-Sessions durchgeführt
Projekt 1	98 %	100 %	100%	100%	100 %	90 %	95 %	100 %
Projekt 2	77 %	100 %	0 %	80 %	80 %	80 %	90 %	90 %
Projekt 3	44 %	30 %	100 %	50 %	50 %	40 %	40 %	50 %
Projekt 4	12 %	0 %	50 %	0 %	0 %	0 %	0 %	15 %

Performance: 58 Prozent

Das Arbeitsergebnis

Das Arbeitsergebnis der 2. Disziplin sind einige wenige Frühindikatoren, welche die Ergebniskennzahl für das WIG verbessern.

Die Frühindikatoren, die Susans Team schließlich identifizierte, waren klar und anspruchsvoll:

- pro Woche und Mitarbeiter zwei Kundenführungen durch die Veranstaltungsräume durchführen
- bei 90 Prozent aller Veranstaltungen unser Premiumpaket für die Bar verkaufen

Die 2. Disziplin lieferte Susan eine klare, präzise und messbare Strategie zur Steigerung der Leistung ihres Teams *und* zur Erzielung herausragender Ergebnisse für das Hotel.

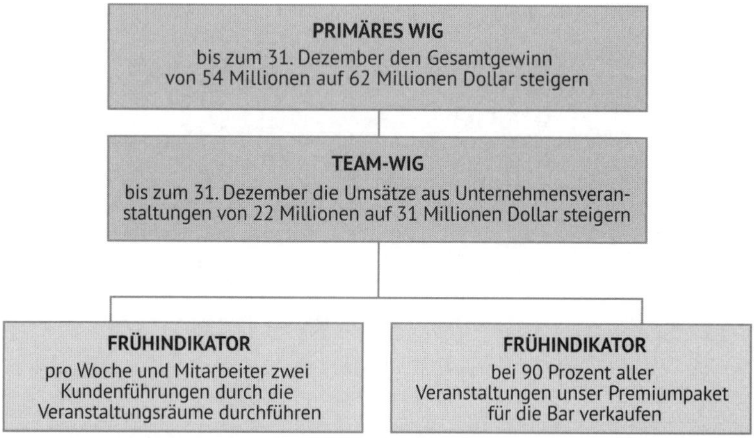

Die 2. Disziplin ist für viele Teams spannend, und das mit gutem Grund. Sie haben nicht nur ein klares Ziel mit einer klaren Frist definiert, sondern auch einige sorgfältig formulierte Frühindikatoren zu seiner Erreichung bestimmt. Für viele ist das der am besten *umsetzbare* Plan, den sie je erstellt haben. Sie vertrauen darauf, dass sie alles Notwendige unternommen haben, um ihr Ziel zu erreichen, und dass ab jetzt alles einfacher wird.

Doch weit gefehlt! Trotz der guten Spielvorbereitung, die wir bis zu diesem Punkt gemacht haben, wird alles innerhalb weniger Tage vom Wirbelwind des Tagesgeschäfts hinweggefegt werden, wenn Sie nicht die 3. Disziplin anwenden.

Probieren Sie es aus!

Verwenden Sie das Frühindikatorwerkzeug, das Sie auf der folgenden Seite finden, und experimentieren Sie mit der Formulierung von Frühindikatoren für Ihr Team-WIG.

Frühindikator-Tool

1. **Schreiben Sie Ihr WIG und die Ergebniskennzahl in das obere Feld.**

2. **Brainstormen Sie Vorschläge zu möglichen Frühindikatoren.**

3. **Brainstormen Sie Methoden zur Messung dieser Vorschläge.**

4. **Erstellen Sie aus den Vorschlägen eine Rangliste, abhängig von ihrer Wirkung auf das WIG.**

5. **Testen Sie Ihre Vorschläge anhand der Checkliste.**

6. **Formulieren Sie Ihre endgültigen Frühindikatoren.**

Vorschläge zu möglichen Frühindikatoren	Wie sollen sie gemessen werden?	Position

Finale Frühindikatoren

Haben Sie alles richtig gemacht?

Haken Sie jeden Punkt ab, den Sie erledigt haben, um sicherzustellen, dass die Frühindikatoren Ihres Teams die Ergebniskennzahl Ihres WIG verbessern:

- ☐ Haben Sie vom Team und anderen Quellen umfangreiche Informationen zu den Frühindikatoren eingeholt?
- ☐ Besitzen die Frühindikatoren Vorhersagekraft? Das heißt, sind es die wirkungsvollsten Aktivitäten, die das Team durchführen kann, um die Erreichung des Teilziels sicherzustellen?
- ☐ Sind die Frühindikatoren beeinflussbar? Das heißt, steht es wirklich in der Macht des Teams, die Frühindikatoren zu bewegen?
- ☐ Sind die Frühindikatoren wirklich messbar? Können Sie ab dem ersten Tag die Fortschritte in der Umsetzung der Frühindikatoren messen?
- ☐ Lohnt sich die Verfolgung der Frühindikatoren oder wird die Datenbeschaffung mehr kosten, als die Frühindikatoren an Wirkung erzielen? Werden sie zu unbeabsichtigten Konsequenzen führen?
- ☐ Ist jeder Frühindikator aktiv formuliert? Enthält er ein einfaches Verb?
- ☐ Wurde jede Messgröße quantifiziert, einschließlich der Qualitätsmessgrößen?

Die Anwendung der 3. Disziplin: Pflegen Sie ein motivierendes Scoreboard

Die 3. Disziplin ist die *Disziplin des Engagements.* Auch wenn Sie im Rahmen der ersten beiden Diszplinen ein klares Ziel und die effektivsten Maßnahmen zur Zielerreichung definiert haben, wird Ihr Team nicht sein Bestes geben, wenn es nicht emotional engagiert ist. Das ist der Fall, wenn Ihre Teammitglieder ihre eigenen Ergebnisse verfolgen und sehen können, ob sie auf dem Weg zum Erfolg sind oder nicht. Der Schlüssel zur Erzeugung von Engagement ist ein großes, für alle sichtbares und ständig aktualisiertes Scoreboard, das die Teammitglieder kontinuierlich motiviert.

Warum ist uns das so wichtig? In einer Studie über den Einzelhandel, die FranklinCovey kürzlich durchgeführt hat, haben wir festgestellt, dass 73 Prozent der Spitzenleister der folgenden Aussage zustimmen: »Unsere Erfolgsmessgrößen sind sichtbar, allen zugänglich und werden kontinuierlich aktualisiert.« Nur 33 Prozent der leistungsschwächsten Mitarbeiter stimmten dieser Aussage zu. Die Wahrscheinlichkeit, dass Spitzenleister auf ein motivierendes Scoreboard achten und auf dessen Ergebnisse reagieren, ist im Vergleich zu ihren leistungsschwachen Kollegen somit mehr als doppelt so hoch. Woran liegt das? Erinnern Sie sich an die drei folgenden Prinzipien.

1. **Menschen verhalten sich anders, wenn sie ihre Leistung selbst messen.** Wenn niemand darauf achtet, geben Menschen nicht ihr Bestes – so ist die menschliche Natur eben. Und achten

Sie auf die Betonung: Menschen verhalten sich anders, wenn *sie selbst* ihre Leistungen erfassen. Es besteht ein erheblicher Unterschied zwischen einem Spiel, bei dem der Spielführer die Ergebnisse notiert, und einem Spiel, bei dem die Spieler selbst ihre jeweiligen Ergebnisse notieren. Letzteres bedeutet, dass sie sich mit dem Spiel identifizieren und sich für das Ergebnis verantwortlich fühlen, weil es »ihr« Spiel ist.

2. **Ein Manager-Scoreboard ist kein Team-Scoreboard.** Das Manager-Scoreboard ist komplex und enthält unzählige Daten. Ein Team-Scoreboard ist einfach; es enthält nicht mehr als die wichtigsten Messgrößen, die den Teammitgliedern auf einen Blick anzeigen, ob sie gewinnen oder verlieren. Diese beiden Scoreboards dienen unterschiedlichen Zwecken. Als Führungskraft können Sie Anleitung und Orientierung bieten, aber Sie können kein Team-Scoreboard erstellen, ohne das Team daran zu beteiligen.

3. **Der Zweck eines Team-Scoreboards ist, die Teammitglieder zum Erfolg zu motivieren.** Wenn das Scoreboard nicht zu entschlossenem Handeln motiviert, ist es nicht überzeugend. Alle Teammitglieder sollten es sehen und jede Veränderung ablesen können, die sich von Tag zu Tag oder Woche zu Woche ergibt. Die Teammitglieder sollten ständig über die Entwicklung der Ergebnisse diskutieren. Sie sollten immer und ständig daran denken.

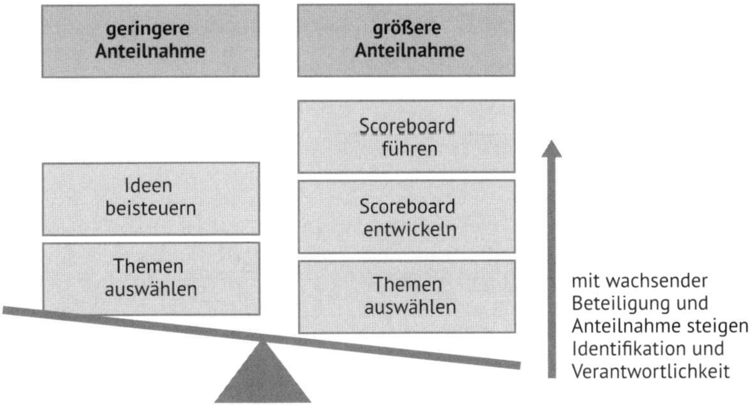

Wir haben festgestellt, dass sich das Team umso stärker mit dem Ziel identifiziert und sich für die Zielerreichung verantwortlich fühlt, je stärker es an dem Entwurf des Scoreboards beteiligt ist, was in der vorstehenden Abbildung durch eine vermehrte Übertragung von expliziten Verantwortlichkeiten illustriert wird.

Schritt 1: Wählen Sie ein Thema aus

Wählen Sie ein Thema für Ihr Scoreboard aus, das die Messgrößen, die Sie verfolgen, klar und auf einen Blick erkennbar darstellt. Dafür haben Sie mehrere Optionen.

Trendlinien

Scoreboards, die Ergebniskennzahlen verfolgen, sind vor allem dann nützlich, wenn sie Trendlinien abbilden, die sich mit der Von-auf-bis-Formel ausdrücken. In der nachfolgenden Abbildung steht die Bergziege für den Punkt, an dem Sie sich auf dem Weg zum Ziel innerhalb der definierten Frist befinden sollten; die Bergziege steht für den steilen Weg der Zielerreichung. Daran können Sie ablesen, ob Sie sich auf Erfolgskurs befinden oder nicht.

FANGEN WIR DIE ZIEGE EIN

WIG: Bis zum 30. Oktober
428 Aussteller für den Outdoor-Kongress buchen

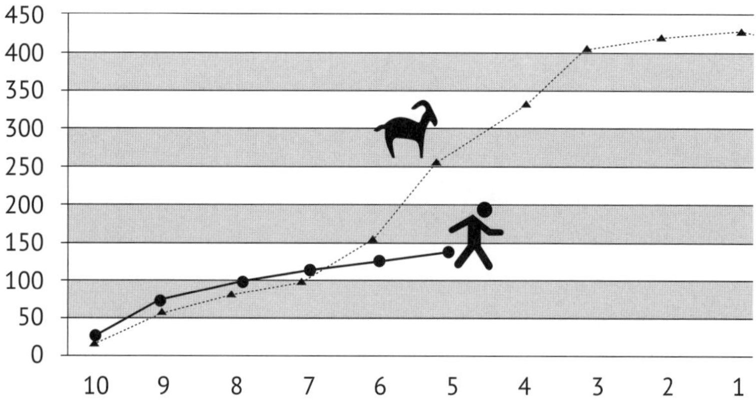

Anzeigeskala

Wie der Geschwindigkeitsanzeiger eines Fahrzeugs zeigt dieses Scoreboard den Status der Messgrößen sofort an. Dieses Instrument ist ideal für Zeitmessgrößen (Durchlaufzeit, Prozessgeschwindigkeit, Markteinführungszeit, Bereitstellungszeit et cetera). Denken Sie auch über andere übliche Messinstrumente nach, zum Beispiel Thermometer, Druckmesser, Lineale oder Waagen.

FRÜHINDIKATOR

2000 Verkaufstelefonate mit Händlern – Juni

AKTUELL:
2169

ZIEL:
2000

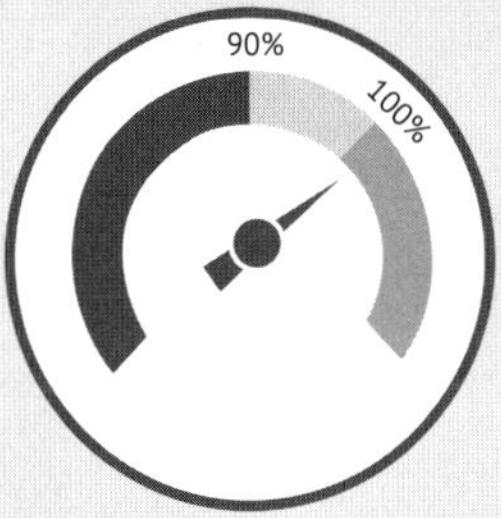

ABWEICHUNG:
+ 169

% ABWEICHUNG:
+ 8,45 %

12.000 Direkt-Mail-Briefe – Juni

AKTUELL:
10.250

ZIEL:
12.000

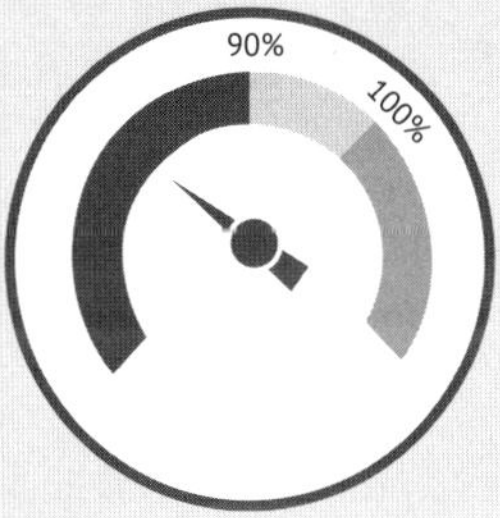

ABWEICHUNG:
(– 1750)

% ABWEICHUNG:
(– 17,07 %)

Zehn Technologiemessen – April / Mai / Juni

AKTUELL:
9

ZIEL:
10

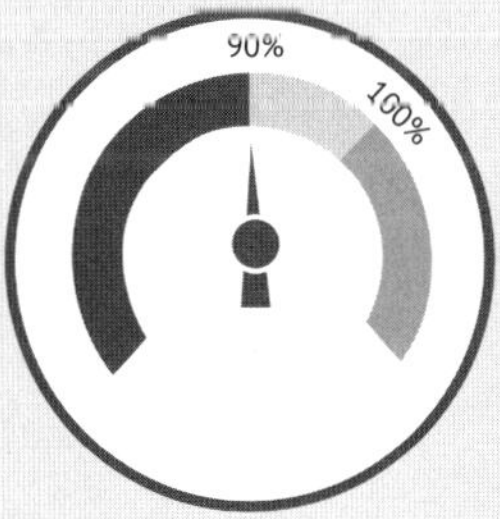

ABWEICHUNG:
(– 1)

% ABWEICHUNG:
(– 10 %)

Balkendiagramm

Dieses Scoreboard ist nützlich, um die Leistung verschiedener Teams oder verschiedener Gruppen innerhalb eines Teams zu vergleichen.

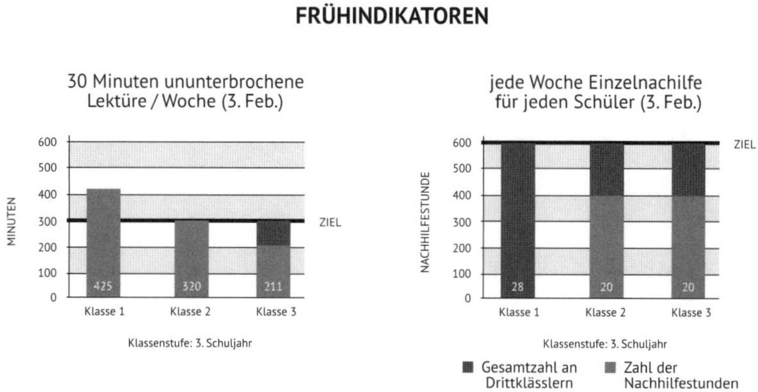

Ampel

Ein Ampeldiagramm besteht aus Farbsignalen oder Lichtern, die anzeigen, ob die Fortschritte im Einklang mit der Zielerreichung stehen. Grün steht für zielgerichtete Fortschritte, Gelb für die Gefahr einer Abweichung vom Zielpfad und Rot bedeutet, dass das Team definitiv vom Erfolgskurs abgekommen ist. Mit dieser Art Scoreboard lässt sich der Status der Frühindikatoren anzeigen.

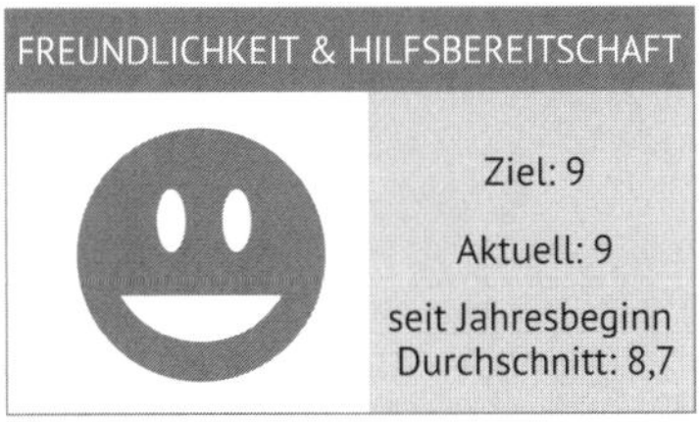

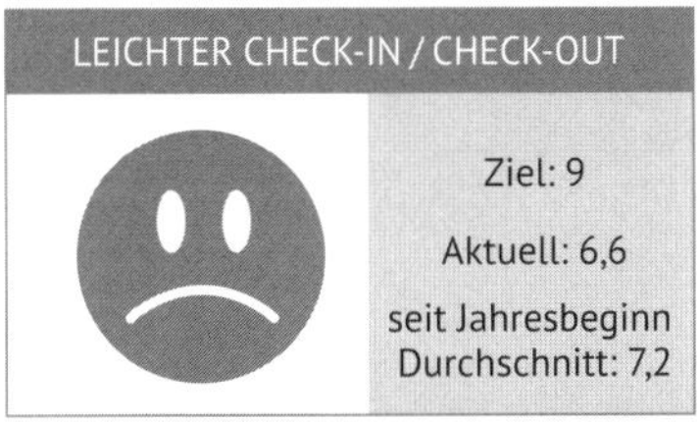

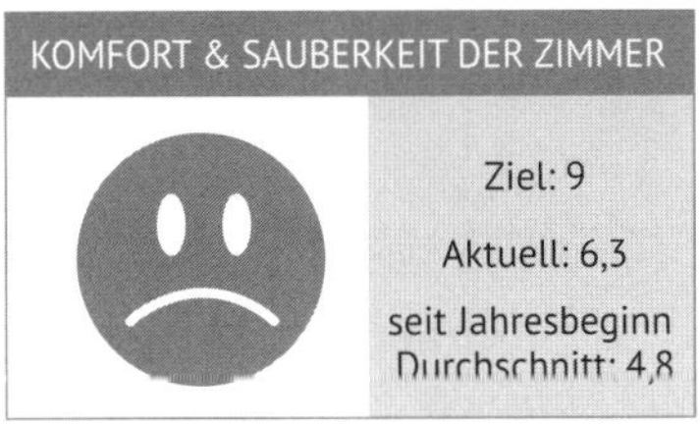

Personalisiertes Scoreboard

Wenn Teammitglieder das Scoreboard personalisieren können, gewinnt es für sie oftmals eine größere Bedeutung. Sie können den Teamnamen hinzufügen, Fotos der Teammitglieder, Karikaturen oder andere Dinge, die das Team repräsentieren. Eine solche persönliche Gestaltung macht nicht nur Spaß, sondern dient auch einem wichtigen Zweck: Je mehr die Teammitglieder fühlen, dass es ihr Scoreboard ist, desto eher werden sie die Verantwortung für die Ergebnisse übernehmen. Das WIG zu erreichen wird zu einer Angelegenheit des persönlichen Stolzes.

Wir haben die seriösesten Menschen gesehen, die sich auf diese Aufgabe gestürzt haben. Krankenpfleger in der Kardiologie versehen ihr Scoreboard mit OP-Instrumenten, Ingenieure mit Handlampen, motorradfahrende Küchenchefs mit Lederchaps. Sobald das Scoreboard persönlich wird, befassen sie sich damit.

Schritt 2: Entwerfen Sie das Scoreboard

Sobald Sie festgelegt haben, welche Art von Scoreboard Sie möchten, sollte das Team beim Entwurf seines Scoreboards die folgenden Fragen bedenken:

Ist es einfach?

Widerstehen Sie der Versuchung, das Scoreboard zu verkomplizieren, indem Sie zu viele Variablen oder Hintergrunddaten hinzufügen, zum Beispiel historische Trends, Jahresvergleiche oder Zukunftsprojektionen. Verwenden Sie das Scoreboard nicht als Kommunikationsbrett, um Berichte, Statusupdates und andere allgemeine Informationen zu veröffentlichen, die das Team von den Ergebnissen ablenken, die sie sehen müssen. Angesichts der Anforderungen des Tagesgeschäfts ist Einfachheit der Schlüssel zur Wahrung des Engagements.

RICHTIG

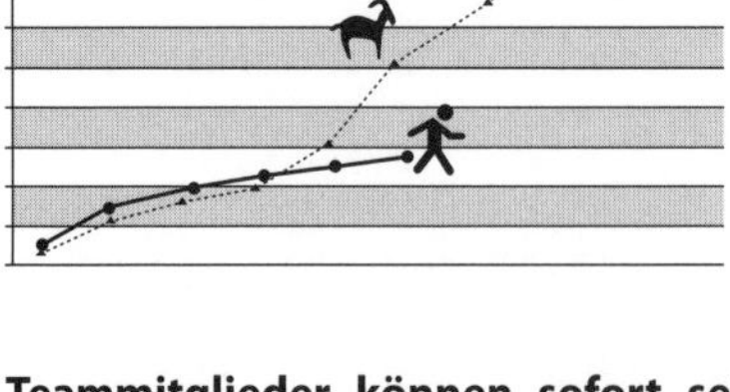

FALSCH

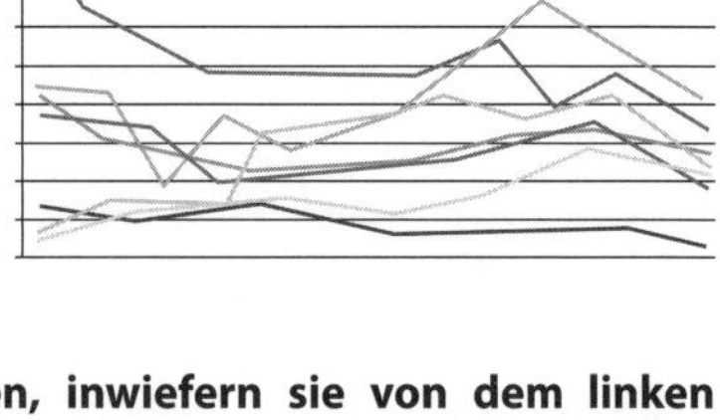

Teammitglieder können sofort sehen, inwiefern sie von dem linken Scoreboard profitieren. Das rechte Scoreboard müssten sie sorgfältig studieren, um es zu verstehen – es gibt zu viele Variablen, die interpretiert werden müssen.

Ist es für das Team leicht sichtbar?

Platzieren Sie das Soreboard an einem Ort, an dem das Team es ständig sieht. Je sichtbarer, desto eindringlicher die ständige Erinnerung an das zu erreichende Ziel. Wenn Sie Ihr Team noch stärker motivieren wollen, platzieren Sie das Scoreboard an einem Ort, an dem auch andere Teams es sehen können. Wenn Ihr Team an geografisch verstreuten Standorten arbeitet, sollte das Scoreboard elektronisch sichtbar sein.

Enthält es sowohl die Frühindikatoren als auch die Ergebniskennzahlen?

Erfassen Sie beides, die aktuellen Ergebnisse und die angestrebten Ergebnisse. Das Scoreboard muss nicht nur die Frage nach dem aktuellen Stand beantworten, sondern auch die Frage nach dem angestrebten Ziel.

RICHTIG

geplante Einheiten bis Ende Mai	105
aktuelle Einheiten	97
Nettogewinn/ (Verlust)	(08)

FALSCH

aktuelle Einheiten Ende Mai	97

Wenn das Team nur die Einheiten sieht, die es jeden Monat produzieren muss, weiß es nicht, ob es auf dem richtigen Weg zur Zielerreichung ist. Es muss die Zahl der geplanten Einheiten sehen, damit es selbst ausrechnen kann, ob es auf Erfolgskurs ist oder das Ziel verfehlen wird (Nettogewinn oder -verlust).

Bilden Sie die Ergebniskennzahl für Ihr WIG und die Frühindikatoren ab. Erstellen Sie Legenden und andere wichtige Informationen, welche die Messgrößen erkären. Setzen Sie nicht einfach voraus, dass jeder sie versteht. (Denken Sie daran, dass im Rahmen unserer Studie 85 Prozent der Befragten ihre wichtigsten Ziele nicht benennen konnten!)

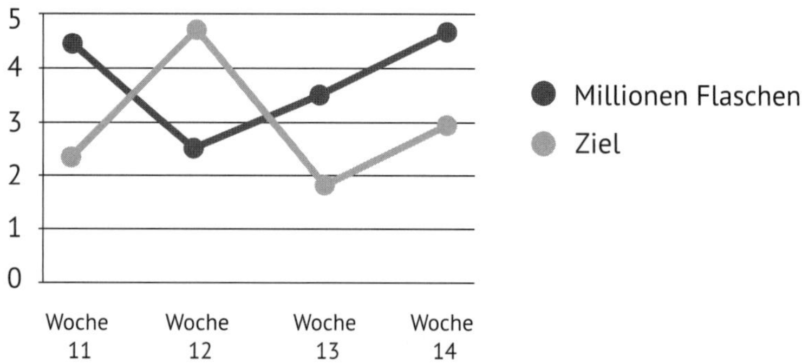

Ergebniskennzahl

Woche	Einheit 1	Einheit 2	Einheit 3	Einheit 4	Einheit 5	Einheit 6	Einheit 7	Einheit 8	Einheit 9
11		✓							✓
12	✓	✓		✓	✓		✓	✓	✓
13	✓	✓	✓	✓		✓	✓	✓	✓
14	✓	✓		✓	✓	✓	✓	✓	✓

Frühindikator

Das WIG dieses Teams bestand darin, pro Woche eine bestimmte Zahl an Wasserflaschen abzufüllen. Der Frühindikator lautete, die Abfüllanlagen strikt nach Wartungsplan zu überprüfen, denn solange es keine Ausfallzeiten gab, konnte das Team sein Ziel erfüllen. Als das Team die Korrelation zwischen mangelnder Wartung und Rückgang des Produktionsausstoßes entdeckte, achtete es nicht nur konsequent auf die Erfüllung des Frühindikators, es gelang ihm sogar, das Ziel zu übertreffen.

Lässt sich auf einen Blick feststellen, ob das Team auf dem richtigen Weg ist?

Erstellen Sie das Scoreboard so, dass das Team in maximal fünf Sekunden erkennen kann, ob es gerade gewinnt oder nicht. Das ist der wahre Test, den ein Team-Scoreboard bestehen muss.

Schritt 3: Scoreboard erstellen

Lassen Sie Ihr Team das Scoreboard erstellen. Je größer die Beteiligung der Teammitglieder ist, desto stärker werden sie sich für die Ergebnisse verantwortlich fühlen. Selbstverständlich kommt es dabei auch auf die Größe und Beschaffenheit des Teams an. Wenn die Teammitglieder nur sehr wenig Zeit zur Verfügung haben, muss die Führungskraft eine aktivere Rolle bei der Erstellung des Scoreboards übernehmen. Die meisten Teams erstellen jedoch gerne ihr eigenes Scoreboard und opfern dafür oft sogar ihre Freizeit.

Es spielt keine Rolle, welches Medium Sie für das Scoreboard verwenden. Sie können ein elektronisches Signal anbringen, ein Poster, ein Whiteboard oder sogar eine altmodische Kreidetafel, solange die hier besprochenen Standardkriterien erfüllt werden.

Schritt 4: Sorgen Sie für eine ständige Aktualisierung

Das Scoreboard sollte so beschaffen sein, dass es sich problemlos mindestens einmal pro Woche aktualisieren lässt. Wenn die Aktualisierung schwierig oder umständlich ist, werden Sie versucht sein, dies im Stress des Tagesgeschäfts auf später zu verschieben – mit der Folge, dass Ihr WIG im Wirbelwind des Tagesgeschäfts untergeht.

Die verantwortliche Führungskraft sollte unmissverständlich klären,

- wer für das Scoreboard verantwortlich ist,
- wann und wo es platziert wird,
- wie oft es aktualisiert wird.

Ein Fallbeispiel

Lassen Sie uns noch einmal zu Susan und ihrem Team aus der Veranstaltungsabteilung eines Hotels zurückkehren und beobachten, wie die Teammitglieder ihr Scoreboard entwarfen.

Unter Anwendung der 1. Disziplin formulierten sie das Team-WIG, die Umsätze aus Unternehmensveranstaltungen bis zum 31. Dezember des laufenden Jahres von 22 auf 31 Millionen Dollar zu steigern. Anschließend definierten sie zwei effektive Frühindikatoren (2. Disziplin):

- zwei qualitativ erstklassige Führungen potenzieller Kunden durch die Räumlichkeiten pro Mitarbeiter und Woche durchführen

- bei 90 Prozent aller Veranstaltungen das Premiumpaket für die Bar verkaufen

Nachdem die Bedingungen zur Zielerreichung klar definiert waren, konnten Susan und ihr Team das Scoreboard erstellen. Als Erstes stellten sie das WIG (ihr Teilziel als Beitrag zum übergeordneten Unternehmensziel) und die Ergebniskennzahl dar:

TEAM-WIG

Umsätze aus Unternehmensveranstaltungen bis zum 31. Dezember des laufenden Jahres von 22 auf 31 Millionen Dollar steigern

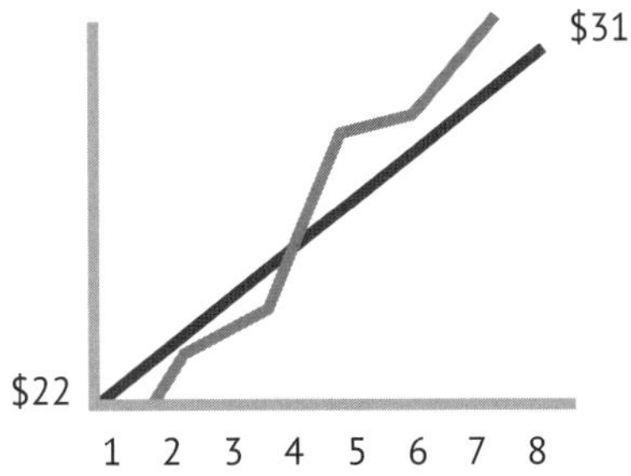

Als Nächstes fügten sie den ersten Frühindikator hinzu und ergänzten ihn um eine detaillierte Grafik, die Aufschluss über die indivuellen Leistungen der Teammitglieder geben würde.

TEAM-WIG

Umsätze aus Unternehmensveranstaltungen bis zum 31. Dezember des laufenden Jahres von 22 auf 31 Millionen Dollar steigern

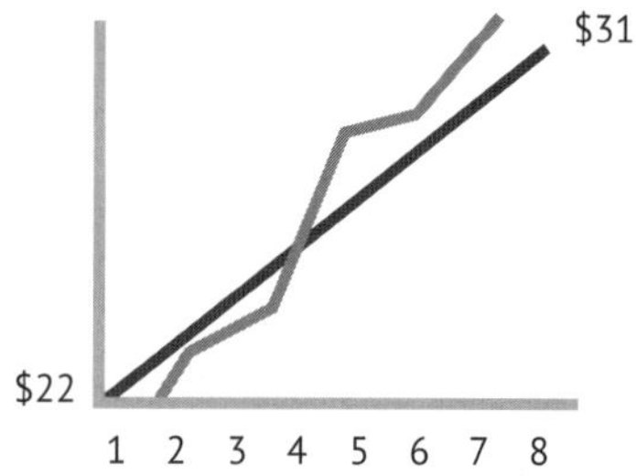

FRÜHINDIKATOR

zwei qualitativ erstklassige Kundenführungen durch die Räumlichkeiten pro Mitarbeiter und Woche durchführen

MITARBEITER	1	2	3	4	5	6	7	DURCH-SCHNITT
KIM	1	1	2	2	4	X	X	2
BOB	2	2	3	2	X	X	2	2,4
KAREN	1	3	2	X	X	2	2	2
JEFF	0	0	X	X	1	1	1	0,6
EMILY	3	X	X	4	3	2	4	2,8
RICHARD	X	X	2	2	2	4	4	2,8
BETH	X	1	2	5	2	4	X	2,8
GESAMT	2	7	11	15	12	13	14	2,3

Und schließlich fügten sie den zweiten Frühindikator und eine entsprechende Grafik hinzu, an der sich ablesen ließ, ob und wie oft sie das Premiumpaket für die Bar aktiv beworben hatten.

TEAM-WIG

Umsätze aus Unternehmensveranstaltungen bis zum 31. Dezember des laufenden Jahres von 22 auf 31 Millionen Dollar steigern

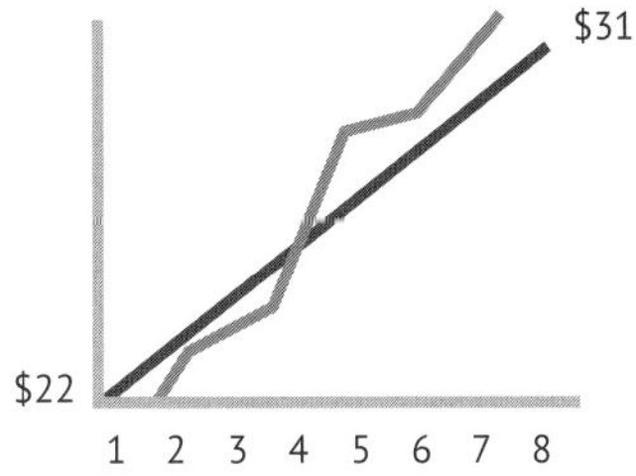

FRÜHINDIKATOR 1

pro Mitarbeiter und Woche zwei qualitativ erstklassige Kundenführungen durch die Räumlichkeiten durchführen

MITARBEITER	1	2	3	4	5	6	7	DURCHSCHNITT
KIM	1	1	2	2	4	X	X	2
BOB	2	2	3	2	X	X	2	2,4
KAREN	1	3	2	X	X	2	2	2
JEFF	0	0	X	X	1	1	1	0,6
EMILY	3	X	X	4	3	2	4	2,8
RICHARD	X	X	2	2	2	4	4	2,8
BETH	X	1	2	5	2	4	X	2,8
GESAMT	2	7	11	15	12	13	14	2,3

FRÜHINDIKATOR 2

bei 90 Prozent aller Veranstaltungen das Premiumpaket für die Bar verkaufen

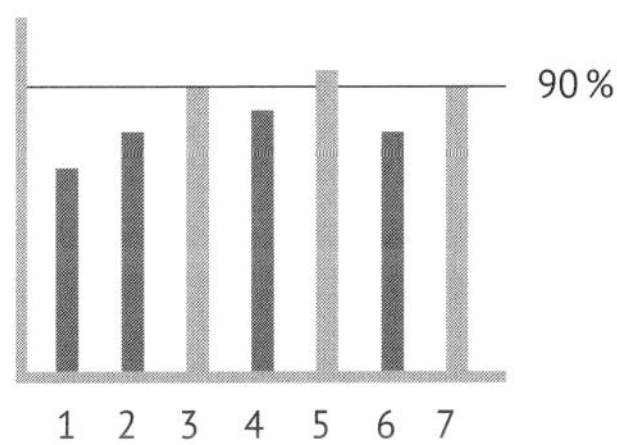

Susans Scoreboard mit seinem klar und deutlich formulierten WIG sowie den grafisch dargestellten Frühindikatoren erfüllt alle Standardkriterien:

- **Es ist einfach,** weil es nicht mit Daten überladen ist. Das Scoreboard enthält nur drei wichtige, kristallklare und quantifizierbare Komponenten.
- **Es ist leicht interpretierbar,** weil die visuellen Elemente einfach und übersichtlich sind und leicht lesbare Schrifttypen gewählt wurden.

- **Es ist vollständig,** weil die maßgeblichen Eckpfeiler zur Zielerreichung abgebildet sind: das Teilziel (Team-WIG), seine Ergebniskennzahl und die beiden Frühindikatoren. Die tatsächliche Leistung des Teams lässt sich klar ins Verhältnis zur angestrebten Leistung setzen, sodass jede Abweichung sofort ersichtlich wird.

- **Es ist motivierend,** weil das Team auf einen Blick seine aktuellen Ergebnisse ablesen und sie ins Verhältnis zum angestrebten Wochenergebnis setzen kann. Die dunkle, abgesetzte Ziellinie macht das deutlich.

TEAM-WIG

Umsätze aus Unternehmensveranstaltungen bis zum 31. Dezember des laufenden Jahres von 22 auf 31 Millionen Dollar steigern

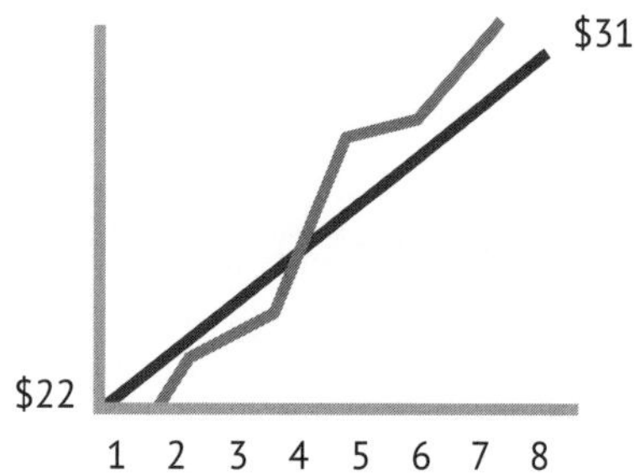

In diesem Fall ist die Ergebniskennzahl ein ganz einfaches Finanzziel, das aus dem übergeordneten Unternehmensziel abgeleitet wurde. Für andere mögliche Teilziele, zum Beispiel eine Steigerung der Kundenzufriedenheit oder eine Qualitätssteigerung, gibt es womöglich keine vorbestimmten Methoden zur Messung der Fortschritte. In diesem Fall ziehen Sie die Ziellinie nach subjektiver Einschätzung auf der Basis Ihrer Erwartungen und Ihrer Kenntnisse der Teamleistung.

Egal ob das Ziel formal budgetiert oder subjektiv bestimmt wird, in jedem Fall muss eine Ziellinie gezogen werden. Ohne sie kann das Team zu keinem Zeitpunkt eine Standortbestimmung durchführen und überprüfen, ob es auf dem richtigen Weg ist.

Bei Frühindikatoren entspricht die Ziellinie einem bestimmten Leistungsstandard, zum Beispiel 90 Prozent, dargestellt in einem Balkendiagramm (siehe linkes Diagramm der nachfolgenden Abbildung). Dieser Standard ist kein einmaliges, sondern ein nachhaltiges Ziel. Abhängig von der jeweiligen Situation können Sie auch eine Linie ziehen, die zunächst ansteigt (stufenweise Verbesserung) und nach Erreichen des Standards horizontal verläuft und damit die Nachhaltigkeit des Zielwertes ausdrückt (rechtes Diagramm).

FRÜHINDIKATOR
bei 90 Prozent aller Veranstaltungen das Premiumpaket für die Bar verkaufen

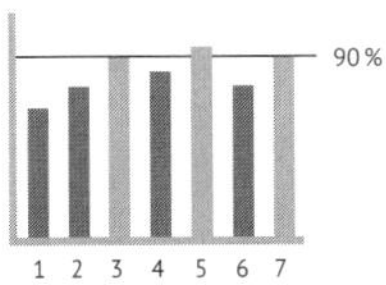

FRÜHINDIKATOR
bei 90 Prozent aller Veranstaltungen das Premiumpaket für die Bar verkaufen

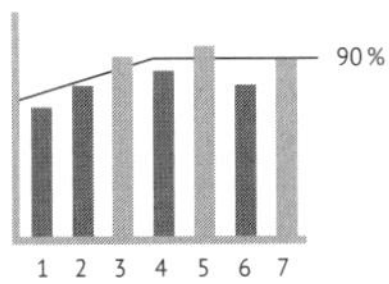

Der Frühindikator, zwei qualitativ erstklassige Führungen durch die Räumlichkeiten pro Mitarbeiter und Woche durchzuführen, erforderte eine Darstellung der individuellen Leistung. Jedes Teammitglied trug seine Leistung jede Woche in das Scoreboard ein.

MITARBEITER	1	2	3	4	5	6	7	DURCHSCHNITT
KIM	1	1	2	2	4	X	X	2
BOB	2	2	3	2	X	X	2	2,4
KAREN	1	3	2	X	X	2	2	2
JEFF	0	0	X	X	1	1	1	0,6
EMILY	3	X	X	4	3	2	4	2,8
RICHARD	X	X	2	2	2	4	4	2,8
BETH	X	1	2	5	2	4	X	2,8
GESAMT	2	7	11	15	12	13	14	2,3

(1) Die Mitarbeiter erfassen und verfolgen ihre eigene Leistung.

(2) Die Mitarbeiter aktualisieren das Scoreboard regelmäßig.

(3) Die Führungskraft vergleicht die beobachteten Leistungen mit den auf dem Scoreboard abgebildeten Leistungen und coacht nach Bedarf Mitarbeiter, die den Frühindikator nicht erreichen.

Um die Glaubwürdigkeit des Scoreboards zu gewährleisten und sicherzugehen, dass die eingetragenen Ergebnisse mit der beobachteten Leistung übereinstimmen, überprüft die Führungskraft die Ergebnisse des Teams mithilfe regelmäßiger Stichproben.

Wie können Sie auf einen Blick feststellen, ob Sie auf Erfolgskurs sind?

Da jede (Ergebnis-)Kurve die tatsächlichen Ergebnisse und die angestrebten Ergebnisse abbildet, kann jedes Teammitglied auf einen Blick feststellen, ob das Team auf dem richtigen Weg ist oder ob es die Frühindikatoren und damit das Ziel verfehlen wird. Um die Darstellung zu vereinfachen, können Sie auch Farbsignale verwenden, zum Beispiel Grün für zielgemäße Ergebnisse und Rot für abweichende Ergebnisse.

TEAM-WIG

Umsätze aus Unternehmensveranstaltungen bis zum 31. Dezember des laufenden Jahres von 22 auf 31 Millionen Dollar steigern

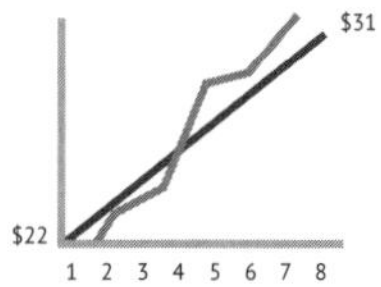

FRÜHINDIKATOR

bei 90 Prozent aller Veranstaltungen das Premiumpaket für die Bar verkaufen

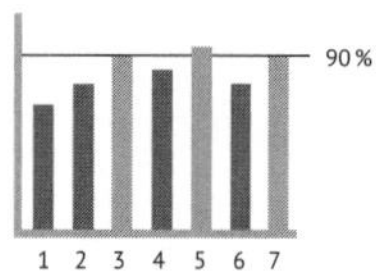

Achten Sie darauf, dass das Team den zweiten Frühindikator nur dann erfüllen kann, wenn jedes Teammitglied die nötige Leistung erbringt. Das Team befindet sich auf Erfolgskurs, wenn sich jedes Mitglied im grünen Bereich befindet (die hellere Farbe in dieser Abbildung), was bedeutet, dass jeder Mitarbeiter mindestens zwei Kundenführungen durch die Räumlichkeiten durchgeführt hat.

MITARBEITER	1	2	3	4	5	6	7	DURCHSCHNITT
KIM	1	1	2	2	4	X	X	2
BOB	2	2	3	2	X	X	2	2,4
KAREN	1	3	2	X	X	2	2	2
JEFF	0	0	X	X	1	1	1	0,6
EMILY	3	X	X	4	3	2	4	2,8
RICHARD	X	X	2	2	2	4	4	2,8
BETH	X	1	2	5	2	4	X	2,8
GESAMT	7	7	11	15	12	13	14	2,3

Der Fertigungsleiter eines großen Automobilzulieferers verwendet das Scoreboard nicht nur, um das Engagement seiner Teams zu steigern, sondern auch für einen weiteren Zweck:

»Im Fertigungssektor ist eine konsistente und qualitativ einwandfreie Ausführung erfolgsentscheidend. Wir verwenden verschiedene Parameter, um das zu gewährleisten, aber der Mechanismus war alles andere als geeignet, um das Engagement der Mitarbeiter zu wecken. Das Scoreboard mit seinen visuellen Elementen gibt mir einen schnellen Überblick über unseren Standort.

Immer wenn ich eine gute Leistung sehe, achte ich darauf, dem Mitarbeiter oder der Mitarbeiterin meine Anerkennung auszusprechen. Das trägt viel zu nachhaltigen Spitzenleistungen bei und wirkt als Inspiration auf andere.

Bei jedem Besuch unserer Fertigungseinheiten prüfe ich daher als Erstes alle Scoreboards und lobe herausragende Leistungen, bevor ich mich anderen Dingen widme. Wenn ich die Fertigung nicht persönlich besuchen kann, bitte ich die Abteilungsleiter, mir Fotos der Scoreboards zu senden.«

Das Arbeitsergebnis

Das Ergebnis der 3. Disziplin ist ein Scoreboard, welches das Engagement des gesamten Teams wahrt. Zwischen einem Team, das theoretisch alles über WIGs und Messgrößen weiß, und einem Team, das genau seine aktuelle Leistung kennt, besteht ein Riesenunterschied. Jim Stuart sagt: »Ohne klare, sichtbare Messgrößen wird dasselbe Ziel für 100 verschiedene Menschen 100 verschiedene Dinge bedeuten.« Wenn die Messgrößen nicht auf einem sichtbaren und leicht interpretierbaren Scoreboard erfasst und regelmäßig aktualisiert werden, wird das WIG im Wirbelwind des Tagesgeschäfts untergehen. Menschen verlieren die emotionale Beteiligung und das Interesse, wenn das Ergebnis ihrer Leistung nicht für sie sichtbar ist.

Der größte Treiber für echtes Engagement ist das Erfolgserlebnis. Nichts ist ein besserer Motor für die Zielerreichung als ein engagiertes Team. Bei jeder Aktualisierung des Scoreboards können Sie das aufs Neue feststellen.

Mithilfe der Anwendung der ersten drei Disziplinen haben Sie ein Ziel und die Spielregeln zur Zielerreichung definiert und den Ehrgeiz Ihrer Mitarbeiter geweckt. Dennoch bewegen Sie sich immer noch im Bereich der Theorie. Mit der 4. Disziplin wird aus dem theoretischen Wettbewerb Realität, weil sie alle Beteiligten für kontinuierliche Spitzenleistung verantwortlich macht, über die sie sich regelmäßig gegenseitig Rechenschaft ablegen müssen.

Probieren Sie es aus!

Verwenden Sie das Scoreboard-Werkzeug, um mit Scoreboards zu experimentieren.

Scoreboard-Werkzeug

Verwenden Sie dieses Muster zur Erstellung eines motivierenden Scoreboards. Testen Sie Ihre Ideen anhand der Checkliste auf der folgenden Seite.

Teilziel (Team-WIG)	**Ergebniskennzahl**
Frühindikator	Ergebniskurve
Frühindikator	Ergebniskurve

Haben Sie alles richtig gemacht?

Haken Sie jeden Punkt ab, den Sie erledigt haben, um sicherzustellen, dass Ihr Team-Scoreboard motivierend ist und Spitzenleistung fördert:

- ☐ Wurde das Team an der Erstellung des Scoreboards beteiligt?
- ☐ Bildet das Scoreboard das Teilziel, die Ergebniskennzahlen und die Frühindikatoren ab?
- ☐ Enthält das Scoreboard eine vollständige Erklärung des Teilziels und der Messgrößen einschließlich entsprechender Ergebniskurven zur visuellen Darstellung?
- ☐ Zeigt jede (Ergebnis-)Kurve die aktuellen Ergebnisse sowie die angestrebten Ergebnisse an? (*Wo stehen wir gerade? Wo sollten wir stehen?*)
- ☐ Lässt sich mit einem Blick auf jeden Indikator sagen, ob wir auf dem Weg zum Erfolg oder vom Erfolgskurs abgekommen sind?
- ☐ Befindet sich das Scoreboard an einem für alle sichtbaren Ort, an dem das Team es sofort und oft sehen kann?
- ☐ Lässt sich das Scoreboard leicht aktualisieren?
- ☐ Ist das Scoreboard persönlich und als unverwechselbarer Ausdruck des Teamgeists gestaltet?

Die Anwendung der 4. Disziplin: Halten Sie sich regelmäßig gegenseitig verantwortlich

Die 4. Disziplin ist die *Disziplin der Verantwortlichkeit*. Selbst wenn Sie die Voraussetzungen für ein klares und effektives Vorgehen geschaffen haben, wird das Team, ohne sich regelmäßig gegenseitig verantwortlich zu halten, nie seine beste Leistung zeigen. Sie haben einen guten Start hingelegt und Ihr Team hat möglicherweise die besten Absichten, alle Ziele zu erfüllen, doch das Tagesgeschäft wird die Teammitglieder in kürzester Zeit wieder zurück in die alte, kräftezehrende Gewohnheit zwingen, immer nur die vordergründig dringlichsten Probleme zu lösen.

Autor John Case liefert in einem Artikel, der in der Zeitschrift *Inc.* erschien, eine perfekte Beschreibung dieses Szenarios:

> *»Manager hängen Whiteboards, Kreide- und sonstige Tafeln auf. Sie notieren alles und jedes, Mängel pro Tausend, durchschnittliche Wartezeiten und Dutzende weitere Messgrößen. Man kann kein Werk, Warenlager oder Büro betreten, ohne dass einem von der Wand Charts und Messgrößen entgegenstarren.*
>
> *Eine Zeit lang verbessern sich die Zahlen auf diesen Charts. Die Mitarbeiter studieren sie und überlegen sich, wie sie ihre Leistung weiter steigern können. Aber dann passiert etwas Eigenartiges. Plötzlich verstreicht eine Woche, vielleicht sogar ein ganzer Monat, ohne dass irgendjemand das Scoreboard aktualisiert. Irgendwann erinnert sich jemand daran, die aktuellen Zahlen*

einzutragen, und stellt fest, dass sie sich seit dem letzten Eintrag kaum verbessert haben. Folglich hat niemand große Lust, das Scoreboard beim nächsten Mal zu aktualisieren. Es dauert nicht lange, und das Scoreboard gerät in Vergessenheit, und irgendwann wird es still und leise abgehängt.

Im Rückblick ist das keine Überraschung. Was gemessen wird, wird auch erledigt – aber nur eine Zeit lang. Dann tauchen Fragen auf: Warum werden wir ständig gemessen? Wen kümmert es eigentlich, ob wir diese Zahlen erreichen? Machen wir das immer noch? Ein Scoreboard kann sich leicht in die lästige Erinnerung an ›etwas, was wir tun sollten, aber nicht tun‹ verwandeln.«[24]

Mit der 4. Disziplin lässt sich dieser Kreislauf durchbrechen, indem die Teammitglieder regelmäßig wieder aufs Spielfeld zurückgeholt werden. Vor allem stellt sie eine *persönliche* Verbindung zur Zielerreichung her. Da sich die Teammitglieder in kurzen Abständen regelmäßig gegenseitig Rechenschaft ablegen müssen, haben sie ein echtes Interesse an ihren Ergebnissen und strengen sich entsprechend an.

Wenn Manager zum ersten Mal von der 4. Disziplin hören, sind sie verständlicherweise skeptisch: »*Noch* ein Meeting – jede Woche?« – »Lässt sich in einem derart kurzen Meeting wirklich so viel erledigen?« Doch schon nach wenigen Wochen ändern sie ihre Meinung – wie es einer unserer größten Kunden tat: »Ich dachte, *noch* ein Meeting wäre wirklich das Letzte, was wir brauchen. Inzwischen ist es unser wichtigstes Meeting und wir würden es auf keinen Fall absagen.«

Die 4. Disziplin verlangt von Teams eine häufige und regelmäßige Zusammenkunft in sogenannten WIG-Sessions, in denen sich jedes

Teammitglied persönlich auf bestimmte Aktivitäten verpflichtet, die konkrete Auswirkungen auf die Frühindikatoren haben.

Weil »WIG Session« möglicherweise nach einem weiteren der vielen Kurzmeetings klingt, die wahrscheinlich sowieso schon Ihren Wochenkalender ausfüllen, erkennen Sie unter Umständen nicht, was daran so neu und besonders sein soll. Sie werden feststellen, dass eine Kette der Verantwortlichkeit hohe Kunst ist und einen hohen Präzisionsgrad voraussetzt, wenn Sie wollen, dass Ihr Team Spitzenleistungen erbringt.

Was ist eine WIG-Session?

Eine WIG-Session ist anders als jedes Meeting, an dem Sie je teilgenommen haben. Es dient einem einzigen Zweck: kontinuierlich den Zielfokus des Teams erneuern, damit das Ziel nicht im Tagesgeschäft untergeht. Die WIG-Session findet regelmäßig mindestens einmal pro Woche statt, möglicherweise sogar öfter. Sie hat eine feste Tagesordnung, die wie folgt aussieht:

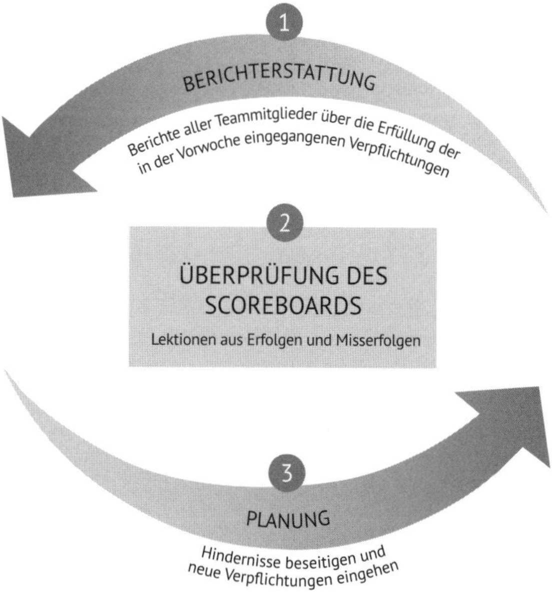

Eine WIG-Session ist ein kurzes, intensives Meeting, das sich ausschließlich diesen drei Punkten widmet. Der Zweck der WIG-Session besteht darin, sich gegenseitig Rechenschaft über die in der Vorwoche eingegangenen Verpflichtungen abzulegen und neue Verpflichtungen einzugehen, die sich direkt auf das WIG-Scoreboard auswirken.

1. **Berichterstattung: Bericht über die Erfüllung der in der Vorwoche eingegangenen Verpflichtungen.** Jedes Teammitglied berichtet über die Fortschritte der erfolgsentscheidenden Aktivitäten, auf die es sich in der Vorwoche verpflichtet hat.

2. **Überprüfung des Scoreboards: Lektionen aus Erfolgen und Misserfolgen.** Das Team bewertet, ob die einzelnen Verpflichtungen der Teammitglieder die Indikatoren und Kennzahlen auf dem Scoreboard verbessern. Sie besprechen, welche Dinge sich bewährt haben und welche nicht und welche Schlüsse sie daraus gezogen haben.

3. **Planung: Hindernisse beseitigen und neue Verpflichtungen eingehen.** Auf der Basis dieser Bewertung geht jedes Teammitglied für die kommende Woche neue Verpflichtungen zur Erfüllung der Frühindikatoren ein. Da die Teammitglieder ihre Verpflichtungen selbst formulieren und sich gegenseitig öffentlich rechenschaftspflichtig sind, sind sie fest entschlossen, sie zu erfüllen; dadurch erhalten die getroffenen Zusagen eine persönliche Bedeutung.

Zwar ist dieser Mechanismus, sich regelmäßig gegenseitig verantwortlich zu halten, theoretisch einfach, aber die Umsetzung inmitten den vielfältigen Anforderungen des Tagesgeschäfts erfordert ein hohes Maß an Fokus und Disziplin.

Warum sollten Sie WIG-Sessions abhalten?

- WIG-Sessions sorgen dafür, dass das Team inmitten der vielfältigen Anforderungen des Tagesgeschäfts und anderen dringenden Problemen nicht das absolut vorrangige aus den Augen verliert.

- WIG-Sessions ermöglichen den gegenseitigen Austausch von Lektionen über die Best Practices zur Erfüllung der Frühindikatoren. Wenn ein Teammitglied Erfolg hat, können die anderen Mitglieder seine Methoden übernehmen. Wenn umgekehrt ein bestimmtes Vorgehen keinen Erfolg zeigt, stellt sich das frühzeitig heraus.

- WIG-Sessions bieten den Teammitgliedern die nötige Unterstützung, damit sie ihre jeweiligen Verpflichtungen erfüllen können. Wenn jemand auf ein Hindernis stößt, kann das Team gemeinsam Maßnahmen zu dessen Beseitigung beschließen.

- WIG-Sessions ermöglichen eine flexible Anpassung an die veränderlichen Anforderungen des Geschäfts. Das Meeting endet immer mit einem Just-in-time-Plan zur Bewältigung von kurzfristig auftretenden Herausforderungen, die sich in einer Jahresplanung nicht vorhersehen lassen.

- WIG-Sessions bieten eine Gelegenheit, Fortschritte zu feiern, das Team erneut mit Energie aufzuladen und das Engagement aller Beteiligten aufzufrischen.

WIG-Huddle

Einige Teams, die praktisch keine Zeit für Meetings haben, etwa in der Notaufnahme eines städtischen Krankenhauses, müssen die Alternative nutzen, die wir »WIG-Huddle«[25] nennen.
WIG-Huddles finden täglich oder wöchentlich statt und dauern fünf bis sieben Minuten, wobei sich das gesamte Team in einem Halbkreis um das Scoreboard versammelt und drei Dinge macht:
1. Scoreboard überprüfen: Bekräftigung der persönlichen Ergebnisverantwortung jedes einzelnen Teammitglieds.
2. Reflexion: Die Teammitglieder berichten kurz und prägnant, ob und wie sie als Team die Verpflichtungen der Vorwoche erfüllt haben.
3. Neue Verpflichtungen für die kommende Woche formulieren: Das Team geht eine einzelne, gemeinsame Teamverpflichtung ein, um seine Leistung zu steigern.

Wir begannen intensiv über die WIG-Sessions nachzudenken, nachdem wir einiges von dem erfolgreichen Unternehmensführer Stephen Cooper gelernt hatten. Zu dem Zeitpunkt, als Cooper ein kleines Unternehmen namens ETEC aus dem Silicon Valley übernahm, schrieb es jeden Monat einen Verlust von einer Million Dollar. Cooper setzte das WIG, die Umsätze innerhalb der folgenden sieben Jahre zu verzehnfachen. Um dieses Ziel zu erreichen, forderte er jedes Team auf, einige wenige erfolgsentscheidende Team-WIGs zu formulieren, entsprechende Messgrößen zu definieren und seinen jeweiligen Plan auf einem einzigen Blatt Papier darzustellen.

Diese Übung verschaffte jedem Team die nötige Klarheit, aber der eigentliche Schlüssel zu Coopers Erfolg waren seine wöchentlichen Meetings zur Überprüfung der Fortschritte. Er stellte drei Regeln auf, um diese Zusammenkünfte kurz und fokussiert zu gestalten. »Jeder Mitarbeiter musste seinen Statusbericht auf vier Minuten begrenzen. Für jedes Ziel mussten Zielmarken, der aktuelle Status, Probleme und Empfehlungen genannt werden. Und schließlich sollten diese Kurzmeetings nicht nur der Berichterstattung dienen, sondern auch zu einer gemeinsamen Problemlösung anspornen.«

Einer von Coopers Teamleitern sagte über die wöchentlichen Meetings: »Sie verhindern, dass aus Problemen Krisen werden ... Die Mitarbeiter haben Zeit, um in Ruhe auf ein Problem zu reagieren, anstatt übereilt zu irgendwelchen Notlösungen zu greifen. Jeder Manager nimmt sich einige Minuten Zeit, um die Ergebniskurven zu präsentieren und zu begutachten, Probleme auf den Tisch zu bringen und Vorschläge zu ihrer Lösung zu unterbreiten. Diese Routinen helfen einem dabei, immer am Ball zu bleiben. Die Mitarbeiter arbeiten auf das Ziel hin, ohne dass man sie ständig kontrollieren muss. Dieser Prozess gibt jedem Mitarbeiter einen individuellen Aktionsplan.«[26]

Inspiriert von Coopers Vorgehen, haben wir jahrelang mit unterschiedlichen Formaten für die WIG-Sessions experimentiert. Heute ist es ein schlankes, ausgefeiltes Konzept, das von vielen Hundert Organisationen angewendet wird, um ihre wichtigsten Ziele zu erreichen.

Was geschieht in einer WIG-Session?

Um zu illustrieren, wie eine WIG-Session ablaufen sollte, wollen wir noch einmal auf Susans Team zurückkommen.

Erinnern Sie sich, dass das Team-WIG – das Teilziel der Veranstaltungsabteilung als Beitrag zum übergeordneten Unternehmensziel – lautete, den Umsatz aus Unternehmensveranstaltungen von 22 auf 31 Millionen Dollar bis zum 31. Dezember zu steigern. Außerdem definierte das Team zwei Frühindikatoren:

- zwei qualitativ erstklassige Kundenführungen durch die Hotelräumlichkeiten pro Mitarbeiter und Woche durchführen
- bei 90 Prozent aller Veranstaltungen das Premiumpaket für die Bar verkaufen

Anschließend erstellte das Team ein motivierendes Scoreboard. Als Susan und ihr Team am Montagmorgen ihre WIG-Session beginnen, haben sie soeben den dritten Monat der Umsetzung abgeschlossen und ihr Scoreboard befindet sich auf dem neuesten Stand.

TEAM-WIG

Umsätze aus Unternehmensveranstaltungen bis zum 31. Dezember des laufenden Jahres von 22 auf 31 Millionen Dollar steigern

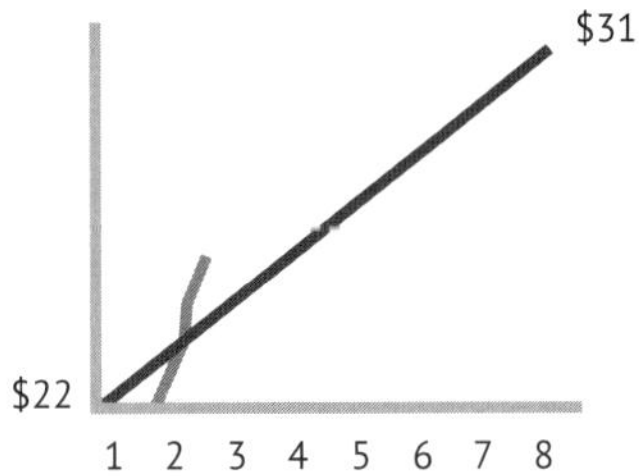

FRÜHINDIKATOR 1

zwei qualitativ erstklassige Kundenführungen durch die Räumlichkeiten pro Mitarbeiter und Woche durchführen

MITARBEITER	1	2	3	4	5	6	7	DURCH-SCHNITT
KIM	1	1	2	2	4	X	X	2
BOB	2	2	3	2	X	X	2	2,4
KAREN	1	3	2	X	X	2	2	2
JEFF	0	0	X	X	1	1	1	0,6
EMILY	3	X	X	4	3	2	4	2,8
RICHARD	X	X	2	2	2	4	4	2,8
BETH	X	1	2	5	2	4	X	2,8
GESAMT	2	7	11	15	12	13	14	2,3

FRÜHINDIKATOR 2

Bei 90 Prozent aller Veranstaltungen das Premiumpaket für die Bar verkaufen

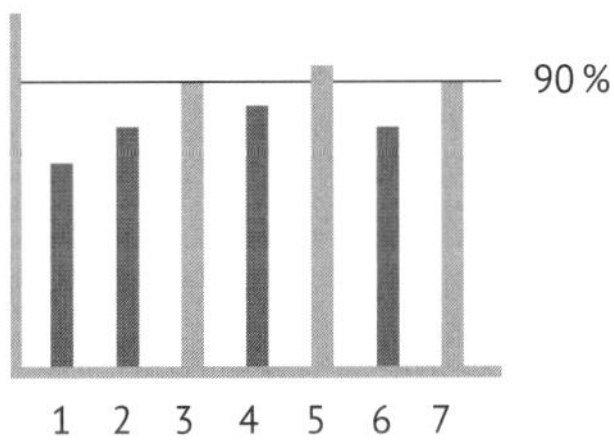

Susan: »*Guten Morgen alle zusammen. Es ist Viertel nach acht. Beginnen wir mit der Überprüfung des Scoreboards.* [Überprüft das Scoreboard.] *Heute haben wir gute Nachrichten zu vermelden. Wir haben soeben den dritten Monat der Umsetzung abgeschlossen und sind unseren monatlichen Zielvorgaben im Hinblick auf unser Team-WIG – der Steigerung der Umsätze aus Unternehmensveranstaltungen – derzeit voraus! Unsere Ergebniskennzahl für den letzten Monat beträgt 14 Millionen Dollar gegenüber dem angestrebten Monatsziel von 10,4 Millionen Dollar. Herzlichen Glückwunsch an alle!*

Wie Sie sehen können, konnten wir die Anzahl der Führungen durch unsere Räumlichkeiten – unserem ersten Frühindikator – letzte Woche auf insgesamt 14 steigern; das ist das beste Ergebnis in den vergangenen sieben Wochen. Herzlichen Glückwunsch an unsere beiden Spitzenleute, Emily und Richard, die jeweils vier Führungen durchgeführt haben!

Außerdem haben wir bei unserem zweiten Frühindikator, dem Verkauf unseres Premiumpakets für die Bar, mit 95 Prozent aller gebuchten Veranstaltungen den bisher höchsten Prozentsatz erzielt, aber in vier der vergangenen sieben Wochen haben wir unser Ziel von 90 Prozent verfehlt. Wir freuen uns zwar über das Ergebnis der vergangenen Woche, aber wir müssen daran arbeiten, diese Zahl zu halten.«

[Bericht über die Verpflichtungen der vergangenen Woche]

»Was meine persönlichen Zusagen angeht, habe ich mich letzte Woche darauf verpflichtet, jeweils 20 Minuten mit Kim und Karen zu verbringen, um ihr Verkaufsskript für unser Barpaket zu verbessern und an ihrer Argumentation zu feilen. Das habe ich gemacht. Ich habe auch zugesagt, an der Versammlung der Handelskammer teilzunehmen und mindestens drei neue Kontakte zu Unternehmen zu knüpfen, die bisher keine Veranstaltungen in unserem Hotel gebucht haben. Ich freue mich sehr, fünf neue Kontakte vorstellen zu können, die ich heute Nachmittag an einige von Ihnen weitergeben werde.

Für nächste Woche verpflichte ich mich, die abschließende Überprüfung unserer neuen Marketingunterlagen über das Premiumpaket für die Bar durchzuführen. Außerdem werde ich drei Einstellungsgespräche mit Kandidaten für die Vakanz in unserem Team führen und demjenigen, der die besten Voraussetzungen mitbringt, ein Vertragsangebot unterbreiten.«

Kim: *»Letzte Woche habe ich versprochen, persönliche Gespräche mit zwei Unternehmen zu führen, die vor Kurzem neue Niederlassungen in unserer Stadt eröffnet haben, und das habe ich getan. Gute Nachrichten: Eines von ihnen hat für nächste Woche eine Führung durch unsere Räumlichkeiten gebucht!*

Was das Scoreboard betrifft, habe ich zwei Führungen durchgeführt, habe aber nur mit einem potenziellen Kunden über unser Premiumpaket für die Bar gesprochen. Das heißt, ich habe bei diesem Frühindikator nur 50 Prozent erreicht. Das werde ich nächste Woche verbessern.

Für die nächste Woche verpflichte ich mich auf ein Telefonat beziehungsweise ein persönliches Gespräch mit zwei meiner Kunden, die letztes Jahr ihre Jahresversammlung bei uns abgehalten haben, die aber für dieses Jahr noch keine verbindliche Zusage getroffen haben. Ich möchte eine Führung für sie organisieren, damit sie unseren neuen Bankettsaal sehen, und hoffe, sie damit zu einem Vertragsabschluss für dieses Jahr zu bewegen.«

Bob: *»Meine Verpflichtung für letzte Woche lautete, für drei Kunden, die sich für eine Führung durch unsere Räumlichkeiten angemeldet hatten, ein Verkaufsspecial für unser Premiumpaket zu kreieren, weil alle drei große Verkaufschancen bieten. Zu diesem Zweck habe ich den Küchenchef davon überzeugt, für jeden Kunden eine Weinverkostung mit leichten Hors d'oeuvres vorzubereiten. Das war eine sehr überzeugende Vorführung und hat dazu geführt, dass alle drei das Premiumpaket für die Bar gebucht haben! Wie auf dem Scoreboard steht, habe ich drei Führungen inklusive Upselling-Gespräch geführt. Das heißt, ich habe meine Verpflichtung zu 100 Prozent erfüllt.*

Für nächste Woche habe ich bisher nur eine Führung fest vereinbart. Also werde ich bis heute Abend mindestens fünf neue potenzielle Kunden kontaktieren und mindestens einen davon überzeugen, vor Ende der Woche einen Besichtigungstermin zu vereinbaren.«

Karen: *»Meine Verpflichtung für letzte Woche lautete, zehn meiner Kunden, die letztes Jahr Veranstaltungen bei uns durchgeführt haben, ein Erinnerungspaket zu senden. In jedes Paket habe ich zwei bis drei Fotos ihrer jeweiligen Veranstaltung gelegt sowie das gebuchte Bankettmenü, zusammen mit einer handgeschriebenen Karte, auf der ich zum Ausdruck gebracht habe, dass ich sehr hoffe, sie dieses Jahr wieder bei uns begrüßen zu dürfen. Das habe ich gemacht und freue mich, berichten zu können, dass vier von ihnen angerufen und sich für die Fotos bedankt und zwei einen Termin zur Besichtigung unseres neuen Bankettsaals vereinbart haben. Wie das Scoreboard ausweist, habe ich zwei Führungen durchgeführt und beiden Kunden unser Premiumpaket für die Bar angeboten. Meine Verpflichtung ist also zu 100 Prozent erfüllt.*

Für nächste Woche nehme ich mir fest vor, fünf weiteren Kunden Erinnerungspakete zu senden.«

So geht Susans WIG-Session weiter, bis jedes Teammitglied einen Statusbericht abgegeben hat. Beachten Sie dabei, dass die Teammitglieder nicht nur Susan gegenüber, sondern sich gegenseitig Rechenschaft ablegen.

Verpflichten Sie sich auf Aktivitäten mit der größten Wirkung auf die Frühindikatoren

Die Effektivität der WIG-Session hängt von einer beständigen Rechenschaftslegung ab; die *Ergebnisse* auf dem Scoreboard hängen dagegen von der *Wirkung* der Aktivitäten ab, auf die sich die

Teammitglieder verpflichten. Sie müssen Ihr Team so anleiten, dass es sich jenen Aktivitäten verschreibt, welche die größte Wirkung auf die Frühindikatoren haben. Beginnen Sie mit der folgenden Frage: Welches sind die ein oder zwei wichtigsten Dinge, die ich diese Woche tun kann, um die Ergebnisse auf dem Scoreboard zu verbessern? Wir wollen diese Frage in ihre Bestandteile zerlegen und analysieren, damit ihre Bedeutung für das WIG klarer wird.

- **»ein oder zwei«:** Bei der Anwendung der 4. Disziplin ist es wichtiger, dass Sie einige wenige Aktivitäten mit großer Wirkung auf die Zielerreichung verfolgen, als viele Verpflichtungen gleichzeitig einzugehen. Sie wollen schließlich, dass Ihr Team wenige Dinge herausragend und nicht viele Dinge mittelmäßig macht. Aus dieser Perspektive ist es besser, sich auf zwei hochwirkungsvolle Aktivitäten zu verpflichten und diese Verpflichtung zu 100 Prozent zu erfüllen, als fünf Verpflichtungen einzugehen, aber keine richtig zu erfüllen.

- **»wichtigste Dinge«:** Verschwenden Sie keine Zeit mit unwichtigen Dingen. Richten Sie Ihre konzentrierte Aufmerksamkeit und Ihre gesamte Energie auf die Aktivitäten, welche die größte Wirkung erzielen.

- **»ich«:** Alle in einer WIG-Session eingegangenen Verpflichtungen sind *persönliche* Verantwortlichkeiten. Sie verpflichten nicht andere, bestimmte Dinge zu tun, sondern Sie verpflichten sich selbst auf bestimmte Aktivitäten. Zwar arbeiten Sie im Team, aber verpflichten sich nur auf den Teil der gemeinsamen Anstrengung, für den Sie persönliche Verantwortung übernehmen.

- **»diese Woche«:** Die 4. Disziplin erfordert mindestens einen regelmäßigen wöchentlichen Beitrag. Gehen Sie nur Verpflichtungen ein, die Sie *innerhalb der folgenden Woche* erfüllen können, damit die Verantwortlichkeit nicht verloren geht. Wenn Sie sich auf Dinge verpflichten, die vier Wochen in der Zukunft liegen, dann sind Sie drei von vier Wochen nicht wirklich verantwortlich. Wenn es sich um eine mehrwöchige Initiative handelt, brechen Sie sie auf mehrere wöchentliche Schritte herunter und verpflichten Sie sich jeweils nur auf die Aktivitäten, die Sie innerhalb einer Woche leisten können. Wöchentliche Zusagen erzeugen das Gefühl von Dringlichkeit, das Ihnen hilft, neben dem Tagesgeschäft den Fokus zu wahren.

- »**Ergebnisse auf dem Scoreboard**«**:** Das ist der wichtigste Aspekt – jede Verpflichtung muss darauf ausgerichtet sein, die Frühindikatoren und Ergebniskennzahlen auf dem Scoreboard zu verbessern. Ohne diesen Fokus werden Sie versucht sein, Verpflichtungen einzugehen, die sich eher aufs Tagesgeschäft beziehen. Sie mögen zwar auch dringend sein, aber sie tragen nichts zur Zielerreichung bei.

Wenn alle diese Fragen bei jeder WIG-Session konkret beantwortet werden, wird das Team einen regelmäßigen Umsetzungsrhythmus entwickeln, der zu echten Ergebnissen führt.

Das Ergebnis von Susans WIG-Session waren zahlreiche Einzelzusagen, deren Erfüllung zusammengenommen eine große Wirkung auf die Zielerreichung hatten:

- »Jeweils 20 Minuten mit Kim und Karen verbringen, um ihr Verkaufsskript für unser Barpaket zu verbessern, und an ihrer Argumentation feilen.«

- »An der Versammlung der Handelskammer teilnehmen und mindestens drei neue Kontakte zu Unternehmen knüpfen, die bisher keine Veranstaltungen in unserem Hotel gebucht haben.«

- »Die abschließende Überprüfung unserer neuen Marketingunterlagen über das Premiumpaket für die Bar durchführen.«

- »Drei Einstellungsgespräche mit Kandidaten für die Vakanz in unserem Team führen und demjenigen, der die besten Voraussetzungen mitbringt, ein Vertragsangebot unterbreiten.«

- »Persönliche Gespräche mit zwei Unternehmen führen, die vor Kurzem neue Niederlassungen in unserer Stadt eröffnet haben.«

- »Für drei Kunden, die sich für eine Führung durch unsere Räumlichkeiten angemeldet haben, ein Verkaufsspecial für unser Premiumpaket kreieren.«

- »Zehn meiner Kunden, die letztes Jahr Veranstaltungen bei uns durchgeführt haben, ein Erinnerungspaket senden.«

Die Wahrscheinlichkeit, dass sich die Teammitglieder mit ihren Verpflichtungen identifizieren, steigt, wenn sie diese selbst formulieren. Dennoch sollten Führungskräfte sicherstellen, dass die Verpflichtungen folgende Kriterien erfüllen:

- **Zielorientiert.** Stellen Sie sicher, dass die wöchentlichen Verpflichtungen die Zahlen auf dem Socreboard bewegen, sonst gewinnt der Wirbelsturm des Tagesgeschäfts nur weiter an Stärke. Eine Woche vor Ablauf der Frist zur Erstellung des Jahresbudgets könnten Sie zum Beispiel versucht sein, sich auf die Fertigstellung des Budgets zu verpflichten, weil das wichtig und dringend zugleich ist. Wenn das Budget aber nichts mit den Frühindikatoren zu tun hat, wird es keine Wirkung auf die Zielerreichung haben, egal wie dringend seine Fertigstellung ist.

- **Konkret.** Je konkreter die Verpflichtung, desto höher die Verantwortlichkeit. Sie können niemanden für vage Zusagen zur

Rechenschaft ziehen. Legen Sie verbindlich fest, was Sie tun werden, wann Sie es tun werden und welches Ergebnis Sie erwarten.

- **Kurzfristig.** Verpflichtungen mit großer Wirkung auf die Zielerreichung müssen innerhalb der folgenden Woche erfüllt werden, aber sie sollten auch eine kurzfristige Wirkung auf die Leistung des Teams haben. Wenn die Wirkung zu weit in der Zukunft liegt, entsteht keine nachhaltige Erfolgsdynamik.

Die nachfolgende Abbildung macht die Unterschiede zwischen Aktivitäten mit großer Wirkung und Aktivitäten mit geringer Wirkung deutlich.

Aktivitäten mit geringer Wirkung	**Aktivitäten mit großer Wirkung**
Diese Woche werde ich mich auf Schulungen konzentrieren.	Ich werde jeweils 20 Minuten mit Kim und Karen verbringen, um ihr Verkaufsskript für unser Barpaket zu verbessern und an ihrer Argumentation zu feilen.
Ich werde an der Versammlung der Handelskammer teilnehmen.	Ich werde an der Versammlung der Handelskammer teilnehmen und mindestens drei neue Kontakte zu Unternehmen knüpfen, die bisher keine Veranstaltungen in unserem Hotel gebucht haben.
Ich werde Einstellungsgespräche führen.	Ich werde drei Einstellungsgespräche mit Kandidaten für die Vakanz in unserem Team führen und demjenigen, der die besten Voraussetzungen mitbringt, ein Vertragsangebot unterbreiten.

Ich werde diese Woche neue Kundenkontakte knüpfen.	Ich werde persönliche Gespräche mit zwei Unternehmen führen, die vor Kurzem neue Niederlassungen in unserer Stadt eröffnet haben.
Ich werde frühere Kunden anrufen.	Ich werde zehn meiner Kunden, die letztes Jahr Veranstaltungen bei uns durchgeführt haben, ein Erinnerungspaket senden.

Achtung!

Die folgenden häufigen Fehler, die eine konsequente Rechenschaftslegung verhindern, sollten Sie unbedingt vermeiden.

Konkurrierende Verantwortlichkeiten aus dem Tagesgeschäft. Das ist die häufigste Herausforderung, mit der Sie und Ihr Team konfrontiert sind, wenn Sie mit der Anwendung der 4. Disziplin beginnen. Verwechseln Sie nicht die dringenden Aufgaben des Tagesgeschäfts mit Zielverpflichtungen. Um sicherzugehen, stellen Sie sich die folgende effektive Frage: Wie wird sich die Aktivität, auf die ich mich in dieser Woche verpflichtet habe, auf das Scoreboard auswirken? Wenn Sie diese Frage nicht wie aus der Pistole geschossen beantworten können, ist es sehr wahrscheinlich, dass es sich um eine tagesgeschäftsbezogene Aktivität handelt.

WIG-Sessions ohne konkrete Ergebnisse. Wenn Sie sich nicht strikt an die feste Struktur der Tagesordnung halten, bricht das System der gegenseitigen Rechenschaftslegung zusammen. Jede WIG-Session besteht aus Rechenschaftsberichten über die eingegangenen Verpflichtungen und konkreten Zusagen bis zur nächsten WIG-Session.

Wiederholung derselben Verpflichtung in mehr als zwei aufeinanderfolgenden Wochen. Selbst eine Aktivität, die große Wirkung auf das Scoreboard hat, wird zur Routine, wenn sie Woche für Woche wiederholt wird. Sie sollten nach neuen und besseren Wegen zur Beeinflussung Ihres Scoreboards suchen.

Nichterfüllung der eingegangenen Verpflichtungen akzeptieren. Das Team muss seine Verpflichtungen erfüllen, unabhängig von dem Aufwand und von der Energie, die das Tagesgeschäft erfordert. Wenn ein Teammitglied seine Zusagen nicht erfüllt, trotz aller Arbeit, die Sie in die Installierung des 4DX-Ansatzes investiert haben, sind Sie als Führungskraft mit dem *wichtigsten Augenblick überhaupt* konfrontiert. Wenn es Ihnen gelingt, Ihren Teammitgliedern die Disziplin der Verantwortlichkeit zu vermitteln, werden sie ihre Aufgaben jede Woche erfüllen, unabhängig davon, was ihnen das Tagesgeschäft abverlangt. Wenn Sie es mit der Verantwortlichkeit für die getroffenen Zusagen und die Ergebnisse jedoch nicht so genau nehmen, wird das Tagesgeschäft Ihre WIGs gnadenlos verdrängen.

Sehen wir, wie Susan mit diesem wichtigen Moment in der WIG-Session umgegangen ist:

> **Susan:** *»Jeff, du bist an der Reihe.«*
>
> **Jeff:** *»Danke, Susan. Nun, ich hatte zugesagt, mehrere meiner Kunden vom letzten Jahr zu kontaktieren, um sie für eine Führung durch unsere Räumlichkeiten zu gewinnen, aber wie Sie alle wissen, hatte ich letzte Woche hier im Hotel auch eine große Veranstaltung zu betreuen. Da das mein größtes Event in diesem Jahr ist, wollte ich unbedingt, dass es ein Erfolg wird. Daher habe ich einen Großteil meiner Aufmerksamkeit dieser Veranstaltung gewidmet. Und als der Projektor im Ballsaal ausfiel, musste ich Himmel und Hölle in Bewegung setzen, um einen neuen herbeizuschaffen. Ich musste viel Zeit und Energie investieren, um die*

Kunden zu besänftigen und für eine reibungslose Fortsetzung der Veranstaltung zu sorgen. Bevor ich es überhaupt gemerkt habe, war die Woche vorbei und mir blieb keine Zeit mehr.«

Im Wesentlichen sagt Jeff, er habe seine Zusagen nicht einhalten können, weil ihn das Tagesgeschäft zu sehr in Anspruch genommen hat. Und was noch schlimmer ist: Jeff glaubt, die besonderen Anforderungen, die das Tagesgeschäft in dieser Woche an ihn stellte, seien eine akzeptable Rechtfertigung für sein Versäumnis.

Die meisten Zusagen, die wir treffen, sind bedingt. Wenn ein Teammitglied zum Beispiel sagt: »Sie haben meinen Bericht bis Dienstag neun Uhr«, meint er damit: »… falls nichts Dringendes dazwischenkommt.« Es kommt aber *immer* irgendetwas Dringendes dazwischen – das liegt in der Natur des allgegenwärtigen, vereinnahmenden und gnadenlosen Tagesgeschäfts.

Wenn Sie zulassen, dass das Tagesgeschäft Ihre Verpflichtungen zunichtemacht, werden Sie nie die Energie in das WIG investieren, die Sie zur Zielerreichung benötigen. Die Disziplin der Umsetzung steht und fällt damit, dass die in den WIG-Sessions getroffenen Zusagen bedingungslos eingehalten werden. Aus diesem Grund besteht Susans Aufgabe als Führungskraft darin, einen neuen Standard zu setzen. Das gilt vor allem für die ersten WIG-Sessions. Die dort eingegangenen Verpflichtungen sind bedingungslose Zusagen. Einer unserer Kunden sagte dazu: »Wenn wir gegenüber unseren Teamkollegen eine Zusage treffen, wissen wir, dass wir einen Weg finden müssen, sie einzuhalten – egal was passiert.«

Wie sollte Susan also reagieren?

Schritt 1: Anerkennung ausdrücken

Susan: »*Jeff, ich möchte, dass Sie wissen, dass die Veranstaltung der letzten Woche ein Riesenerfolg war. Ohne Sie hätte sie in einem Desaster enden können. Alle im Team wissen, wie hart Sie gearbeitet haben und wie wichtig dieser Kunde für uns ist. Danke für alles, was Sie getan haben.*«

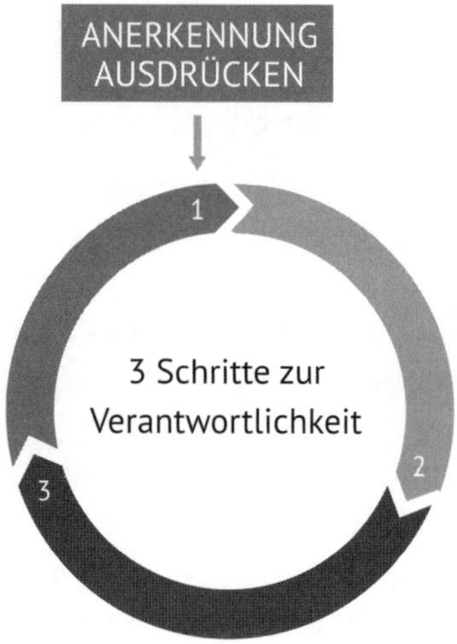

Das ist der entscheidende erste Schritt: Susan spricht Jeff Anerkennung aus und zeigt dem Team, dass sie die Anforderungen des Tagesgeschäfts versteht. Wenn sie diesen Schritt auslässt, sendet sie zwei falsche Botschaften aus: dass Jeffs Anstrengung keine Anerkennung wert und das Tagesgeschäft nicht wichtig ist.

Schritt 2: Verantwortlichkeit bekräftigen

Susan: »*Jeff, ich möchte auch, dass Sie wissen, wie wichtig Ihr Beitrag für dieses Team ist. Ohne Sie können wir unser Ziel nicht erreichen. Das bedeutet, wenn wir eine Zusage machen, müssen* *wir einen Weg finden, sie einzuhalten, egal was in der Woche alles passiert.«*

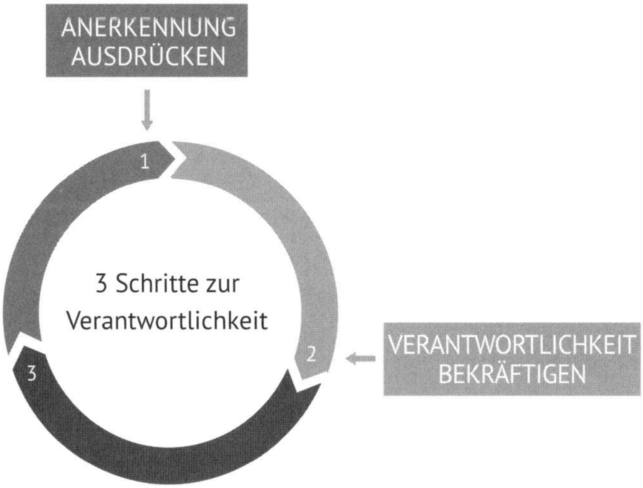

Das ist sowohl für Jeff als auch für Susan ein heikler Moment. Da Susan aber klargemacht hat, dass sie sowohl die Anforderungen des Tagesgeschäfts als auch Jeffs Anstrengungen anerkennt, sollte Jeff in der Lage sein zu erkennen, wie wichtig es ist, dass er sein Bestes *für das Team* gibt.

Schritt 3: Zu Spitzenleistung anspornen

Susan: *»Jeff, ich weiß, dass Sie uns helfen wollen, unsere Ziele zu verfolgen. Können wir darauf zählen, dass Sie das Versäumnis der letzten Woche gutmachen und in der kommenden Woche sowohl die Verpflichtung von letzter Woche als auch Ihre neue Verpflichtung für die kommende Woche erfüllen?«*

Susan gibt Jeff die Chance, bei der nächsten WIG-Session mit echtem Stolz zu berichten, dass er alle Verpflichtungen erfüllt hat.

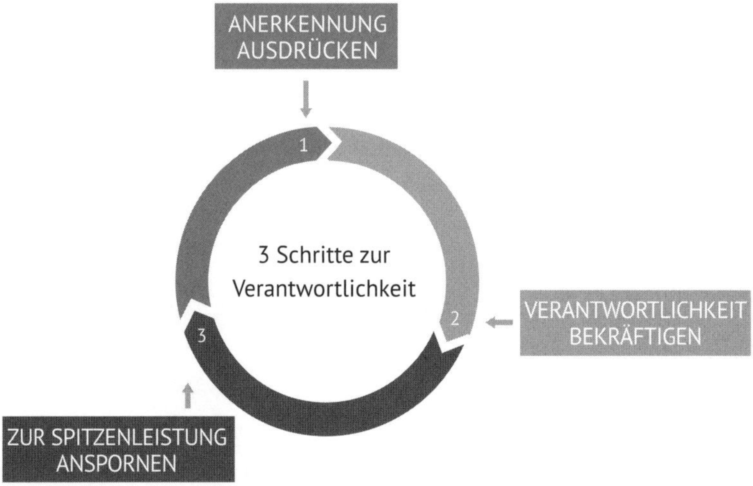

Ein erfolgreicher Abschluss dieses Dialogs ist überaus wichtig. Für Jeff, weil er seine Verpflichtungen dem Team gegenüber nun erfüllen kann. Für Susan, weil das Team dadurch sieht, dass sie sich konsequent zur 4DX-Disziplin bekennt. Und für das Team ist es wichtig zu wissen, dass ein neuer Leistungsstandard gilt.

Ohne bedingungslose Zusagen wird es Ihnen nicht gelingen, im Grau des vereinnahmenden Tagesgeschäfts Platz für zielorientierte Aktivitäten zu schaffen. Das Tagesgeschäft wird schlicht alle Ressourcen verschlingen, und das führt unweigerlich dazu, dass die Umsetzung scheitert.

Wöchentliche Commitments

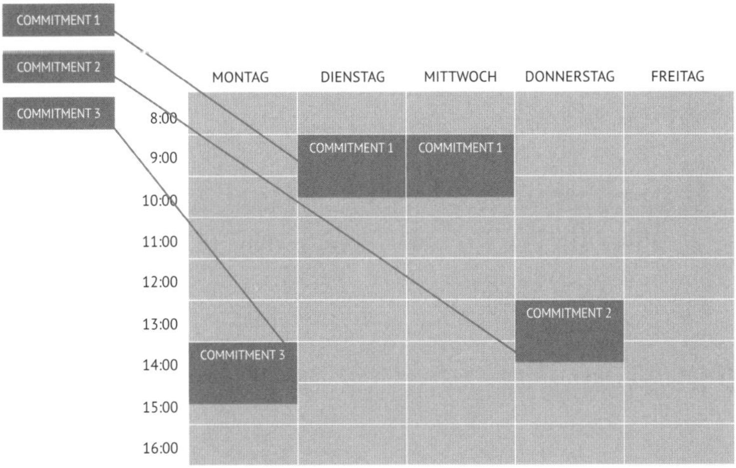

Die grauen Felder repräsentieren das Tagesgeschäft und die schwarzen Felder die wöchentlichen Verpflichtungen, die Sie eingegangen sind, um das WIG zu erreichen. Wenn Sie diese Aktivitäten aktiv in Ihre Woche einplanen, senken Sie das Risiko, dass Ihr Fokus abgelenkt wird.

Hyrum Smith, einer der Gründer von FranklinCovey, sagte: »Wenn Ihr gesamtes Gehalt von dieser einen Verpflichtung abhängen würde, würden automatisch zwei Dinge passieren: Sie würden sorgfältiger darauf achten, welche Verpflichtungen Sie eingehen, und Sie würden alles tun, um sie zu erfüllen.« Das ist der Zweck der WIG-Session: intelligente Zusagen zu treffen und sie trotz aller Ablenkungen durch das Tagesgeschäft zu erfüllen.

Die Schlüssel zu erfolgreichen WIG-Sessions

- **Halten Sie die WIG-Sessions stets pünktlich zum vereinbarten Termin ab.** Halten Sie sie jede Woche immer am gleichen Tag, zur gleichen Uhrzeit und am gleichen Ort ab (elektronische

WIG-Sessions eingeschlossen) – unabhängig von den Anforderungen des Tagesgeschäfts. Wenn Sie abwesend sind, delegieren Sie die Leitung der Session an eines der Teammitglieder.

- **Achten Sie darauf, dass die WIG-Sessions kurz sind.** Achten Sie auf ein energiegeladenes, zügiges Tempo. Als Daumenregel gilt, dass eine WIG-Session nicht mehr als 20 bis 30 Minuten dauern sollte. Ansonsten droht die Gefahr, dass sie sich in ein Meeting über Probleme des Tagesgeschäfts verwandelt.

- **Als Führungskraft setzen Sie den Standard.** Beginnen Sie jede WIG-Session, indem Sie die Gesamtergebnisse auf dem Scoreboard überprüfen und dann einen *Bericht über Ihre eigenen Verpflichtungen* abgeben. Wenn Sie als Erstes berichten, zeigen Sie, dass Sie vom Team nichts verlangen, was Sie nicht auch sich selbst abverlangen.

- **Aktualisieren Sie das Scoreboard vor jeder WIG-Session.** Bringen Sie das Scoreboard vor Beginn der Session auf den neuesten Stand. Ohne Scoreboard keine WIG-Session. Die aktualisierten Ergebnisse lenken die Aufmerksamkeit des Teams auf das Ziel und machen deutlich, welche Dinge sich bewähren und welche nicht. Ohne ein aktuelles Scoreboard ist die WIG-Session nur ein weiteres Meeting unter vielen.

- **Tauschen Sie Lernerfahrungen aus.** Im Laufe der Woche sehen die Teammitglieder, welche Aktivitäten eine positive Wirkung auf die Frühindikatoren haben und welche nicht. Außerdem werden sie feststellen, dass die positive Wirkung einiger Aktivitäten größer ist als die anderer Aktivitäten. Diese Informationen brauchen alle.

- **Kein Zutritt für das Tagesgeschäft.** Beschränken Sie die Diskussion auf Verpflichtungen, die eine Wirkung auf das

Scoreboard haben. Lassen Sie keine Gespräche über sachfremde Themen zu, zum Beispiel das Tagesgeschäft, das Wetter oder Verkehrsstaus. Wenn Sie sich bereit erklären, für jemand anderes ein Problem zu lösen, wird das zu einer Ihrer Verpflichtungen für die kommende Woche, die Sie genauso erfüllen müssen wie alle anderen.

- **Erfüllen Sie Ihre Zusagen trotz des Tagesgeschäfts.** Machen Sie Ihre Teammitglieder uneingeschränkt für ihre Zusagen verantwortlich, egal welche Anforderungen das Tagesgeschäft stellt. Wenn eine Verpflichtung nicht erfüllt wird, muss sie in der Folgewoche neben den neuen Verpflichtungen nachgeholt werden.

Die Ernte

Wir haben Teil II mit dem Team von Filiale 334 begonnen, das an seinem Vorhaben gescheitert war, den 4DX-Prozess anzuwenden. Es funktionierte einfach nicht. Eines Tages fand Jim zum Beispiel nur Brote in den Backregalen, die einen Tag alt waren, und auf den Auslageflächen nichts als Kekskrümel.

»Yolanda!«, rief Jim die Leiterin der Backwarenabteilung zu sich. Sie kam herbei, von oben bis unten mit Mehl bestäubt, und reagierte ungehalten, als er auf das Scoreboard wies.

»Ich habe viel zu viel zu tun, um mich mit dem Scoreboard zu beschäftigen«, schnappte sie und stemmte die Hände in die Hüften. »Ich habe einen großen Catering-Auftrag, der mich den ganzen Tag auf Trab hält. Außerdem muss ich etwas mit dem Lager machen, denn mir gehen die Sachen aus. Es ist einfach nicht genügend Zeit und ich habe zu wenig Leute.«

Sisyphus lässt grüßen: Trotz aller Bemühungen des Teams, ein WIG zu formulieren, Frühindikatoren zu bestimmen und ein Scoreboard zu entwerfen, hatte sich eigentlich nichts verändert. Wir konnten den exakten Grund dafür nennen: Die 4. Disziplin glänzte durch Abwesenheit.

Keine Kette der Verantwortlichkeit

Es gab keine regelmäßige wöchentliche Rechenschaftslegung, bei der die Teammitglieder präsentieren konnten, was sie in der Vorwoche geleistet hatten und was sie in der folgenden Woche tun würden, um das Scoreboard zu verändern. Daher sprachen wir mit Jim, damit er eine Teamsitzung anberaumte, auf der er jedem Teammitglied eine simple Frage stellen sollte: »Welches ist die eine Sache, die Sie diese Woche tun können und die die größte Wirkung auf das Scoreboard hat?«

Am folgenden Tag hielt Jim seine erste WIG-Session ab. Er versprach, sie würde nur einige Minuten dauern und direkt vor dem Scoreboard stattfinden. Als sich die Abteilungsleiter versammelt hatten, begann Jim mit der Leiterin der Backwarenabteilung.

»Yolanda, welches ist die eine Sache, und wirklich nur *eine* Sache, die Sie tun können und die die größte Wirkung auf das Scoreboard und unser Ziel haben wird, das Erscheinungsbild unseres Geschäfts zu verbessern?«

Überrascht über Jims ernsten Blick antwortete Yolanda: »*Ich* soll das entscheiden?«

Jim nickte … und wartete.

»Ich denke, ich könnte die Backwarenabteilung aufräumen.«

»Okay, und wie würde sich das auf die Erreichung unseres Ziels, für ein besseres Erscheinungsbild zu sorgen, auswirken?«

»Nun, da steht viel zu viel herum. Es liegen viele zusätzliche Regale auf dem Boden. Wenn ich die Backwarenabteilung aufräume, kann ich die Regale ordnen und den Boden frei machen. Das sieht natürlich besser aus.«

»Sehr gut. Nur diese eine Sache, Yolanda. Das war's.« Dann wandte sich Jim an den Verantwortlichen der Fischtheke. »Ted, welches ist die eine Sache, die Sie tun können und die die größte Wirkung auf das Scoreboard und unser WIG haben wird, das Erscheinungsbild unseres Geschäfts zu verbessern?«

»Ich führe diese Woche eine große Werbeaktion durch«, antwortete Ted. »Ich konzentriere mich auf die Vorbereitung unseres Spezialangebots für Hummer. Daran arbeite ich.«

»Sehr gut, Ted. Ich weiß, dass das wichtig ist und Sie diese Aktion brauchen. Aber auf welche Weise wirkt sie sich auf das Scoreboard aus?«

»Oh ... Ich verstehe, worauf Sie hinauswollen.« Ted ging ein Licht auf. Die Werbeaktion für Hummer war zwar wichtig, aber sie trug nichts zum WIG bei, das Erscheinungsbild des Geschäfts zu verbessern. »Also gut. Bobby ist jetzt seit drei Wochen bei uns, weiß aber noch nicht, wie man morgens die Warenpräsentation herrichtet ... Ich werde es ihm zeigen, dann kann er mir helfen.«

»Perfekt!«, bestätigte Jim.

Fragen Sie sich selbst – wer hat die Vorschläge gemacht: Jim oder seine Teammitglieder? Glauben Sie, dass das einen Unterschied macht? War das Mikromanagement? Nein! Die Teammitglieder haben selbst entschieden, was sie tun wollen, um die Ergebnisse auf dem Scoreboard zu verbessern. Zuvor hatte Jim sich um jedes Detail gekümmert, aber nicht weil er ein Vorgesetzter war, der nichts delegieren konnte, sondern weil er nicht wusste, was er sonst tun sollte!

Nun versammelten sich Jims Mitarbeiter jede Woche vor dem Scoreboard und verpflichteten sich den anderen gegenüber auf *eine* einzige Aktivität, die die Ergebnisse auf dem Scoreboard verbessern würde. Als das Team begann, einen gleichmäßigen Rhythmus zu finden und sich regelmäßig gegenseitig Rechenschaft abzulegen, veränderte sich die Haltung aller Teammitglieder und in der Folge auch allmählich das Erscheinungsbild des Ladens.

Innerhalb von zehn Wochen stieg die durchschnittliche Punktzahl auf dem Scoreboard auf einer Skala von 0 bis 50 von 13 Punkten auf 38 Punkte. Das Ziel, das sich das Team gesetzt hatte, rückte in greifbare Nähe: Als sich das Erscheinungsbild des Ladens änderte, stiegen gleichzeitig die Umsätze. Filiale 334, die Filiale mit den schlechtesten Ergebnissen von insgesamt 250 Filialmärkten, übertrumpfte letztlich den Jahresumsatz der übrigen Filialen!

Einige Monate später wurden wir zu einem Meeting mit dem Präsidenten von Jims Sparte eingeladen, um Jims Bericht über die Fortschritte in diese Filiale beizuwohnen. Jim berichtete: »Alles läuft so reibungslos, dass ich heute Morgen nicht einmal in die Filiale gehen musste.«

Der Spartenleiter fragte ihn: »Was bedeutet diese Veränderung für Sie persönlich?«

Jim antwortete: »Bisher habe ich irgendwie durchgehalten und gehofft, dass ich irgendwann versetzt würde. Nun bleibe ich in dieser Filiale, solange Sie wollen.«

Jim Dixon und sein Team wissen nun, wie sich Erfolg anfühlt. Das macht jede externe Motivation überflüssig.

Letzten Endes will jeder erfolgreich sein. Jeder möchte zu einem wichtigen Ziel beitragen. Es ist demotivierend, jeden Tag hart zu arbeiten und sich anzustrengen, ohne zu wissen, ob die eigene Arbeit einen relevanten Beitrag zu einem wichtigen Ziel leistet. Aus diesem Grund ist der 4DX-Prozess unverzichtbar. Die Mitarbeiter von Filiale 334 haben das aus erster Hand erfahren. Die 4 Disziplinen machen den entscheidenden Unterschied aus zwischen unaufhörlicher Sisyphusarbeit und einer erfolgreichen, nachhaltigen Versetzung eines gewaltigen Felsbrockens.

Die Rendite

Das Ergebnis der 4. Disziplin besteht in regelmäßigen WIG-Sessions, die in kurzen Abständen stattfinden und die Frühindikatoren verbessern. Das letztliche Ergebnis der 4. Disziplin reicht aber weit darüber hinaus: Es besteht in der Erzeugung eines unendlichen Kreislaufs aus regelmäßiger gegenseitiger Rechenschaftslegung, der nicht nur konsistent zu verlässlichen Ergebnissen führt, sondern aus dem Team eine Gruppe von Spitzenleistern macht.

Die 4. Disziplin erfordert großes Geschick sowie die Fähigkeit, für konkrete Verpflichtungen und deren konsequente Erfüllung zu sorgen. Die 4. Disziplin hält Ihr Team Woche für Woche bei der Stange, da jedes einzelne Teammitglied einen unmittelbaren Bezug zwischen seinen persönlichen Beiträgen und dem übergeordneten Unternehmensziel erkennen kann. Das weckt nicht nur den Ehrgeiz, sondern lässt vor allem das Bewusstsein entstehen, ein *Erfolgsteam* zu sein. Und das ist die höchste Investitionsrendite, die Sie mit dem 4DX-Prozess erzielen.

Probieren Sie es aus!

Verwenden Sie für die Vorbereitung auf eine WIG-Session das WIG-Session-Agenda-Werkzeug.

WIG-SESSION-AGENDA-WERKZEUG

Verteilen Sie diese Tagesordnung zu Beginn Ihrer WIG-Session elektronisch oder auf Papier. Überprüfen Sie nach der Sitzung die Checkliste.

<table>
<tr><td colspan="4">Tagesordnung der WIG-Session</td></tr>
<tr><td colspan="2">Wo</td><td colspan="2">Wann</td></tr>
<tr><td colspan="4">WIG(s)</td></tr>
<tr><td rowspan="4">Individuelle Status-berichte</td><td>Teammitglied</td><td>Verpflichtung</td><td>Status</td></tr>
<tr><td></td><td></td><td></td></tr>
<tr><td rowspan="2"></td><td></td><td></td></tr>
<tr><td></td><td></td></tr>
<tr><td>Aktualisie-rung des Scoreboards</td><td colspan="3"></td></tr>
</table>

Haben Sie alles richtig gemacht?

Haken Sie jeden Punkt ab, den Sie erledigt haben, um sicherzustellen, dass die WIG-Session zu Spitzenleistung anspornt:

- ☐ Halten Sie die WIG-Sessions stets pünktlich und zum gleichen Zeitpunkt ab?
- ☐ Achten Sie darauf, dass die WIG-Session kurz, zielfokussiert und energiegeladen ist?
- ☐ Erfüllen Sie als Führungskraft in Bezug auf Berichterstattung und Formulierung erfolgsentscheidender Zusagen eine Vorbildfunktion?
- ☐ Begutachten Sie in der WIG-Session das aktualisierte Scoreboard?
- ☐ Analysieren Sie bei jeder Messgröße die Gründe für Ihren Erfolg oder Misserfolg?
- ☐ Feiern Sie Erfolge?
- ☐ Ziehen Sie sich gegenseitig uneingeschränkt zur Rechenschaft über die eingegangenen Verpflichtungen?
- ☐ Geht jedes Teammitglied eine konkrete Verpflichtung für die Folgewoche ein?
- ☐ Räumen Sie sich gegenseitig Hindernisse aus dem Weg und finden Sie Wege, um Teammitgliedern zu helfen, Hindernisse zu überwinden, die sie in der Erfüllung ihrer Verpflichtungen behindern?
- ☐ Halten Sie das Tagesgeschäft von der WIG-Session fern?

Teil III – Wie Sie den 4DX-Prozess in der gesamten Organisation einführen

In Teil I haben Sie die 4 Disziplinen der Umsetzung als Betriebssystem zur Erreichung Ihrer wichtigsten Ziele kennengelernt. In Teil II wurde die Einführung des 4DX-Prozesses in einem Arbeitsteam vorgestellt. Nun wollen wir diesen Prozess auf eine Organisation übertragen, die sich aus mehr als einem Arbeitsteam zusammensetzt – egal ob Kleinunternehmen, transnationaler Konzern oder irgendetwas dazwischen.

In Teil III werden Sie erfahren, was einige herausragende Führungskräfte mit dem 4DX-Prozess erreicht haben. Sie werden Ihnen verraten, wie 4DX nicht nur die einzelnen Teams, sondern das gesamte Unternehmen und sogar große Regierungsbehörden in hochleistungsfähige Organisationen verwandelt hat. Diese Erfahrungen zeigen, dass der 4DX-Prozess nicht nur ein weiteres Programm unter vielen, sondern ein transformatives Betriebssystem ist, das sich auf jede Organisation übertragen lässt. Zudem werden Sie die spezifischen Schritte kennenlernen, um Ihre gesamte Belegschaft auf WIGs zu fokussieren und den 4DX-Prozess in der gesamten Organisation einzuführen. Das letzte Kapitel gibt Antworten auf häufig gestellte Fragen.

Wie Teil II dient auch dieser Teil Managern und Führungskräften als praktischer Leitfaden. Konsultieren Sie ihn, wann immer Sie Orientierung brauchen und wissen möchten, wie Sie die Herausforderung meistern, Ihre gesamte Organisation dazu zu bewegen, die wichtigsten Unternehmensziele exzellent umzusetzen.

Erfolgsbeispiele

Im Verlauf dieses Buchs haben wir Konzepte und Methoden zur Implementierung der 4 Disziplinen vorgestellt, die die Quintessenz dessen darstellen, was wir aus unserer Arbeit mit vielen Tausend Führungskräften gewonnen haben. Ohne die Gelegenheit, die Stimmen einiger dieser Führungskräfte zu hören und ihre Geschichten in ihren eigenen Worten zu lesen, wäre dieses Buch nicht vollständig.

Für dieses Kapitel haben wir drei Führungskräfte ausgewählt, nicht nur, weil jede von ihnen außergewöhnliche Fähigkeiten und Erfahrung besitzt, sondern auch, weil sie die 4 Disziplinen angewandt haben, um außergewöhnliche Ergebnisse zu erzielen – bisweilen in beeindruckender Größenordnung. Diese Geschichten geben Ihnen Einblicke in die realen Herausforderungen, die mit der Einführung des 4DX-Prozesses verbunden waren, aber sie zeigen auch, welche Ergebnisse sich erzielen lassen, wenn ein Team diese hocheffektiven Prinzipien anwendet. Sie bieten eine Perspektive, die in diesem Umfang nur von Führungskräften vermittelt werden kann, die diese Prinzipien selbst umgesetzt haben.

Dr. Alain M. Ritter und Georg Fischer AG

Ein Gespräch mit Dr. Alain M. Ritter, Head Strategic Learning, Georg Fischer AG, Switzerland, der die Einführung der *4 Disziplinen der Umsetzung* im Gesamtunternehmen hauptamtlich geleitet hat:

Andreas Maron: Was war der Ursprung der Entscheidung für 4DX, woher kam die Initiative und auf welcher Ebene hat man es beschlossen?

Alain Ritter: »Im Jahr 2004 bekam ich als HR-Leiter von GF Piping Systems den Auftrag, die 7 Habits weltweit einzuführen. Mit dem neuen CEO erhielt ich 2008 den weiteren Auftrag, dieses Programm konzernweit einzusetzen. Ende 2009 kamen wir bei Piping Systems an den Punkt, uns zu fragen: Was weiter? So kam es dann 2011 zur Überlegung, das FranklinCovey Programm ›Leadership‹ einzusetzen. Diese Idee wurde dann zugunsten des Projektes *4 Disziplinen der Umsetzung* wieder fallen gelassen. Diese Initiative kam direkt vom CEO und ich konnte ihn sehr darin unterstützen, weil es für mich eine klare Kontinuität zu den 7 Habits ergab. Somit wurde die Idee top-down aufgesetzt, was eine rasche Umsetzung ermöglichte.«

AM: Was wollte man ursprünglich damit erreichen? Wo war der Business Case für diese Initiative?

AR: »Wir können hier klar von einem Business Case sprechen, denn wir haben bei Georg Fischer Fünf-Jahres-Strategiepläne, welche es umzusetzen gilt. 2011 hatten wir aus ökonomischer Sicht einen starken konjunkturellen Gegenwind verspürt und wir waren im Hinblick auf die Umsetzung der strategischen Ziele nicht ganz so auf Kurs, wie wir uns das gewünscht hätten. Die strategischen Ziele waren im Übrigen klassische Konzern-KPIs wie Umsatz, EBIT, ROIC et cetera. Also beschloß unser CEO, mithilfe von 4DX bei der Umsetzung der strategischen Ziele wieder auf Kurs zu kommen. Fokus zurück zum Wesentlichen!«

AM: Was hat den Konzern am meisten davon abgehalten, strategisch auf Kurs zu bleiben?

AR: »Ganz klar der ›Wirbelwind‹ des Tagesgeschäfts, unter dem wir alle leiden. Damals, 2011, war dieses Leiden besonders groß, insbesondere in einigen Krisenregionen und später bei der gesamten

Entwicklung des Euro im Vergleich zum Schweizer Franken, in dem wir unsere Ergebnisse konsolidieren.

Es waren also weniger die intrinsischen Faktoren wie fehlendes Engagement, die uns zu diesem Schritt gebracht haben, sondern tatsächlich extrinsische Faktoren. Die Arbeitsbelastung war so hoch, dass wir versuchen mussten, den Mitarbeitern zu helfen, sich auf das Wesentliche zu fokussieren. Auch das war letztlich ein großer Beweggrund, die 4DX-Initiative zu starten.«

AM: Was war dann die Implementierungsstrategie? Welches waren die strategischen Eckpfeiler für das Projekt?

AR: »Ich bekam als HR-Leiter von Piping Systems den Auftrag vom CEO, das Projekt 4DX als Hauptverantwortlicher im ganzen Konzern zu verankern.

Begonnen haben wir dann in Kooperation mit Michele Cueni von FranklinCovey mit einem Pilotprojekt. Dieses fand in den USA statt zusammen mit dem gesamten Senior Management von Piping Systems Americas – inklusive Kanada, Mexiko, Brasilien und Argentinien. Mir war dabei sehr wichtig, nicht nur das reine 4DX-System einzuführen, sondern als wesentliches Fundament eines der aus meiner Sicht wichtigsten Module aus dem Covey-Leadership-Programm vorzuschalten: Clarifying Purpose. Denn man kann aus meiner Sicht unmöglich über 4DX sprechen, wenn nicht absolute Klarheit besteht hinsichtlich der strategischen Ziele des Unternehmens. Aus meiner Erfahrung heraus war ich immer wieder verwundert, wie ungenügend diese Ziele in der Belegschaft bekannt und verankert waren, weil der ›Wirbelwind‹ dies immer wieder sehr rasch überdeckt. Damit wird immer wieder an den Zielen vorbeigeredet. Ich wollte einfach gleich zu Beginn sicherstellen, dass alle Manager wissen, was unsere strategischen Ziele, unsere Mission, unsere Vision und unsere Werte der Division sind, bevor wir dann in eine Umsetzungsmethodik einsteigen.

Nach diesem erfolgreichen Piloten haben wir dann das Programm für die weltweite Ausrollung spezifiziert und die Workshop-Unterlagen erstellt. Exakt nach diesem Muster wurden dann die Manager von Piping Systems weltweit einheitlich ausgebildet. Kurze Zeit danach wurde der gleiche Prozess auch für die beiden anderen Divisionen ›Automotive‹ und ›Machining Solutions‹ durchgeführt.«

AM: Welche internen Ressourcen wurden für die Implementierung eingesetzt und welche Erfahrungen hat man damit gemacht?

AR: »Das Projekt wurde schnell so groß und so strategisch wichtig, dass ich in eine entsprechende Konzernfunktion gewechselt bin mit der zentralen Aufgabe, die Methodik zur Umsetzung der wichtigsten strategischen Ziele erfolgreich konzernweit zu implementieren. Ich selbst fungiere bis heute als Head Coach im Unternehmen. Wir bildeten zunächst eine Reihe von internen Trainern aus, doch zeigte sich bald, dass man eine große Seniorität haben muss, um den teils schwierigen Fachdiskussionen mit den operativen Managern standhalten zu können. Entsprechend hat sich letztlich die Zahl der internen Trainer sehr reduziert. Aber jetzt funktioniert es. Externe Ressourcen sind immer dann gut einzusetzen, wenn es darum geht, die internen Gedankenstrukturen zu verlassen, um neue Verhaltensweisen oder Aspekte in das Unternehmen zu bringen – gemäß dem bekannten Motto ›Wenn du Ziele erreichen möchtest, die du noch nie erreicht hast, musst du Dinge tun, die du noch nie getan hast‹.«

AM: Was waren die Hauptschwierigkeiten, die es zu überwinden galt?

AR: »Ich rechnete von Anfang mit einem gravierenden Problem hinsichtlich der Akzeptanz des Programms. ›Schon wieder ein neues Programm!‹ Oder: ›Wird das eine Hirnwäsche aus den USA?‹ Et cetera. Aber diese Hürde war lange nicht so groß, wie ich zuerst dachte. Es fand sehr schnell ein Einlenken statt, weil das Programm wirklich gut ist, weil der Inhalt von 4DX sehr viel Sinn macht und es sich sehr rasch operationalisieren lässt. Keine große Theorie, sondern ganz viel Praxis.

Die größere Schwierigkeit lag darin, den Mitarbeitern klarzumachen, wie sich 4DX vom Wirbelwind, also vom Tagesgeschäft, unterscheidet und abgrenzt. Es kamen recht schnell Kommentare wie ›Jetzt müssen wir das auch noch tun, damit wir erfolgreich sind!‹. Der Prozess des Fokussierens auf das elementare Wichtige, der Fokus auf den ›Circle of Influence‹, das war eine Hürde, die es erst einmal zu überwinden galt.

Noch spezifischer war die Herausforderung, die Disziplin 2 – also das Arbeiten mit Frühindikatoren – zu etablieren. Das fing schon mit Begriffsdefinitionen wie Lead Measure beziehungsweise Lead Indicators, die wir in diesem Zusammenhang klar bevorzugen, an und setzte sich mit intensiven Diskussionen über die wirklich entscheidenden Frühindikatoren für die Zielerreichungen fort – was letztlich aber wieder sehr fruchtbare Diskussion waren.

Im Gegensatz zur Meinung meiner Vorgesetzten, die stets meinten, es reiche, dass die Führungskräfte das einmal lernen, und dann könnten sie es perfekt anwenden, war ich stets der Ansicht, dass das nicht ausreicht. Es ist essenziell, gerade die Erstimplementierung intensiv zu begleiten und zu coachen. Es bedarf einer laufenden ›Dauerberieselung‹, um diese recht einfachen, aber doch gewöhnungsbedürftigen Methoden zu verankern. Und die Praxis hat mir hier recht gegeben.

Erst wenn die Abteilungsleiter den Prozess der 4 Disziplinen einmal richtig vollständig bis zum Ablaufdatum des strategischen Zieles durchlaufen haben, dann wage ich zu behaupten, hat sich das System als gute Gewohnheit etabliert.

Bei der notwendigen ›Dauerberieselung‹ habe ich auch gerne die Analogie zwischen einer DNA und dem 4DX-System verwendet. 4DX muss Teil unserer DNA werden, sonst funktioniert es nicht.

Ganz erfolgsentscheidend war auch, dass unser CEO wie ein Hirtenhund hinter der Thematik her war und ständig davon gesprochen hat. Egal wo er sich in der internationalen Organisation aufgehalten hat, er hat keine Gelegenheit ausgelassen, eine lokale WIG-Session zu besuchen. Das war ein äußerst deutliches Signal für alle.

Man muss einfach genug Durchhaltevermögen auch seitens des Managements aufbringen, um an den ersten Erfolgen bei den Frühindikatoren zu spüren, dass es nicht nur Theorie ist, sondern wirklich funktioniert. Dann springt der Funke über, dann geht's so richtig los.«

AM: Welche Rolle spielten die Review-Sessions in der Implementierung?

AR: »In den Review-Sessions haben wir alle WIGs und Lead Measures eingehend besprochen. Bei diesen Review-Sessions konnte man sehr rasch feststellen, inwieweit die ganze Methodik verstanden und verinnerlicht war.«

AM: Wie wichtig ist das IT-gestützte System zum Tracking aller Inhalte und der Fortschritte?

AR: »Ganz wichtig! Das sage ich zunächst aus ganz persönlicher Sicht, um mir einen Überblick über alle Elemente zu schaffen und entsprechend eingreifen und coachen zu können. Außerdem hilft es der Divisionsleitung zu erkennen, ob ein roter Faden vorhanden ist und ob sich zum Beispiel einzelne WIGs von Abteilungen gegenseitig widersprechen oder nicht. Außerdem gibt uns das System sofort Auskunft darüber, wie gut und wie tief die Methodik in der Organisation verankert ist.«

AM: Gab es positive Überraschungen auf dem Weg?

AR: »Es gibt ganz viele Dinge, die uns auf dem Weg positiv überrascht haben. Eines davon ist schon allein die Tatsache, dass man weltweit in unserer Organisation niemanden trifft, der noch nichts von 4DX gehört hat. Ich hatte es mir selbst zum Ziel gesetzt, dass bis zum Juni 2015 alle Mitarbeiter mit 4DX in Berührung kommen.

Es war erstaunlich, wie schnell sich ein Druck von unten nach oben entwickelt hat nach dem Motto ›Dann könnten wir unser Geschäft doch ganz anders tun …‹, und so kamen ganz viele positive Ideen auf, wie man das Ganze gestalten kann.«

AM: Aber ist das nicht auch riskant, wenn man plötzlich so viele Ideen seitens der Belegschaft aufnehmen und teilweise auch wieder »abwehren« muss?

AR: »Nein, das war überhaupt kein Problem, weil die 4DX-Methodik uns ja dazu zwingt, uns auf maximal zwei Ziele und drei Frühindikatoren zu konzentrieren. Da filtert sich das Wesentliche vom Unwesentlichen sehr schnell heraus. Wenn wir diese Spielregeln befolgen, dann ist die Schöpfungskraft nicht unendlich. Das ist halt eine der Stärken von 4DX, dass man so zielgerichtet arbeitet.«

AM: Wie halten Sie über die Monate den Spannungsbogen aufrecht?

AR: »Wir machen regelmäßig verschiedene interne Wettbewerbe. So haben wir jüngst das beste Video einer WIG-Session gekürt. Das war einfach unglaublich, was die Mitarbeiter mit einfachsten Mitteln zusammen gezaubert haben.«

AM: 4DX ist ja nicht nur ein System, um die wichtigsten strategischen Ziele konsequent zu erreichen, sondern es ist zudem ein System, um das Engagement der Belegschaft positiv zu beeinflussen und ihr zu helfen, ihr volles Potenzial auszuschöpfen. Ließ sich das im Einsatz in Ihrem Unternehmen nachvollziehen?

AR: »Es passiert in der Tat – aber man muss es natürlich ganzheitlich betrachten. Einiges wird einfacher, aber einiges wird zu Beginn auch als Erschwernis wahrgenommen, weil viele es zunächst als eine Zusatzaufgabe betrachten und sie sich erst daran gewöhnen müssen, dass die Konzentration auf das Wichtige und nicht auf das Dringliche der viel wichtigere Teil der Arbeit ist. Wenn dieser Punkt einmal überschritten ist, geht alles einfacher. Sie müssen ja keine neuen Aktionen mühsam erfinden, sie müssen einfach nur lernen aus dem, was sie tun, das absolut Wichtige herauszufiltern.«

AM: Wie sieht die Zukunft von 4DX im Unternehmen aus?

AR: »Es ist die klare Absicht, 4DX an das Bonifikationssystem anzuknüpfen. Das wird die Umsetzungseffektivität noch stark steigern, weil die WIGs und die persönlichen Ziele von Managern nicht mehr auseinanderlaufen können.«

AM: Würden Sie das System nochmals einführen?

AR: »Auf jeden Fall!«

Amit Jain und Visteon Electronics India

Amit Jain ist der Länderverantwortliche von Visteon Electronics India, einem schnell wachsenden Tier 1 Automobilzulieferer, der die Spitzenposition im Bereich Fahrzeugcockpit-Elektronik anstrebt. Die Sparte Fahrzeugelektronik bietet mit ihren Steuerelektronik- und Infotainment-Lösungen innovative Nutzererfahrungen.

Anfang der Neunzigerjahre führte Indien Wirtschaftsreformen durch und zieht seitdem ausländische Direktinvestitionen in Milliardenhöhe an. Die Reformen haben das Land in einen der wachstumsstärksten Automobilmärkte der Welt verwandelt. Mit einer Bevölkerung von mehr als einer Milliarde Menschen, einer wachsenden Mittelschicht mit hohen verfügbaren Einkommen und einer Wirtschaft, die im vergangenen Jahrzent ein durchschnittliches Wachstum von sieben Prozent erreicht hat, ist der Fahrzeugmarkt auf massives Wachstum ausgerichtet.

Der wachsende Fahrzeugmarkt macht Indien auch zu einem Knotenpunkt für Fahrzeugkomponenten, einschließlich elektronischer Produkte. Der Umsatz der Fahrzeugelektronikindustrie hat 2014/15 die Schwelle von 50 Milliarden US-Dollar überschritten. Als zweitgrößter Global Player wollte Visteon seine Profitabilität steigern und seinen Markanteil in diesem wachstumsstarken Segment ausbauen.

Amit Jain und sein Team führten den 4DX-Prozess mit Enthusiasmus ein. Acht Monate später kann Amit als erfolgreicher Unternehmensführer, der sich zum richtigen Zeitpunkt entschieden hat, ein bemerkenswertes System in seiner Organisation zu etablieren, Folgendes berichten.

> *»Der Markt für Fahrzeugcockpit-Elektronik war in einem kräftigen Wachstum begriffen. Als Länderverantwortlicher war*

es meine Aufgabe, unseren Marktanteil in diesem überaus komplexen, aber wachsstumsstarken Markt auszubauen. Eine Säule unserer Strategie bestand darin, unsere Fertigungskapazitäten zu erweitern, um der steigenden Nachfrage gerecht zu werden. Im Jahr 2009 errichteten wir in Chennai ein hochmodernes Fertigungswerk, das erste seiner Art in Indien. Ein Entwicklungszentrum auf Weltniveau brachte uns zudem viele neue Aufträge.

Eine hohe Nachfrage und volle Auftragsbücher bedeuten für jedes Unternehmen hohe Umsätze und hohe Gewinne. Wir merkten jedoch, dass unsere Umsätze zwar zweistellig zunahmen, unsere strategischen Anstrengungen sich jedoch nicht im Unternehmensgewinn widerspiegelten. Das Unternehmen war im Vergleich zu Wettbewerbern in Portugal, Mexiko und anderen Standorten nicht profitabel genug. Die Profitabilität stagnierte und die Konzernführung wurde ungeduldig.

Ich war von Anfang an davon überzeugt, es fehle dem Team an einer Vision oder einem Ziel. Mithilfe der Unternehmensführung definierten wir sechs BHAGs (Big Hairy Audacious Goals) für unser Unternehmen, unter anderem Qualitäts-, Profitabilitäts- und Marktanteilsziele sowie neue Produkte. Anschließend kommunizierten wir diese Ziele intensiv und hofften, dass die Teams motiviert wären und die Verbindung zwischen den Unternehmenszielen und ihrer Arbeit herstellen könnten. Wir arbeiteten auch an zahlreichen strategischen Initiativen, um die BHAGs voranzutreiben, doch nach einem Jahr war noch immer keine Dynamik entstanden und die Fortschritte waren gleich null. Da wurde mir klar, dass es uns an einem strukturierten Umsetzungsprozess mangelte.

Auf Empfehlung meines Vorgesetzten las ich das Buch Die 4 Disziplinen der Umsetzung *und ich muss wirklich sagen, dass es mir die Augen geöffnet hat. Die Theorie der Umsetzung hat mich zwar beeindruckt, aber ich hatte Zweifel an der Implementierung und wollte auch keine neuen Schulungsmaßnahmen wie die, die wir in der Vergangenheit durchgeführt hatten. Mit diesen Vorbehalten rief ich FranklinCovey an, um die Angelegenheit zu besprechen. Zwischen FranklinCovey India & South Asia und uns entstand sofort eine gute Verbindung; man verstand meine Vorbehalte und erklärte mir, warum das 4DX-Programm kein Schulungsprogramm ist, sondern ein Projekt, welches das Team von FranklinCovey initiieren und über die gesamte Projektlaufzeit begleiten würde. In weniger als 15 Tagen hatten wir uns mit FranklinCovey India & South Asia geeinigt.*

Nach sechs Monaten der Implementierung begannen die 4 Disziplinen Wirkung auf unsere gesamte Belegschaft zu zeigen. Engagement, Umsetzung, Tempo, Verantwortlichkeit, Teamwork, Ergebnisse, Anerkennung – alle diese ›bedeutenden‹ Worte haben bei Visteon Electronics India als Ergebnis des regelmäßigen, aber konsequenten Prozesses, den FranklinCovey einführte, eine neue Bedeutung gewonnen.

Die Tatsache, dass es meinem Team mithilfe der Anwendung der 4DX-Methode auf beispiellose Weise gelungen ist, in den vergangenen zwei Quartalen erstaunliche Ergebnisse zu erzielen und zu halten, demonstriert die Effektivität des 4DX-Prozesses, dessen Umsetzung unsere gesamte Organisation auf ein gemeinsames, überaus erfolgskritisches Ziel fokussiert hat. Das Tempo, mit dem wir uns unseren anvisierten Zielen nähern, stärkt mein Vertrauen, dass der Tag nicht weit ist, an dem Visteon Electronics India das profitabelste und begehrteste Fertigungswerk und damit Industrie-Benchmark sein wird.

Um die Chance, die mir die Unternehmensführung gegeben hatte, entsprechend zu würdigen, übernahm ich die volle Verantwortung für die Leitung aller Orientierungsmeetings, in denen ich für absolute Klarheit hinsichtlich des Ziels und für die strikte Fokussierung auf diese Initiative sorgte.

Als nächsten Schritt bei diesem ambitionierten Vorhaben identifizierten wir unsere WIGs, welche die größte Wirkung auf unseren Ertrag haben würden. In diesen Sitzungen habe ich gelernt, warum wir immer wieder daran gescheitert sind, unsere selbst formulierten Verpflichtungen zu erfüllen. Das war ein klares Indiz dafür, dass wir unsere Energie auf zu viele wichtige Ziele gleichzeitig richteten, wodurch die Wahrscheinlichkeit sank, dass wir auch nur eines von ihnen erreichen würden. Nach mehreren Stunden intensiver Gespräche konnten wir unsere abschließenden WIGs definieren; sie waren aber mehr als das. Es waren Ziele, die bei richtiger Umsetzung die Macht besaßen, Visteon Electronics India zu einer Benchmark zu machen.

Unsere Unternehmens-WIGs bestanden aus drei Strängen, die im Wesentlichen ein Dreieck – die stabilste geometrische Struktur – bildeten: Senkung der Fertigungskosten, Absatzsteigerung und Senkung der Materialkosten. Diese drei Ziele brachten alle funktionsübergreifenden Teams unter dem Dach des 4DX-Prozesses zusammen.

Die Teams erhielten ein klares Mandat, wöchentliche WIG-Sessions abzuhalten, die von den jeweiligen Abteilungsleitern durchgeführt wurden. Innerhalb kurzer Zeit verwandelten sich unsere WIG-Sessions von angeordneten Routinesitzungen in eine Zusammenkunft, in der die Teammitglieder enthusiastisch ihre Wochenergebnisse präsentierten und die Scoreboards aktualisierten. Dank der robusten 4DX-Methode verließen sie das Meeting jedes Mal mit Stolz. Die Ergebnisse waren außerordentlich: eine reibungslose Umsetzung ohne ständige Kontrollen, freiwilliges Engagement, eine von Inspiration getragene Verantwortlichkeit, eine exzellente Zusammenarbeit und eine entsprechend verbes-

serte Profitabilität. Diese Ergebnisse, die wir vor der Einführung des 4DX-Prozesses vergeblich angestrebt hatten, wurden mit einem Minimum an Zeit und Energie erreicht.

Die Tatsache, dass 85 Prozent unserer Unternehmens-WIGs in den ersten sechs Monaten der Implementierung erreicht wurden, bestätigt, dass die 4DX-Methode einfach, aber hocheffektiv ist. Unsere wirtschaftliche Leistung ist in etwas mehr als sieben Monaten um mehr als drei Millionen Dollar gestiegen – das ist das Doppelte des Betrags, den wir uns als Ziel gesetzt hatten. Außerdem haben wir unser Ziel, die Arbeits- und Verwaltungskosten bis Ende des Jahres um 8,5 Prozent zu senken, bereits nach den ersten sechs Monaten erreicht – ein eindeutiger Beweis für die Effektivität des 4DX-Prozesses.

Neben den finanziellen Ergebnissen hatte dieser Prozess auch eine tief greifende Wirkung auf unsere Organisationskultur. Commitment, Verantwortlichkeit und Ergebnisse sind Begriffe, die man nun täglich hört, und einige unserer Mitarbeiter übertrugen die 4 Disziplinen sogar auf ihr Privatleben. Alle sind leidenschaftlich auf ihre Ziele fokussiert und zeigten in diesen ersten sechs Monaten ein schier überwältigendes Engagement zur Erfüllung der Frühindikatoren.

Die Anerkennung von Spitzenleistungen trägt sehr zur Leistungsbereitschaft bei. Auf unserem Führungsgipfel verkündeten wir unsere Bonus- und Anerkennungspolitik. Vor der Einführung des 4DX-Ansatzes glichen unsere Führungskonferenzen eher traditionellen Sitzungen zur routinemäßigen Überprüfung der Geschäftsergebnisse, in denen über Zahlen gesprochen wurde, und über Aktionspläne, die aus schriftlich niedergelegten Aufgabenkatalogen bestanden. Nun freuen sich alle Führungskräfte auf die Quartalssitzungen und spornen ihre Teams zu kontinuierlicher Spitzenleistung an, indem sie die Teambeiträge zu den

Unternehmenszielen in überzeugenden Präsentationen vorstellen und inspirierende Beispiele schildern. Anschließend verlassen sie diese Führungskonferenzen mit noch größerer Energie und Enthusiasmus, als sie in das Treffen einbrachten.«

Das ist die Quintessenz des 4DX-Prozesses. Er endet nicht mit einem Bonus oder einer anderen Form der Anerkennung, sondern mündet mit jeder WIG-Session und jedem Führungsgipfel in eine Spirale der ständig steigenden Bereitschaft zur Spitzenleistung und Produktion erstklassiger Ergebnisse.

»Wir haben noch einen langen Weg vor uns, um unsere globalen Wettbewerber einzuholen. Mein Vertrauen in die 4DX-Methode macht dieses Ziel jedoch zu einem erreichbaren Ziel und ich gehe davon aus, dass wir den Erfolg schneller spüren werden als erwartet. Ich würde nachfolgend gerne aus meiner eigenen Erfahrung mit diesem hocheffektiven System zitieren und wünsche FranklinCovey großen Erfolg bei der Implementierung der Philosophie der 4 Disziplinen in zahlreichen globalen Unternehmen, die sich immer noch in der Krise befinden …«

Dave Grissen und Marriott International, Inc.

Dave Grissen, Präsident des Amerikageschäfts von Marriott International, begann mit der Implementierung der 4 Disziplinen im Rahmen von Pilotprojekten in acht Hotels. Diese Hotels erzielten derart beeindruckende Ergebnisse, dass Dave und sein Team im Anschluss zwei größere Pilotprojekte in Angriff nahmen, um die 4 Disziplinen im Laufe der folgenden zwei Jahre in mehr als 700 Hotels der Marriott-Kette einzuführen. Das ist eine der größten und bedeutendsten Implementierungsinitiativen der 4 Disziplinen weltweit.

Nachfolgend Daves Schilderung über seine Erfahrung mit der Umsetzung des 4DX-Prozesses und die Erkenntnisse, die er dabei gewonnen hat:

»Ich möchte vorausschicken, dass Marriott ein führendes Unternehmen in der Hotelbranche ist und rund 3700 eigene Häuser weltweit betreibt, in denen etwa 192 000 Mitarbeiter arbeiten. Vor 85 Jahren hat die Marriott-Familie ihre zentralen Werte und Unternehmenskultur begründet, die heute noch jedem Mitarbeiter eingeprägt werden. J. Willard Marriott glaubte daran, dass ein Mitarbeiter, um den sich das Unternehmen kümmert, sich seinerseits um die Gäste kümmern wird, sodass diese gerne zurückkehren. Der Dienstleistungsgedanke, der in dieser Philosophie zum Ausdruck kommt, ist ein Eckpfeiler unserer starken Unternehmenskultur, unserer hohen Mitarbeiterzufriedenheit und unseres kontinuierlichen Wachstums. Wir suchen stets nach Wegen, um zu innovieren und unsere operativen Abläufe zu verbessern und dabei gleichzeitig unsere Kultur zu fördern.

Sobald ich von den 4 Disziplinen der Umsetzung erfuhr, glaubte ich daher, dieser Prozess würde perfekt zu unserem Unternehmen passen. Es war beinahe so, als habe jemand unseren Betrieb bereits beobachtet und einen Prozess entwickelt, der passgenau auf unsere Bedürfnisse zugeschnitten war. Der beste Beweis dafür ist die Tatsache, dass der 4DX-Prozess einer der wenigen Prozesse ist, um den sich alle reißen, anstatt Reißaus zu nehmen. In der Tat mussten wir bisher kein einziges Hotel explizit auffordern, an diesem Prozess teilzunehmen; alle kommen aus eigener Initiative auf uns zu.

Wir begannen die Implementierung der 4 Disziplinen im Rahmen von acht Pilotprojekten. Am Ende eines jeden Projekts hatte jedes der teilnehmenden Hotels beeindruckende Ergebnisse vorzuweisen. Das vielleicht beste Beispiel stammt aus unserem größten eigenbetriebenen Hotel, dem Marriott Marquis in New York: Im ersten Jahr der Implementierung erzielte das Team die höchste Gästezufriedenheitsbewertung in der 30-jährigen Geschichte dieses großartigen Hotels. Neben dieser Leistung konnte das Hotel auch die höchsten Umsätze und den höchsten Gewinn seit seinem Bestehen verzeichnen. Wie die meisten Führungskräfte wissen, ist die gleichzeitige Erzielung von Rekordergebnissen in den Bereichen Verkauf, Gewinn und Gästezufriedenheit in ein und demselben Jahr eine ziemliche Leistung.

Auf der Grundlage dieses Erfolgs trafen wir dann die Entscheidung, die 4 Disziplinen in mehr als 700 Hotels in Nord- und Südamerika einzuführen, um das WIG zu erreichen, das bevorzugte Hotelunternehmen auf beiden Kontinenten zu werden. Dafür stellten wir zunächst ein Team aus erfahrenen internen Führungskräften zusammen, die den Kern unserer Infrastruktur bilden und in Zusammenarbeit mit FranklinCovey für Orientierung und Verantwortlichkeit sorgen sollten. Die Gründung dieses internen Teams war für uns eine wichtige Investition. Sobald das Team feststand, konnten wir die 4 Disziplinen in jedem Hotel in unseren großen Märkten systematisch umsetzen. Wie Sie sich vorstellen können, war das ein gewaltiger Kraftakt, der auf allen Führungsebenen umfangreiche Investitionen erforderte. Wir stellten jedoch fest, dass sich die Führungskräfte in allen Städten nicht nur auf diesen neuen Prozess verpflichteteten, sondern die 4 Disziplinen mit echter Leidenschaft anwendeten, um ihre jeweiligen wichtigsten Ziele zu erreichen.

Innerhalb von zwei Jahren gelang es uns, fast 4000 Manager in der Methodik auszubilden und die Implementierung der 4 Disziplinen in mehr als 700 Hotels, unseren nationalen Verkaufsteams und zahlreichen unserer zentralisierten Unternehmensfunktionen, wie Personal und IT, abzuschließen. Während dieser Zeit begannen rund 10 000 Mitarbeiter, den 4DX-Prozess anzuwen-

den, und erfüllten eine Million zielorientierter Commitments. Das zeigt das außerordentliche Engagement der Mitarbeiter für diesen Prozess sowie die enorme Reichweite seiner Implementierung.

Während wir unsere Pläne für eine weitere Implementierung fortsetzen, wissen wir nun, dass die 4 Disziplinen der Umsetzung ein Betriebssystem darstellen, mit dem wir große Gruppen von Menschen auf sehr konkrete und präzise Ziele fokussieren und diesen Fokus wahren können, bis die Ziele erreicht sind. Die Umsetzungsplattform ermöglicht den Hotels, ihre eigenen auf die übergeordnete Vision des Unternehmens ausgerichteten Teilziele zu formulieren. Diese klare Vision hilft den Mitarbeitern zu verstehen, auf welche Weise ihre tägliche Arbeit zu den übergeordneten Unternehmenszielen beiträgt. Und sie spüren, dass sie alle an einem Strang ziehen und auf ein gemeinsames Ziel hinarbeiten. Das Ergebnis ist, dass wir ein Niveau an Anpassungsfähigkeit, Fokus, Engagement und Rechenschaftslegung erreicht haben, das in unserer Branche einzigartig ist.

Wenn ich zurückblicke und überlege, welchen Rat ich anderen Führungskräften geben würde, die dieses Buch lesen, würde ich gerne einige Schlüssellektionen nennen, die ich für überaus wichtig halte.

Erstens: Gestalten Sie die Implementierung so, dass sie zu Ihrer Unternehmenskultur passt. *Zwar funktionieren die 4 Disziplinen in jeder Kultur, aber die Umsetzungsmethoden werden auf der Basis der unverwechselbaren Merkmale Ihrer Organisation, Ihrer Mitarbeiter und der Aspekte variieren, auf die sie am besten reagieren. Hätte ich in unserer Kultur die Umsetzung der 4 Disziplinen in jedem Hotel von oben angeordnet, hätte das nicht funktioniert. Das wäre zwar möglicherweise die effizienteste Methode gewesen, doch unsere Kultur verlangte,* *dass wir alle Beteiligten überzeugten, sodass sie sich emotional und nicht aus reiner Pflichterfüllung dazu bekannten. Um das zu erreichen, brachten wir die Hotelmanager der ersten acht Pilotprojekte, von denen viele seit Jahrzehnten zum Unternehmen gehören, auf einer Regionalkonferenz mit den Hotelmanagern anderer Hotels zusammen. Die Berichte jedes einzelnen Hotelmanagers der Pilotprojekte, in denen sie bestätigten, dass die 4 Disziplinen ihren jeweiligen Teams geholfen hatten, ihren Fokus und ihre Ergebnisse zu verbessern, waren von unschätzbarem Wert. Und als sie ausnahmslos bestätigten: ›Wir werden nie zu unseren früheren Umsetzungsmethoden zurückkehren‹, wurden die anderen Hotelmanager von ihrem Enthusiasmus angesteckt.*

Als Führungskraft ist man stets versucht, die Ideen, an die man selbst glaubt, mit Engagement und Leidenschaft umzusetzen. Was Sie jedoch erkennen müssen, ist die Tatsache, dass Sie nicht den Grad an Engagement wecken werden, der für eine erfolgreiche Umsetzung nötig ist, wenn Sie den 4DX-Prozess so vorstellen, dass alle meinen, dabei handele es sich um eine x-beliebige Idee. Wir haben alle schon versucht, Konzepte umzusetzen, von denen wir glaubten, wir hätten das Commitment aller Beteiligten gewonnen, nur um hinterher festzustellen, dass die Organisation diese Konzepte einfach dahinsiechen ließ. Das geschieht nicht, weil die Leute das Konzept ablehnen, sondern weil sie völlig vom Tagesgeschäft absorbiert sind. Ein echtes Bekenntnis zu und eine innere Überzeugung von einem neuen Konzept zu erzielen dauert länger, aber die Ergebnisse sprechen für sich. Natürlich können Sie das Ziel vorgeben, die Markteinführungszeit für ein neues Programm zu verkürzen, aber die entscheidende Frage lautet: Werden Ihre Leute das auch tun? Was die 4 Disziplinen betrifft, lohnt es sich, diese zusätzliche Zeit zu investieren, weil Sie damit eine erfolgreichere Umsetzung und wesentlich bessere Ergebnisse erzielen.

Zweitens: Machen Sie sich klar, dass die Implementierung der 4 Disziplinen in einem bereits sehr erfolgreichen Unternehmen wesentlich schwieriger ist. *Wenn Ihr Unternehmen in einer Krise steckt, können Sie Ihrem Team leicht die Dringlichkeit einer Veränderung vor Augen führen. Wenn Sie jedoch ein Unternehmen leiten, das seit Jahren sehr erfolgreich ist, fällt es Ihren Leuten viel schwerer, die Dringlichkeit zu erkennen, etwas Neues auszuprobieren. Dann steigt auch die Wahrscheinlichkeit, dass sie die Gültigkeit neuer Konzepte infrage stellen. Führungskräfte, denen das Wasser bis zum Hals steht, greifen dagegen nach jedem Rettungsring. Erfolgreiche Führungskräfte brauchen Zeit und die Gelegenheit, ein neues Konzept zu bewerten und seinen Wert selbst zu testen. Die Ergebnisse der Pilotprojekte in Kombination mit unserer Dienstleistungskultur und unserer Überzeugung, dass Erfolg keine Lorbeeren sind, auf denen wir uns ausruhen können, hat uns dabei geholfen, unsere Führungskräfte zu überzeugen und ins Boot zu holen. Die umfassende Kenntnis Ihrer Kultur und Ihrer Führungskräfte und das Wissen, wie sie ticken und wie neue Konzepte dementsprechend umgesetzt werden müssen, ist ein weiterer wichtiger Aspekt, der für eine sorgfältige stufenweise Einführung im gesamten Unternehmen spricht.*

Drittens: Die Unternehmensführung, das heißt die Vorstände, müssen alle Linienmanager kontinuierlich zur Rechenschaft ziehen. *Mit anderen Worten: Sind sie einmal im Boot, müssen sie rudern. Damit das geschieht, brauchen Sie Instrumente, zum Beispiel Berichtssysteme und eine regelmäßige Prüfung unserer abgegebenen Versprechen über alle Ebenen hinweg. Beides liefern die 4 Disziplinen und die dazugehörige Software (my4dx.com). Wenn die Manager, die an Sie berichten, verstehen, dass Sie diesen Prozess so ernst nehmen, dass Sie jede Woche die Fortschritte überprüfen, werden sie ihn auch ernst nehmen und sich nicht ihrer Verantwortung entziehen.*

Das System reicht bis zu mir, und ich überprüfe jede Woche die Ergebnisse. Der beste Weg, um zu demonstrieren, dass dies der neue und für alle verbindliche Umsetzungsprozess ist, besteht darin, alle für ihre jeweiligen Ergebnisse verantwortlich zu halten. Sobald Sie einen Manager aus dieser Verantwortung entlassen, verbreitet sich diese Botschaft wie ein Lauffeuer und der Fokus verschwimmt. Die Transparenz des Systems trägt dazu bei, weil alle Spitzenführungskräfte – meine Person eingeschlossen – die Details auf der Ebene aller unserer Häuser sehen können. Jeder leidenschaftlich engagierte Manager braucht den zusätzlichen Druck der Rechenschaftspflicht, damit er neben dem aufreibenden Tagesgeschäft nicht den Fokus verliert.

Viertens: Sorgen Sie für eine Infrastruktur, welche die Implementierung unterstützt. *Wenn es sich um ein kleines Implementierungsprojekt handelt, reichen ein oder zwei 4DX-Coaches möglicherweise aus. Angesichts des geplanten Umfangs und Zeitrahmens unseres Projekts würden wir ohne eine entsprechende Infrastruktur scheitern. Die damit verbundenen notwendigen Investitionen sind immer eine große Herausforderung. Das setzt hochkompetente Leute voraus. Wir haben dafür langjährige Führungskräfte mit entsprechender Erfahrung im operativen Hotelgeschäft ausgesucht, die zudem nachweislich über die Fähigkeit verfügen, andere positiv zu beeinflussen und Ergebnisse zu liefern. Im Rückblick kann ich sagen, dass das eine unserer wichtigsten Entscheidungen gewesen ist.*

Neben hochkompetenten Führungskräften, welche die Implementierung der 4 Disziplinen vorantreiben sollten, brauchten wir aber auch die richtigen Instrumente, Systeme und Schulungsprogramme zur Unterstützung. Wir gaben unserem Programm einen Namen, der als Markenzeichen diente, um unser Commitment als Unternehmen auszudrücken und den Prozess zu einem integralen Bestandteil unserer Kultur zu machen. Außerdem entwickelten wir Berichtsinstrumente zur Verfolgung der Leistungen und Ergebnisse und führten virtuelle Schulungen durch. Da wir den Prozess in 15 Ländern mit unterschiedlichen Sprachen ausrollten, brauchten wir unterschiedliche Schulungsmethoden, um das Programm in dem anvisierten Zeitraum umzusetzen und die Markteinführungszeit zu verkürzen.

Fünftens: Denken Sie daran, dass die Implementierung der 4 Disziplinen das Engagement Ihrer Teams steigern wird. *Um den Kreis zu meinem ersten Hinweis zu schließen, wie wichtig das Verständnis der eigenen Unternehmenskultur ist, möchte ich abschließend betonen, dass die 4 Disziplinen selbst eine bereits sehr starke Kultur wie unsere noch stärker und besser machen können. Da jedes einzelne Teammitglied klar erkennen kann, welche Wirkung seine individuelle Leistung auf das Scoreboard seines Teams hat, sind die Teammitglieder nicht nur für die Ergebnisse verantwortlich, sie sind auch emotional engagiert. Sie können sehen, dass ihre tägliche Arbeit echte Bedeutung hat. Das ist zwar etwas, was in unserem Unternehmen schon immer gegolten hat, aber die Umsetzung der 4 Disziplinen hat uns geholfen, das bereits ausgeprägte Engagement unserer Mitarbeiter weiter zu stärken. Wie schon erwähnt, hat jeder Mitarbeiter die Ziele, die direkt mit unseren Kernwerten verknüpft sind, klar vor Augen. Jeder bei uns, von den Mitarbeitern, die im direkten Gästekontakt stehen, über das mittlere Management bis hin zu unseren Vorständen für das operative Geschäft, weiß, dass seine individuelle Leistung zur Erreichung der Unternehmensziele beiträgt. Das verleiht unseren Mitarbeitern eine echte Stimme, denn jeder kann etwas bewirken. Wir innovieren von der Basis aus.*

Zwar fokussieren die 4 Disziplinen auf die Umsetzung von Unternehmenszielen, doch daneben bieten sie den Zusatznutzen, dass sie den Mitarbeitern Fähigkeiten verleihen, die sie in ihrer gesamten beruflichen Laufbahn und sogar außerhalb ihres beruflichen Lebens anwenden können. Wir haben zahllose Anekdoten von unseren Mitarbeitern gehört, die diese Konzepte auf ihr Privatleben übertragen haben. Diese Art Weiterbildung, Schulung und Investition in unsere Führungskräfte ist eine weitere Methode, mit der wir das Engagement unserer Mitarbeiter für das Unternehmen kontinuierlich stärken.

Die Anwendung der 4 Disziplinen war und ist eine beispiellose Investition in unser Unternehmen und unsere Mitarbeiter, und sie verändert die Art und Weise, wie wir unser Geschäft betreiben. Egal ob wir unsere Ziele auf Marktanteile, Gewinn oder Gästezufriedenheit fokussieren, wir wissen immer, dass wir mit der konsequenten Anwendung der 4 Disziplinen jedes Ziel erreichen können.«

Ob es um die Entwicklung einer herausragenden Geschäftskompetenz oder allgemeine Lebenskompetenz geht, die 4 Disziplinen sind ein allumfassender Prozess der Rechenschaftslegung – sei es sich selbst gegenüber oder gegenüber Dritten – und letztlich der Leistungssteigerung.

Unternehmensweite Einführung des 4DX-Prozesses

Von allen Kapiteln ist dieses für uns das schwierigste gewesen. Unsere Absicht ist, Ihnen eine erprobte Methode zur Installierung des 4DX-Prozesses vorzustellen, die sich nicht nur für ein einzelnes Team bewährt, sondern auch für große Organisationen mit einer Vielzahl von Teams. Wir haben viele Jahre mit der Entwicklung dieser Methode verbracht.

In den ersten drei Jahren unser 4DX-Projektarbeit mit unseren Kunden konnten wir die Disziplinen so weit verfeinern, dass wir uns von ihrer Effektivität überzeugen konnten, und zwar nicht nur theoretisch, sondern durch handfeste Ergebnisse. Eine unternehmensweite Einführung des 4DX-Prozesses bereitete uns jedoch noch einiges Kopfzerbrechen.

Unsere Kunden waren diesen Konzepten gegenüber von Anfang an sehr aufgeschlossen, und bei praktisch jeder Implementierung sahen wir »Erfolgsinseln«, die wir als *Lagerfeuer* bezeichneten. Eine Gruppe von Weltraumingenieuren, ein individuelles Einzelhandelsgeschäft, ein Softwareentwicklerteam und ein Fertigungswerk waren einige der isolierten Erfolgsinseln, die wir entdeckten. Diese Teams wurden fast immer von Führungskräften geleitet, die klar vor Augen hatten, was 4DX für das Team und für sie persönlich bedeutete. Das war der Motor, der sie zu Spitzenleistungen antrieb. Diesen Erfolg über das gesamte Unternehmen zu replizieren und vereinzelte Lagerfeuer in einen Flächenbrand zu verwandeln, war eine Herausforderung, für die wir erst noch eine Lösung finden mussten.

Wir wussten, dass unser Installierungsprozess genauso ausgefeilt sein musste wie die Disziplinen selbst – doch zunächst mussten wir verstehen, warum er noch nicht reibungslos funktionierte.

Was hat sich nicht bewährt?

FranklinCovey ist seit mehr als 30 Jahren eine der erfolgreichsten Trainings- und Kulturentwicklungsfirmen der Welt. Angesichts dieses Erbes war es praktisch unvermeidlich, dass wir die 4 Disziplinen zunächst als Schulungslösung anboten. Das war, wie sich herausstellte, ein Fehler.

Wie Bernard Baruch angeblich gesagt haben soll: »Wenn Sie nichts anderes haben als einen Hammer, sieht alles wie ein Nagel aus.« Trainergeführte Schulungen waren unser Geschäft, und das verstanden wir gut. In unseren ersten Projekten zogen wir für einige Tage Dutzende Führungskräfte aus dem Tagesgeschäft ab, um ihnen das 4DX-Konzept zu vermitteln, und erhielten die Rückmeldung, die Schulung sei fesselnd und von hoher Relevanz. Am Ende der Schulungssitzungen äußerten sich die Teilnehmer mit echter Leidenschaft über die vermittelten Inhalte. Doch wir – und sie ebenso – mussten die harte Lektion lernen, dass die Überzeugung von einem neuen Konzept nicht dasselbe ist wie seine praktische Umsetzung.

Das Problem ist, dass das Tagesgeschäft die Teilnehmer augenblicklich wieder vereinnahmt, sobald sie den Schulungsraum verlassen haben. Bis sie ihre liegen gebliebene Arbeit aufgeholt haben und wieder auf dem aktuellen Stand sind, sind die Energie und Dynamik, welche die neuen Konzepte in ihnen geweckt haben, bereits verpufft. Die Implementierung neuer Konzepte wird auch dadurch erschwert, dass die Leute, mit denen Sie arbeiten, möglicherweise eine andere Sicht der Dinge haben als Sie, vor allem wenn die Konzepte zunächst der Intuition zu widersprechen scheinen. Und schließlich sind die 4 Disziplinen zwar leicht verständlich, aber am Ende sind und bleiben es *Disziplinen*. Es ist harte Arbeit, sie zu einem integralen Bestandteil der Kultur und der operativen Prozesse eines Unternehmens zu machen. Dr. Atul Gawande bringt das sehr gut zum Ausdruck:

> *»Diszipliniertes Handeln ist schwer – schwerer als Vertrauenswürdigkeit und Kompetenz und möglicherweise sogar schwerer als Selbstlosigkeit. Wir sind von Natur aus mängelbehaftete, unbeständige Wesen. Wir können nicht einmal die Disziplin aufbringen, zwischen den Mahlzeiten nicht zu naschen. Wir sind einfach nicht für Disziplin, für Sorgfalt im Detail gemacht, sondern für Neues und Aufregung. Disziplin ist etwas, was wir uns durch harte Arbeit aneignen müssen.«*[27]

Trotz dieser Herausforderungen haben wir oft einflussreiche Führungskräfte kennengelernt, die den 4DX-Prozess übernommen und außerordentliche Ergebnisse erzielt haben. Das galt jedoch nur für einige wenige der Führungskräfte, die wir geschult hatten. Uns wurde klar, dass die unternehmensweite Installierung dieses Prozesses mit dem Ziel, strategische Unternehmensziele zu realisieren, ein Implementierungssystem erforderte, welches das Unternehmen in eine Erfolgsmaschine verwandeln konnte.

Was hat sich bewährt?

Als wir die Führungskräfte und Teams genauer betrachteten, die den 4DX-Prozess erfolgreich umgesetzt hatten, begannen wir, ein ganz anderes Implementierungssystem für die 4 Disziplinen zu entwickeln. Nachfolgend die Schlüsselaspekte unseres Ansatzes:

Die 4 Disziplinen müssen als Prozess und nicht als einmaliges Ereignis implementiert werden. In diesem Kapitel werden wir

Ihnen sechs charakteristische Schritte für die erfolgreiche Einführung der 4 Disziplinen auf allen Ebenen einer Organisation vorstellen. Diese Schritte sind auf ein einzelnes Team gleichermaßen anwendbar wie auf größere Unternehmensbereiche.

Die 4 Disziplinen müssen in Zusammenarbeit mit kompletten Teams umgesetzt werden. Anstatt mit einzelnen Managern aus unterschiedlichen Unternehmensbereichen zu arbeiten, arbeiten wir mit allen Managern, die zur Erreichung der übergeordneten Unternehmens- oder Organisationsziele nötig sind. Das ist ein entscheidender Aspekt, weil fast alle Unternehmens- oder Organisationsziele eine gemeinsame Anstrengung zahlreicher unterschiedlicher Teams erfordern. Das heißt jedoch nicht, dass Sie die 4 Disziplinen in allen Unternehmensbereichen und auf allen Stufen gleichzeitig umsetzen. Wir haben festgestellt, dass es in großen Unternehmen oft am effektivsten ist, mit zehn, maximal 20 Teams gleichzeitig zu arbeiten. Wenn das übergeordnete Unternehmensziel zum Beispiel lautet, den Umsatz zu steigern, beginnen wir womöglich mit zehn Verkaufsmanagern und ihren jeweiligen Teams oder zehn Einzelhandelsgeschäften oder sogar zehn Abteilungen in einer großen Produktionsstätte. Sobald die Pilotteams erste Erfolge vorweisen können, wird das Interesse in anderen Unternehmensbereichen geweckt, und das erleichtert die folgenden Implementierungen.

Die 4 Disziplinen müssen von allen Führungsebenen umgesetzt werden. Unseren größten Durchbruch erzielten wir mit der Erkenntnis, dass die erfolgreichste Implementierungsmethode darin bestand, die 4 Disziplinen von allen Führungskräften einführen zu lassen. Anstatt die Einführung der Disziplinen einem unserer Berater zu überlassen, veränderten wir unseren Prozess dahingehend, dass wir alle Führungsebenen individuell einbinden, damit sie die 4 Disziplinen gemeinsam mit ihren jeweiligen Teams einführen konnten.

Und hier die Gründe für die deutlich verbesserten Ergebnisse, die wir mit der veränderten Herangehensweise erzielten:

- Wenn Sie sich neues Wissen aneignen, das Sie anschließend weitervermitteln müssen, dann verinnerlichen Sie es. Neues Wissen verfestigt sich am besten durch Weitervermittlung an Dritte. Dass dieses Prinzip zutrifft, konnten wir bei vielen Hundert Implementierungsprojekten unmittelbar feststellen.

- Indem Sie Wissen vermitteln, identifizieren Sie sich automatisch mit den Inhalten. Die Einführung des Prozesses durch einen unserer Berater reduzierte die Manager zu passiven Zuschauern. Da sie selbst nicht aktiv werden mussten, entwickelten sie kein Engagement. War es dagegen der Manager selbst, der seinem Team den 4DX-Prozess nahebrachte, war er mit Engagement bei der Sache. Mit anderen Worten: Wenn Sie derjenige sind, der die Disziplinen vermitteln soll, müssen Sie selbst davon überzeugt sein, sonst wird es nicht funktionieren.

- Wenn Sie derjenige sind, der die 4 Disziplinen vermittelt, müssen Sie auch nach ihnen leben. Eine Disziplin und ihre verbindliche Anwendung einzuführen, sich aber selbst nicht daran zu halten, ist unglaubwürdig.

- Wenn Sie als Manager die 4 Disziplinen einführen, wird das Team aufgrund Ihrer Glaubwürdigkeit anders reagieren, als wenn die Disziplinen von einem internen oder externen Berater eingeführt werden. Im letztgenannten Fall besteht die Tendenz, dass die Mitarbeiter erst einmal abwarten, ob mit der neuen Initiative nicht schon wieder »eine neue Sau durchs Dorf getrieben« wird. Die erste Person, deren Verhalten sie aufmerksam beobachten werden, sind Sie, ihre Führungskraft. Wenn Sie höchstpersönlich den Prozess vermitteln, für ihn werben und ihn selbst befolgen, dann wissen Ihre Mitarbeiter auch sofort, dass es ernst gemeint ist.

Wenn wir diese Implementierungsmethode in unseren Programmen beschreiben, erkennen die Führungskräfte sofort ihren Nutzen. Einige sorgen sich allerdings hinsichtlich ihrer eigenen Fähigkeiten, so viele Veränderungen effektiv zu kommunizieren und umzusetzen. Zweifellos setzt eine erfolgreiche Einführung und Etablierung des Prozesses eine sorgfältige Vorbereitung voraus. Wir können Ihnen jedoch sagen, dass wir Tausende von Managern und Führungskräften mit ganz unterschiedlichen Fähigkeiten und Erfahrungen erlebt haben, denen das hervorragend gelungen ist.

Der 4DX-Implementierungsprozess

Die folgenden sechs Schritte führen nicht nur zu außergewöhnlichen Ergebnissen, sondern vor allem zur Implementierung eines nachhaltigen Betriebssystems, das eine systematische Zielerreichung für die Zukunft garantiert.

Da die meisten unserer Kunden den 4DX-Prozess aus Zeit- und Effizienzgründen bei möglichst vielen Teams gleichzeitig einführen wollen, präsentieren wir hier einen Multi-Team-Prozess für zehn oder mehr Teams auf operativer Ebene.

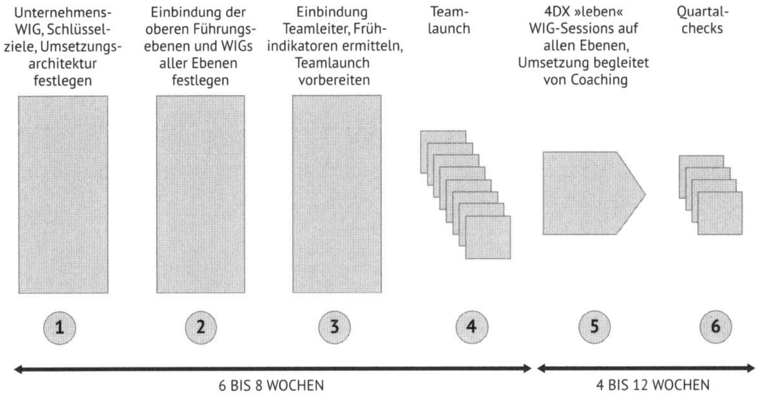

Dieses Diagramm zeigt die sechs Schritte des 4DX-Prozesses und die empfohlene Umsetzungsfrist.

Schritt 1: Das Design der Implementierung. Der oberste Leiter der Organisationseinheit, für den der Prozess implementiert werden soll – üblicherweise der CEO oder ein Bereichsleiter –, definiert zusammen mit seinem Führungsteam das sogenannte Primary-WIG, also das WIG für die jeweilige Gesamtorganisation (siehe Seite 189).

Im Anschluss werden ein bis drei Schlüsselziele beschlossen, die das Primary-WIG am effektivsten unterstützen. Abschließend wird dann gemeinsam mit dem FranklinCovey-Berater die passende Umsetzungsarchitektur (welche Organisationseinheiten werden eingebunden et cetera) festgelegt.

Dieser Schritt dauert üblicherweise ein bis zwei Tage und stellt für unsere Kunden allein schon einen großen Nutzen hinsichtlich ihrer Fokussierung dar.

Schritt 2: Einbindung der obersten Führungsebenen. Die im Buch beschriebene Methodik mit den operativen Frühindikatoren, Scoreboards et cetera, funktioniert wie beschrieben auf der

Teamleiterebene. Was machen dann aber die oberen Führungskräfte in diesem Prozess? Haben sie auch Frühindikatoren, Scoreboards und WIG-Sessions?

Ja das ist der Fall. Ihre Aufgaben bestehen jedoch primär darin, den Gesamtprozess und die Performance ihrer Teams zu stärken. Wie sie das tun, geschieht im zweiten Schritt.

Sie definieren – abgeleitet vom Unternehmens-WIG und den Schlüsselzielen – ihre eigenen WIGs als Ergebniskennzahlen und erlernen den Umgang mit my4DX (dem webbasierten IT-System), welches ihnen als Steuerungsinstrument (Stichwort Executive Scoreboard) für 4DX dient.

Sie legen ihre eigenen WIG-Sessions fest und fangen selbst an, den 4DX-Prozess vorzuleben.

Dieser Prozess dauert üblicherweise eineinhalb Tage.

Schritt 3: Einbindung der Teamleiter. Die Teamleiter arbeiten mit ihren operativen Teams mit operativen Frühindikatoren und physischen Team-Scoreboards. Sie halten im 4DX-Prozess die regelmäßigen WIG-Sessions oder auch WIG-Treffen ab.

In Schritt 3 definieren sie in der Gruppe auf Basis ihrer – mit den oberen Ebenen vorher abgestimmten – ein bis zwei Team-WIGs, ihre effektivsten Frühindikatoren und machen Erstentwürfe für ein physisches Team-Scoreboard.

Die Definition der Frühindikatoren ist für die Teamleiter meist die größte Herausforderung im gesamten 4DX-Prozess. Wie wir gesehen haben, hat kaum ein Manager damit echte Erfahrung. Die Bestimmung von Frühindikatoren, die sowohl beeinflussbar sind als auch eine verlässliche Prognose über die Zielerreichung treffen, ist eine komplexe Aufgabe, die oftmals mehrerer Anläufe bedarf.

Achtung! Vergessen Sie nicht, dass das Team-WIG und die dazugehörigen Frühindikatoren solange nicht endgültig feststehen, bis sie im Schritt 4, dem Teamlaunch, endgültig vom eigenen Team bestätigt wurden. Denken Sie daran: »No involvement, no commitment!«

Weiterhin werden die Teamleiter darin befähigt, die 4DX-Methodik in ihren operativen Teams selbst zu implementieren.

Dieser Workshop dauert üblicherweise zwei oder zweieinhalb Tage.

Schritt 4: Team-Launch. Alle eingebundenen Teamleiter haben nun drei bis vier Wochen Zeit, einen internen Workshop mit ihrem Team durchzuführen. In diesem Workshop tun sie folgendes:

1. Sie geben dem Team einen kurzen Überblick über die Methodik von 4DX. Hierfür bekommen sie von FranklinCovey alle notwendigen Anschauungsmaterialien an die Hand (Präsentationen, Videos et cetera).

2. Sie stellen das Unternehmens-WIG und die komplette Zielkaskade bis zu ihrem Team vor.

3. Sie stellen das eine, beziehungsweise die beiden, Team-WIGs vor und holen sich Feedback vom Team ein.

4. Sie stellen die in Schritt 3 gefundenen Frühindikatoren vor und lassen diese vom Team überarbeiten. Das ist von hoher Wichtigkeit für das spätere Engagement des Teams!

5. Das Team erstellt einen Entwurf für das eigene physische Scoreboard.

6. Sie legen gemeinsam den Termin der WIG-Session fest und fangen sofort mit der ersten Commitment-Runde an.

Ein solcher interner Workshop dauert üblicherweise zwischen zwei bis vier Stunden. Ab hier läuft der 4DX-Prozess nun auf Hochtouren

Schritt 5: 4DX-Umsetzung begleitet von Coaching. Die Schritte 1 bis 4 stellen die Initiierungsphase der Implementierung der 4 Disziplinen dar. Zwar sind sie erfolgskritisch, aber sie gehören zur Vorbereitungsphase der eigentlichen Zielverfolgung, die mit Schritt 5 beginnt.

Nun beginnen die Führungskräfte und ihr Team den wöchentlichen Prozess der Erfüllung der Frühindikatoren, um ihr Teilziel zu erreichen. Dieser Prozess setzt Disziplin und Rechenschaftslegung voraus. Mit jeder Woche entwickelt sich das Team weiter, gewinnt Erfahrung, verpflichtet sich auf immer verantwortungsvollere und effektivere Aktivitäten und verbessert den Ablauf seiner WIG-Sessions. Sobald sich die Frühindikatoren verändern, kann das Team sehen, dass seine konzentrierten Anstrengungen Einfluss auf die Ergebniskennzahl haben. Mit jeder Veränderung sehen sie, dass sie auf dem richtigen Weg sind.

Nach unserer Erfahrung brauchen Führungskräfte üblicherweise rund drei Monate, in denen sie neue Verhaltensweisen fördern und unerwartete Herausforderungen bewältigen müssen. 4DX-Coaches helfen den Führungskräften dabei, nicht vom eingeschlagenen Kurs abzuweichen und sich strikt an den Prozess zu halten, die Frühindikatoren erfolgreich zu erfüllen und die vierteljährlichen Führungskonferenzen vorzubereiten. Unsere erfahrenen Berater coachen die Führungskräfte und entwickeln parallel qualifizierte unternehmensinterne Coaches – eine Rolle, die im folgenden Abschnitt ausführlicher vorgestellt wird.

Schritt 6: Die Quartalschecks. Es hat sich herausgestellt, dass quartalsweise halbtägige Treffen der Führungskräfte, die Erstimplementierung von 4DX sehr positiv beeinflussen. Hier tauschen sich die Führungskräfte über die ersten Erfolge, die ersten Misserfolge, sowie über die Best Practices für den erfolgreichen Einsatz von 4DX aus.

Die wichtige Rolle des internen Coaches

Wir haben festgestellt, dass die Ernennung eines unternehmensinternen 4DX-Coaches die Wahrscheinlichkeit einer erfolgreichen Installierung des 4DX-Prozesses deutlich erhöht. Erstens hilft der Coach dabei, operationale Bruchstellen im 4DX-Prozess zu reparieren. Er bietet Führungskräften Anleitung, die mit schwierigen Verweigerern umgehen müssen oder die Beratung hinsichtlich der Qualität der Frühindikatoren oder Hilfe bei der Einrichtung des Systems zur regelmäßigen gegenseitigen Rechenschaftslegung brauchen. Außerdem unterstützt er die Führungskraft im Sinne einer vorbeugenden Überwachung, um zu gewährleisten, dass die Teams den Prozess einhalten, und macht auf frühe Warnsignale aufmerksam, wenn ein Team Gefahr läuft, Opfer des Tagesgeschäfts zu werden.

Wir empfehlen dringend eine Aufteilung der Rolle des Coaches auf zwei Personen, um Terminkonflikte oder unvorhergesehene Personalwechsel abzufedern. Interne Coaches bringen dem Unternehmen folgende Vorteile:

- **Reaktionsfähigkeit.** Mit der Ernennung und Entwicklung ausgewählter Individuen für diese Rolle schafft die Organisation eine bedeutende Wissensressource und sorgt für eine unverzügliche praktische Unterstützung der 4DX-Führungskräfte. Das macht einen Rückgriff auf externe Ressourcen überflüssig.

- **Unabhängigkeit.** Je erfahrener und kompetenter der interne Coach ist, desto geringer ist der Bedarf an dauerhafter externer Beratung.

- **Kontinuität.** Wenn neue Führungskräfte gewonnen oder Nachwuchskräfte in Führungsrollen befördert werden, können interne Coaches diese schnell in ihre 4DX-Rolle einarbeiten.

Zwar ist die Rolle des internen Coaches keine Vollzeittätigkeit, dennoch ist die Auswahl der richtigen Kandidaten überaus wichtig. Ein kompetenter 4DX-Coach verfügt über ein profundes und umfassendes Wissen über das Geschäft, ausgeprägte Kommunikationsfähigkeiten und die Fähigkeit, gute Arbeitsbeziehungen zu knüpfen und zu pflegen. Die Effektivität eines Coaches manifestiert sich im Wesentlichen in seinem Einfluss auf Dritte und weniger in formaler Autorität.

Im Laufe der Jahre haben wir in den unterschiedlichsten Bereichen hervorragende Coaches erlebt: operationales Management, Fast-Track-Programme für Führungskräfteentwicklung, Qualitätssicherung, Six Sigma und Lean Management Belts. Die besten Coaches verbindet vor allem eines: Interesse an und Kapazitäten für die Rolle als Coach. Coaches, die zwar großes Interesse an ihrer Rolle zeigen, aber vom Tagesgeschäft so sehr vereinnahmt werden, dass sie nicht über ausreichend Kapazitäten verfügen, können nicht die nötige Zeit und Energie investieren, um eine erfolgreiche Implementierung zu gewährleisten. Diejenigen, die zwar die Kapazitäten, aber nicht das nötige Interesse aufbringen, können für die Implementierung und damit für die Zielerreichung sogar zum Bremsklotz werden. Einer unserer Kunden sagte kürzlich: »Wenn sie alle Zeit der Welt haben, hat das vermutlich seine Gründe.«

Nach unserer Erfahrung wurde jede nachhaltig erfolgreiche Implementierung von einem effektiven Coach begleitet. Zwar erfordert die Erreichung anspruchsvoller Ziele in erster Linie die kombinierte Anstrengung der Führungskräfte und ihrer jeweiligen Teams, dennoch ist der 4DX-Coach für eine erfolgreiche Implementierung und die Nachhaltigkeit überdurchschnittlicher Ergebnisse von maßgeblicher Bedeutung.

Achtung!

Auf drei potenzielle Fallstricke sollten Sie besonders achten. Wenn Sie einen von ihnen entdecken, ist es eine Überlegung wert, ob es nicht besser wäre, die Implementierung des 4DX-Prozesses zu verschieben, bis er beseitigt ist.

- **Es fehlt ein wirklich bedeutendes Ziel.** 4DX ist ein äußerst effektiver Prozess zur Erreichung Ihrer vorrangigsten strategischen Ziele, aber er ist kein Selbstzweck. Je wichtiger das übergeordnete Gesamtziel ist, desto stärker ist das Bekenntnis des Unternehmens und seiner Führung zur Zielerreichung und desto schneller wird die Unternehmensführung die 4 Disziplinen einführen. Ohne diesen Fokus verlieren die Disziplinen einen Teil ihrer Effektivität.

- **Die Unternehmensführung beziehungsweise die zweite Führungsebene steht nicht bedingungslos dahinter.** Wenn die Unternehmensführung beziehungsweise die zweite Führungsebene nicht bedingungslos hinter dem 4DX-Prozess steht, wird sich das Unternehmen nie vollkommen damit identifizieren. Wie gesagt ist diese Voraussetzung nicht auf die Unternehmensführung beschränkt, sondern gilt auch für die Führungskräfte der nachfolgenden Führungsebenen, die für die Initiative verantwortlich sind. Die Implementierung des 4DX-Prozesses, egal in welchem Unternehmensbereich sie stattfindet, verlangt eine bedingungslose Identifikation. Wenn der 4DX-Prozess lediglich als Option für interessierte Manager betrachtet wird, ist die Implementierung gescheitert, noch bevor sie überhaupt begonnen hat.

- **Es werden Manager auf der falschen Ebene eingebunden.** Es ist absolut erfolgsentscheidend, dass jene Manager eingebunden werden, die tatsächlich für die Vermittlung und kontinuierliche Verfolgung des 4DX-Prozesses verantwortlich sind. Ohne sie können Sie das Spiel nicht gewinnen.

Eine hilfreiche Leitlinie lautet, Führungskräfte in Vollzeitrollen auf der untersten Managementebene einzubinden. Ein Beispiel: In einem großen Supermarkt wäre der Leiter der Backwarenabteilung zu nachrangig, weil es sich dabei zumeist um einen normalen Mitarbeiter handelt, der zusätzlich eine Art Aufsichtsfunktion in diesem Bereich erfüllt. Die richtige Ebene wäre der Filialleiter. In einem Fertigungswerk wäre der Werksmanager möglicherweise eine Ebene zu hoch; hier wäre der Schichtleiter die richtige Ebene.

Berücksichtigen Sie auch die Menge an verfügbarer Zeit, die ein Manager auf den 4DX-Prozess verwenden kann. Manager, die ihren Terminkalender selbst bestimmen, können im Allgemeinen ein WIG-Team führen. Außerdem ist es unerlässlich, dass auch die Teammitglieder genügend Zeit haben, um wöchentliche Verpflichtungen einzugehen, terminlich zu planen und zu erfüllen.

In diesem Kapitel haben wir in groben Zügen den Entwicklungsprozess beschrieben, den wir durchlaufen haben, sowie die Probleme, mit denen wir im Rahmen der Installierung des 4DX-Prozesses unzählige Male konfrontiert waren. Wir haben versucht, Ihnen die Nutzen und Vorteile unserer langjährigen Erfahrungen zu vermitteln. Mit der Implementierung der 4 Disziplinen in Zusammenarbeit mit zehn oder mehr Teams gleichzeitig, wie wir es fast jeden Tag an irgendeinem Ort der Welt tun, sind eine Reihe sorgfältiger

Überlegungen verbunden. Am Ende ist die Fähigkeit ausschlaggebend, eine Vielzahl von Teams darauf zu fokussieren, bestimmte Frühindikatoren auf ein kritisches Ziel hin zu bewegen. Das ist der Schlüssel zur Erzielung außerordentlicher Ergebnisse und zur Verbesserung der Performance und Effektivität einer gesamten Organisation.

Häufig gestellte Fragen zum 4DX-Prozess

Hier finden Sie Antworten auf die meistgestellten Fragen zur Implementierung des 4DX-Prozesses. Wir haben die Fragen in folgende Kategorien eingeordnet:

- Wie Sie Menschen vom 4DX-Prozess überzeugen und Identifikation erzielen
- Wie Sie die Nachhaltigkeit des 4DX-Prozess gewährleisten
- Der 4DX-Prozess: Tipps und Fallstricke

Außerdem haben wir Fragen zur Anwendung des 4DX-Prozesses auf spezielle Teams beantwortet, wobei die diskutierten Themen auch für alle anderen Leser interessant sind:

- Fertigungsteams,
- Hightech- und wissenschaftliche Teams,
- Verkaufsteams,
- Regierungsbehörden und militärische Einheiten.

Wie Sie Menschen vom 4DX-Prozess überzeugen und Identifikation erzielen

Welches sind die häufigsten Fehler, die die Unternehmensführung und andere hochrangige Führungskräfte bei der Implementierung des 4DX-Prozesses machen?

Die beiden häufigsten Fehler sind eine fehlende Beteiligung nachgeordneter Führungsebenen sowie Ungeduld.

Unternehmensleiter gehen oft unbewusst davon aus, der Erfolg des 4DX-Prozesses hänge von den Managern ab, die das operative Geschäft auf Team- oder Abteilungsebene verantworten. Natürlich spielen diese eine wesentliche Rolle. Allerdings ist deren Engagement nur so lange von Dauer, wie sie merken, dass ihre eigenen Vorgesetzten in gleichem Maße in diesen Prozess miteingebunden sind. Unser aktueller Implementierungsprozess nimmt hierauf besonders Rücksicht und schließt dieses Risiko wirkungsvoll aus.

Unternehmensleiter sind ergebnisorientiert und wollen am liebsten schnellstmöglich Resultate sehen. Oft übersehen sie jedoch die Tatsache, dass eine erfolgreiche Zielerreichung von beständiger Leistung und einer nachhaltigen Verbesserung der Frühindikatoren abhängt. Wenn die richtigen Frühindikatoren bestimmt wurden und die Teams die Vorgaben der Frühindikatoren erfüllen, sollte sich die Ergebniskennzahl bewegen, es sei denn, externe Faktoren würden die Zielerreichung unmöglich machen. Das braucht aber seine Zeit. Anstatt den Prozess aufzugeben, sollte die Unternehmensführung ihn mit Geduld bekräftigen und verstärken.

Wie geht man richtig mit Verweigerern um?

Zuerst müssen Sie herausfinden, warum sich Teammitglieder verweigern. Erst wenn Sie die Gründe kennen, können Sie eine Lösung finden. Einige Verweigerer plagen Sorgen, die gar nichts mit dem 4DX-Prozess zu tun haben. Sie müssen ihnen nur zuhören.

Oft treffen Sie jedoch auf Verweigerer, deren Haltung Sie auch mit noch so viel Zuhören nicht ändern werden. Vielleicht sind sie skeptisch, was die Veränderungen angeht, oder sie betrachten neue Ideen mit Zynismus, bestehen schlichtweg darauf, ihr eigenes Süppchen zu kochen, oder sind davon überzeugt, dass der 4DX-Prozess bürokratischer Verwaltungskram ist und kein ergebnisorientiertes operatives System. Wenn die Verweigerer auf ihrer negativen Haltung beharren, sollten Sie aktiv ihre Unterstützung einfordern, indem Sie sie darin erinnern, dass sie Mitglieder eines Teams sind und die kollektiven Interessen Vorrang vor individuellen Befindlichkeiten haben. Wenn sie die Ergebnisse der anderen Teammitglieder sehen, passen sie sich in der Regel (gelegentlich widerwillig und stillschweigend) an das Verhalten Gruppe an.

Welches sind die häufigsten Herausforderungen bei der allwöchentlichen Umsetzung des 4DX-Prozesses und wie geht man damit um?

Teams sind im Allgemeinen mit drei Herausforderungen konfrontiert: der beständigen Erfüllung der Vorgaben der Frühindikatoren, der ständigen Aktualisierung des Scoreboards und der regelmäßigen Teilnahme an den WIG-Sessions.

Erstens müssen die Teammitglieder die WIGs im Geiste von den Frühindikatoren abkoppeln. Das heißt, sie müssen sich auf eine beständige und erfolgreiche Erfüllung der Vorgaben der

Frühindikatoren konzentrieren, bevor sich die Ergebniskennzahl verändert. Das ist so wie die tägliche Trainingseinheit im Fitnessstudio: Sie müssen geduldig jeden Tag trainieren, bis Sie eines Tages die Ergebnisse Ihres Trainings sehen können. Wenn Teammitglieder keine konsistente Leistung erbringen, werden sie nie erleben, dass sich eine Ergebniskennzahl verändert.

Zweitens müssen die Teammitglieder das Gefühl haben, dass die Aktualisierung des Scoreboards keine unnötige Arbeitsbeschaffungsmaßnahme ist. Wenn das Scoreboard nicht aktualisiert wird, weiß niemand, wo das Team steht und wie der aktuelle Ergebnisstand lautet. Die Teammitglieder können nicht sehen, ob die Frühindikatoren die Ergebniskennzahl bewegen oder nicht. Darüber hinaus verlieren die WIG-Sessions ihre Wirkung, wenn die Ergebnisse der gemeinsamen Anstrengung des Teams nicht sichtbar sind.

Drittens kommt es vor, dass WIG-Sessions entweder verschoben oder abgesagt werden, wodurch das Interesse des Teams schwindet. Ohne regelmäßige WIG-Sessions verlieren die Mitarbeiter ihren Fokus und fühlen sich nicht mehr für ihre Zusagen verantwortlich. Die WIG-Sessions müssen heilig sein. Die Teammitglieder müssen außerdem zur Qualität der WIG-Sessions beitragen, indem sie Verpflichtungen eingehen, die eine echte Wirkung auf die Frühindikatoren und die Zielerreichung haben.

Wir haben so viele Programme kommen und gehen sehen. Wie können wir unsere Skepsis überwinden und uns von der Effektivität der 4 Disziplinen überzeugen?

Viele Unternehmen haben das Problem, dass sie wiederholt mit großem Enthusiasmus neue Programme eingeführt haben, die nach kurzer Zeit in der Versenkung verschwanden. Unternehmensführungen, die nach der nächsten magischen Erfolgsformel suchen, erzeugen nur Zynismus. Wenn Sie den 4DX-Prozess in einer skeptischen und ungläubigen Umgebung einführen wollen, beginnen Sie mit einer kleinen, begrenzten Initiative, die nur ein einziges WIG enthält, das aber große Auswirkungen auf die tägliche Arbeit der Mitarbeiter und die Qualität ihres Arbeitstages hat.

Wenn Sie nur ein einziges ehrgeiziges und erfolgskritisches Ziel formuliert haben, achten Sie sorgfältig auf eine regelmäßige Aktualisierung des Scoreboards und die Durchführung wöchentlicher WIG-Sessions, um den Teammitgliedern zu beweisen, dass sie in der Lage sind, ein völlig neues Leistungsniveau zu erreichen. Achten Sie auf einen konsistenten Prozess und kurzfristige Ergebnisse. Sobald das Team Gewissheit darüber hat, dass es mithilfe des 4DX-Prozesses deutlich bessere Ergebnisse erzielt, können Sie ehrgeizigere Ziele für die Zukunft setzen.

Beginnt der 4DX-Prozess an der Spitze der Organisation?

Nein, üblicherweise nicht. Meistens beginnt er irgendwo in der Mitte. Natürlich hat es große Vorteile, wenn der CEO von Anfang an involviert ist, aber auch vielen herausragenden Linienmanagern und Managern kleiner Teams ist es gelungen, den 4DX-Prozess erfolgreich einzuführen. Der Prozess kann auf jeder Ebene beginnen und sich von dort aus auf andere Bereiche oder Hierarchieebenen ausdehnen. Zwar wäre es großartig, wenn alle Mitglieder einer Organisation auf den 4DX-Prozess ausgerichtet würden, notwendig ist das aber nicht. Die Führungskraft, die den Prozess initiiert und vorantreibt, muss allerdings Verantwortung für unternehmensrelevante Ergebnisse besitzen. Wenn sich der 4DX-Prozess innerhalb der Organisation ausdehnen soll, müssen die Ergebnisse der Pilotinitiative eine hohe Relevanz für das Unternehmen haben.

Was kann ich tun, wenn mein Vorgesetzter mich ständig mit neuen Zielen bombardiert?

Diese Frage wird uns oft und in unterschiedlicher Form gestellt. Hier der zentrale Punkt: Die meisten Menschen haben keine Kontrolle darüber, wie viele Ziele ihnen vorgegeben werden, aber sie *können* kontrollieren, welches dieser Ziele sie mithilfe des 4DX-Prozesses erreichen wollen – das sind die wenigen Ziele, die sich als WIG qualifizieren.

Wie implementiert man den 4DX-Prozess in einer Matrixorganisation?

Die 4DX-Methode erfordert keine Reorganisation des Unternehmens, unabhängig von der Organisationsstruktur. Für eine Matrixstruktur ist allerdings wichtig, dass Kooperation und Rechenschaftspflicht aufeinander abgestimmt sind.

Ein Unternehmen, dessen WIG zum Beispiel darin besteht, den Marktanteil zu steigern, muss sich unter Umständen auf eine Verkaufsorganisation mit Matrixstruktur stützen, die in unterschiedlichen geografischen Regionen operiert: USA und Kanada, Mittel- und Südamerika, Europa, Naher Osten und Afrika sowie die Asien-Pazifik-Region et cetera. Der Erfolg des WIG hängt von der Kooperation dieser geografisch verstreuten Matrix-Verkaufsorganisation ab. Ein funktionsübergreifendes 4DX-Team, das die 4DX-Implementierung durchlaufen hat, wird gewährleisten, dass alle, die zur Zielerreichung beitragen, auf das WIG fokussiert bleiben.

Wie soll ich an die Zielformulierung herangehen, wenn ich eine Supportfunktion wie Personal, Finanzen oder IT leite?

Wir haben immer wieder festgestellt, dass es für Supportfunktionen viel leichter und effektiver ist, ein WIG zu formulieren, nachdem die Linienfunktionen (Verkauf, Produktion et cetera) ihre WIGs bestimmt haben. Wenn diese Bereiche ihre WIGs klar formuliert haben, können die Supportfunktionen ihre WIGs entsprechend darauf abstimmen, um die Linienfunktionen in ihrer Zielerreichung zu unterstützen.

Mein Team arbeitet in mehreren Schichten, daher sind wir nie alle zur gleichen Zeit vor Ort. Wie gehe ich in dieser Situation mit der wöchentlichen WIG-Session um?

Es sollte alles getan werden, damit alle Teammitglieder die Chance haben, an der WIG-Session teilzunehmen und auf irgendeine Weise ihren Beitrag zu liefern. Bei geteilten Schichten könnte der Leiter mehrere WIG-Sessions durchführen, um alle Teammitglieder zu beteiligen. Falls ein Teammitglied immer in einer bestimmten Schicht arbeitet, die eine persönliche Begegnung mit dem Teamleiter erschwert, kann ein wöchentliches Telefonat die Gelegenheit bieten, einen Beitrag zu leisten. Eine weitere Alternative ist der Einsatz einer WIG-Huddle und Feedback über die Teamleistung einzuholen.

Wie stellen wir sicher, dass die Botschaft unseres WIG durch die gesamte Organisation bis zur Mitarbeiterbasis dringt?

Eine der besten Methoden, um das WIG tief ins Bewusstsein einzuprägen, ist die ständige Wiederholung. Wenn sich die Führungskräfte und der interne 4DX-Coach angewöhnen, einzelne Mitarbeiter immer wieder zu fragen: »Wie lautet unser WIG?« oder »Auf welche Frühindikatoren konzentrieren Sie sich?«, wird sich das einprägen und herumsprechen. Mit der Zeit werden immer mehr Mitarbeiter in der Lage sein, auf Anhieb eine korrekte Antwort zu geben.

Wie führen wir eine wöchentliche WIG-Session mit Teammitgliedern durch, die selten alle gleichzeitig am selben Platz sind und vom Tagesgeschäft sehr stark in Anspruch genommen sind?

Erinnern Sie sich, dass eine WIG-Session nur 20 bis 30 Minuten pro Woche dauert und ein WIG-Huddle sogar nur fünf bis sieben Minuten. Das ist keine große Zeitinvestition. Sie können die WIG-Session kurz vor oder nach einem anderen Meeting abhalten oder zu einem anderen Zeitpunkt, an dem die meisten Mitarbeiter teilnehmen können. Halten Sie individuelle Kurzsitzungen mit den Mitarbeitern ab, die verhindert sind. Denken Sie daran, dass diese Kerndisziplin für Fokus und Zielverantwortlichkeit sorgt. Jedes Teammitglied muss jede Woche vor dem Scoreboard Rechenschaft ablegen.

Wie Sie die Nachhaltigkeit des 4DX-Prozesses gewährleisten

Mit welcher Form der Anerkennung lässt sich das Engagement des Teams am besten wahren?

Die beste Form der Anerkennung ist die, die von den Teammitgliedern als solche verstanden wird. Wie zuvor bereits erwähnt, ist es für das nachhaltige Engagement der Beteiligten wichtig, dass hervorragende Leistungen anerkannt werden. Der Preis, den Pizza oder Kinokarten für alle kosten, wird von der Rendite dieser kleinen Feier, ergänzt durch anerkennende Worte des verantwortlichen Managers, bei Weitem aufgewogen.

Wie schaffe ich es, jede Woche neue erfolgsentscheidende Aktivitäten zu finden, auf die ich mich verpflichten kann?

Einer Führungskraft sollte es nicht schwerfallen, sich neue Maßnahmen auszudenken, weil sich die Umsetzungsdisziplin des Teams stets verbessern lässt. Die Disziplin, das System kontinuierlich zu verbessern, unterscheidet letztlich eine Führungskraft von einem einfachen Mitarbeiter. Das mag zunächst zwar als eine Herausforderung erscheinen, aber sobald Sie die Wirkung Ihrer Arbeit sehen können, wird das zu einem spannenden Teil Ihrer Rolle.

Während die Mitarbeiter individuelle Verpflichtungen eingehen, die eine Wirkung auf die Frühindikatoren haben, konzentriert sich der Manager auf Maßnahmen, welche die Fähigkeiten des Teams als Gruppe gewinnbringend nutzen und verbessern. Anstatt sich auf Aktivitäten zu verpflichten, die im direkten Zusammenhang mit den Frühindikatoren stehen, sollte sich der Manager auf Maßnahmen verpflichten, die das Team in die Lage versetzen, die Frühindikatoren zu verändern. Einer unserer Kunden sagte: »Manager werden nicht für das bezahlt, was Manager leisten, sondern für das Ergebnis ihrer Anstrengung, von anderen Leistung zu fordern.«

Wenn es Ihnen schwerfällt, immer neue Ideen zu entwickeln, dann ergreifen Sie eine Maßnahme auf einem der folgenden Gebiete:

- **Schulung.** Es gibt immer Teammitglieder, die Schulungen benötigen oder erneut in den Best Practices des Teams unterwiesen werden müssen. Wählen Sie ein Teammitglied aus und schulen oder coachen Sie es in der folgenden Woche in einer bestimmten Fertigkeit. Mit dieser Maßnahme können Sie auch dazu beitragen, stets die Kontrolle über die Entwicklungen zu behalten.

- **Das Team auf eine Leistungssteigerung einschwören.** Eine der effektivsten Praktiken umsetzungsstarker Führungskräfte besteht darin, mit dem Team einen intensiven Dialog über die Teamleistung und Vorschläge zu deren Verbesserung zu führen. Durch Zuhören und die Anwendung der vom Team vorgeschlagenen Ideen verbessert der Teamleiter nicht nur die Teamleistung, sondern steigert auch das Engagement der Gruppe. Das wirkt sich positiv auf die Gruppenleistung aus und vermittelt jedem Mitglied das Gefühl, Respekt und Wertschätzung zu erfahren. In der Folge steigt die Leistungsbereitschaft des Teams.

- **Anerkennung und Rollenmodelle.** Identifizieren Sie Spitzenleister und sprechen Sie ihnen öffentlich Anerkennung aus. Das dient als Ansporn für die übrigen Teammitglieder, weil jeder ein Sieger sein möchte. Die Anerkennung zeigt dem Team, welches Leistungsniveau und welche Verhaltensweisen von der Führung angestrebt werden. Machen Sie Ihre besten Mitarbeiter zu Coaches für andere.

Was ist das Wichtigste, das ich als hochrangige Führungskraft zur Nachhaltigkeit des 4DX-Prozesses tun kann?

Der wichtigste Beitrag, den eine hochrangige Führungskraft leisten kann, ist, den Fokus auf das WIG zu wahren und der Versuchung zu widerstehen, sich von der nächsten großen Idee ablenken zu lassen. Vergessen Sie nicht, dass es immer mehr großartige Ideen als Kapazitäten zu ihrer Umsetzung gibt. Ihr Fokus wird der Fokus Ihres Unternehmens.

Außerdem müssen Sie dafür sorgen, dass Sie den Prozess prägen. Im Laufe der Zeit werden Ihre Taten, nicht Ihre Worte die größte Wirkung auf Ihr Team haben. Folgen Sie den Empfehlungen, die Sie in diesem Buch zur Anerkennung herausragender Leistung sowohl einzelner Mitarbeiter als auch ganzer Teams gefunden haben.

Im vergangenen Jahr haben wir alles richtig gemacht. Wir haben WIGs und Frühindikatoren formuliert und Woche für Woche alle eingegangenen Verpflichtungen erfüllt. Dennoch sehen wir keine Ergebnisse. Was tun?

Denken Sie daran, dass ein WIG wie eine strategische Wette ist. Wenn Sie ein WIG formulieren, wetten Sie auf ein neues Produkt oder eine neue Dienstleistung oder einen neuen Lösungsansatz für ein Problem. Und dann wetten Sie auf die Umsetzung – Sie bestimmen die erfolgskritischen Aktivitäten und die Frühindikatoren und führen diese Aktivitäten unermüdlich und in dem Vertrauen durch, dass sich Ihre strategische Wette auszahlen wird. Gelegentlich zahlt sie sich jedoch nicht aus. Eine brillante Strategie ist erst dann brillant, wenn sie funktioniert. Ein neues Fahrzeugmodell ist erst dann großartig, wenn es sich verkauft wie warme Semmeln. Eine neue Methode zur Steigerung der Schulleistungen ist erst dann brillant, wenn die Schule neue Leistungsstandards vorweisen kann. Sie gehen die strategische Wette ein; natürlich ist es eine informierte Wette, aber es ist und bleibt eine Wette.

Ein Versicherungsunternehmen setzte auf eine neue Art von Versicherungspolicen, die auf einen neuen Markt abzielten. Das Konzept wurde bis ins letzte Detail entwickelt und die Verkaufsteams angespornt, die erfolgskritischen Maßnahmen zur Zielerreichung umzusetzen. Die Verkäufer arbeiteten wie besessen und erfüllten die Vorgaben der Frühindikatoren zu 100 Prozent. Doch ein halbes Jahr später hatten sich die Ergebniskennzahlen noch immer nicht verändert. Der Grund: Leider hatte ein erbitterter Wettbewerber in dieser Zeit ein kostengünstigeres Produkt entwickelt und mit dem elektronischen Vertrieb begonnen. Die Strategie dieses Konkurrenten war einfach deutlich überlegen.

Zwar sollten Sie Ihr Vertrauen und Ihren Enthusiasmus wahren, aber formulieren Sie Ihre WIGs mit Demut und geschärfter Aufmerksamkeit für die Marktentwicklung. Gehen Sie die bestmögliche strategische Wette ein, aber blicken Sie dabei stets mit einem Auge auf das Scoreboard und mit dem anderen über Ihre Schulter.

Wir haben große Fortschritte in der Zielerreichung gemacht, und nun wird unser Team die Ziele wahrscheinlich sogar übertreffen. Sollten wir die Messlatte anheben?

Als Erstes: Herzlichen Glückwunsch! Es ist immer aufregend und spannend, wenn ein Team erkennt, dass es sein WIG erreichen oder sogar übertreffen kann. In diesem Fall sind Manager oft versucht, das Ziel anzuheben. Die Absicht dahinter – das Team zu noch größerer Leistung anszusporne – ist zwar gut, aber es kann auch zur Desillusionierung des Teams führen. Wenn die Veränderung der Zielvorgaben nicht behutsam geschieht, wird das Team das Gefühl für seine Leistung verlieren und sich von dem neuen, höheren Ziel distanzieren. Ein desillusioniertes Team erneut zu begeistern ist schwieriger als die Ersteinführung des 4DX-Prozesses.

Hier drei wahrscheinliche Szenarien und die besten Methoden zu ihrer Bewältigung:

- **Das Ziel war viel zu niedrig angesetzt und das Team hat es bereits übertroffen (oder steht kurz davor).** In diesem Fall beglückwünschen Sie Ihr Team am besten zu seiner Leistung und übernehmen dann die volle Verantwortung für die falsche Zielsetzung. Wenn möglich, spornen Sie Ihr Team dazu an, ein neues WIG zu formulieren, das anspruchsvoll genug ist, um eine Herausforderung darzustellen, aber gleichzeitig erreichbar ist.

- **Das Ziel war richtig gesetzt, aber das Team hat die Erwartungen der Führungskraft übertroffen und das Ziel früher erreicht.** Beglückwünschen Sie Ihr Team, belohnen Sie es für seine außerordentliche Leistung und erklären Sie das WIG für erreicht. Anschließend setzen Sie für die verbleibende Zeit, die Sie ursprünglich für die Zielerreichung angesetzt hatten, ein neues WIG. Wenn Sie den Teamerfolg nicht feiern, werden die Teammitglieder das Gefühl haben, sie befänden sich in einem Wettlauf mit einer beweglichen Ziellinie, die sich ständig nach hinten verschiebt, sodass sie diese niemals erreichen können. Feiern Sie also den Erfolg und beteiligen Sie Ihr Team anschließend an der Formulierung eines neuen anspruchsvollen Ziels.

- **Ihr Ziel war richtig gesetzt, aber Sie haben von einer ungeplanten Entwicklung profitiert.** Erklären Sie das WIG als erreicht und nehmen Sie ohne Verzögerung ein neues WIG in Angriff. Ansonsten wird Ihr Team den 4DX-Prozess nicht mehr ernst nehmen. Denken Sie daran, dass Ihr Ziel nicht nur die Erreichung des WIG ist, sondern auch die Entwicklung eines Hochleistungsteams.

Der 4DX-Prozess: Tipps und Fallstricke

Woher weiß ich, wann es Zeit ist, einen Frühindikator zu verändern?

Es ist gefährlich, die Frühindikatoren zu schnell zu verändern. Die meisten Teams beginnen nach neuen Frühindikatoren Ausschau zu halten, wenn das Scoreboard ein Plateau erreicht. Wenn die Führungskraft voreilig agiert, geht die Dynamik des Frühindikators verloren und das Team muss von vorne anfangen, obwohl es ausgereicht hätte, den ursprünglichen Frühindikatoren mehr Zeit zu geben.

Bevor Sie einen Frühindikator aufgeben, stellen Sie sich die folgenden wichtigen Fragen:

- Verändert der Frühindikator die Ergebniskennzahl? Wenn ja, überlegen Sie sich gut, ob Sie etwas verändern wollen, was funktioniert.

- Verändert sich die Ergebniskennzahl deutlich genug? Falls nicht, sollten Sie sich überlegen, die Messlatte in Bezug auf die Frühindikatoren anzuheben, bevor Sie sie durch andere ersetzen. Denken Sie daran, dass der Hebel intensiv arbeiten muss, damit sich der Felsbrocken ein klein wenig bewegt.

- Wurden die Ergebnisse der Arbeit an den Frühindikatoren korrekt eingetragen? Wenn nicht, hat das Team vielleicht eine falsche Vorstellung von dem Wert der Frühindikatoren.

- Hat das Team die Frühindikatoren mindestens in zwölf aufeinanderfolgende Wochen kontinuierlich erfüllt? Das ist nach unserer Erfahrung die Mindestzeit, die ein Team braucht, um eine Gewohnheit zu entwickeln. Wenn nicht, dann weiß es einfach noch nicht, zu welchen Ergebnissen eine konsistente Leistung führen kann.

- Wird die Leistung des Teams nachlassen, wenn Sie den Frühindikator vom Scoreboard nehmen? Falls ja, ist es wahrscheinlich besser, weiter am Frühindikator zu arbeiten, solange er zum Ziel führt, bis seine Erfüllung zur Gewohnheit geworden ist.

Denken Sie daran, dass das übergeordnete Ziel des 4DX-Prozesses darin besteht, auf einem bestimmten Arbeitsgebiet des Teams einen neuen Standard in Exzellenz und Beständigkeit zu setzen und daraus eine nachhaltige Gewohnheit zu machen.

Was tun, wenn sich der Frühindikator bewegt, aber die Ergebniskennzahl unverändert bleibt?

Das ist nicht unüblich, vor allem zu Beginn der Einführung des 4DX-Prozesses. Hier drei mögliche Erklärungen:

- Oft dauert es einfach seine Zeit. Wir können Ihnen gar nicht sagen, wie oft wir eine Verzögerung zwischen den Frühindikatoren und der Ergebniskennzahl beobachtet haben.

- Möglicherweise bewegt das Team den Frühindikator nicht konsistent genug. Bei aller investierten Energie neigen die Mitarbeiter (bewusst oder unbewusst) dazu, ein wenig zu schummeln. Stellen Sie sicher, dass die Messgrößen korrekt sind und Ihre Mitarbeiter sich nicht darauf beschränken, Ihnen zu zeigen, was Sie sehen wollen. (Das ist ein Grund, warum wir davon abraten, Bonifikationen an Frühindikatoren zu koppeln.)

- Der Frühindikator besitzt keine Vorhersagekraft. Erwägen Sie diese Erklärung als letzte Möglichkeit, denn allzu oft ist das die erste Schlussfolgerung, die gezogen wird. Sollte es tatsächlich zutreffen, dass der Frühindikator die Ergebniskennzahl nicht verändert, sollten Sie Ihre Annahmen überprüfen. Wir haben Organisationen erlebt, die sich irgendwann von Annahmen verabschieden mussten, die sie nie hinterfragt oder getestet hatten. Eine weitere Möglichkeit ist, dass sich die äußeren Bedingungen so radikal verändert haben, dass der Frühindikator keine Gültigkeit mehr besitzt.

Woher weiß ich, ob unser Frühindikator der richtige ist?

Erstens wollen Sie einen Frühindikator, der Vorhersagekraft besitzt, was bedeutet, dass er nicht nur mit der Zielerreichung korreliert, sondern *Voraussetzung* für die Zielerreichung ist, und dass er zur Veränderung des Frühindikators von X auf Y innerhalb eines bestimmten Zeitraums nicht nur notwendig ist, sondern zwischen beiden eine *Kausalverbindung* besteht.

Betrachten Sie die folgenden zwei Frühindikatoren für das WIG der Absatzsteigerung:

A. Der Verkäufer wird x Kundenbesuche pro Woche durchführen.

B. Der Verkäufer wird x Kundenbesuche pro Woche durchführen, um den Zielkunden wie von unserem Sales-Performance-Modell definiert um einige Stufen in unserem Verkaufszyklus weiterzubewegen.

Alternative A korreliert mit dem WIG und ist für die Zielerreichung notwendig, aber im Vergleich mit Alternative B ist sie nicht spezifisch genug, um Voraussetzung für die Zielerreichung zu sein.

Zweitens ist die richtige Frequenz wichtig. Handeln Sie und Ihre Mtarbeiter oft genug nach den Frühindikatoren? Stimmt der Rhythmus oder müssen Sie mehr oder weniger tun? Sind drei Kundenbesuche vielleicht besser? Oder vier? Der einzige Weg, um das herauszufinden, besteht darin, den Frühindikator zu testen.

Über Jahre unterhielt ein großes Pharmaunternehmen ein Heer von Außendienstlern, weil es glaubte, je öfter seine Pharmareferenten mit den Ärzten sprachen, desto häufiger würden dessen Produkte verschrieben. Die Ärzte waren die ständigen Vertreterbesuche jedoch bald leid; viele verwehrten ihnen sogar den Zutritt. Die Häufigkeit, mit der am Frühindikator gearbeitet wurde, erwies sich als vollkommen kontraproduktiv.

Drittens wollen Sie einen Frühindikator, der zu Spitzenleistungen motiviert. Investieren Sie Ihre besten Anstrengungen in den Frühindikator? Wenn Sie ein Pharmareferent sind, führen Sie dann einfach Verkaufsgespräche oder führen Sie exzellente Verkaufsgespräch, so wie sie vom Team definiert wurden?

Einige Pharmahersteller führten in ihrer Frustration schließlich eine Umfrage unter den Ärzten durch, um deren Bedürfnisse zu erfahren. Diese antworteten: »Vermitteln Sie uns die wissenschaftlichen Erkenntnisse, auf denen Ihre Produkte basieren.« Als Ergebnis wurde ein neues Verkaufsmodell entwickelt. Viele Pharmareferenten sind heute eher so etwas wie Forschungsassistenten mit der Mission, ihren Kunden Produktwissen zu vermitteln, statt ihnen einfach Produkte aufzudrängen. In der Pharmaindustrie haben sich die Frühindikatoren für Verkaufserfolg seitdem radikal verändert.

Wenn der Frühindikator Vorhersagekraft besitzt, im richtigen Rhythmus und mit der notwendigen Qualität verfolgt wird, besitzen Sie einen guten Frühindikator und sollten im Laufe der Zeit eine Annäherung an Ihr Ziel feststellen können.

Wie sollten wir die Vergütungssysteme gestalten, damit ein zusätzlicher Anreiz zur Unterstützung des 4DX-Prozesses besteht?

Auf diese Frage gibt es keine allgemeingültige Antwort.

Wenn Ihre Organisationskultur und Ihre Vergütungsschemata die Erfüllung von klar formulierten Zielen auf allen Ebenen belohnen, dann ist die Koppelung der Vergütung an die Zielerreichung angemessen und entspricht den Erwartungen. In diesem Fall wird das Vergütungsschema die Bedeutung des 4DX-Prozesses noch verstärken.

Wenn Ihr derzeitiges Vergütungsschema nicht leistungsgebunden ist, kann eine Koppelung an die Zielerreichung dennoch eine gute Idee sein. Achten Sie jedoch darauf, dass der Zweck des Vergütungsschemas nicht darin besteht, die richtigen *Verhaltensweisen* der falschen Leute zu belohnen, sondern vor allem die richtigen *Leute* zu belohnen und sie an das Unternehmen zu binden Das ist die Lektion, die Jim Collins bei seinen Recherchen zu seinem Buch *Der Weg zu den Besten* lernte. Finanzielle Leistungsanreize zur Zielerreichung sind eine gute Sache – sofern Sie die richtigen Mitarbeiter in Ihrem Team haben!

Kann der 4DX-Prozess unser Performance-Management-System unterstützen?

Das hängt vom System ab. Der 4DX-Prozess unterstützt Systeme, die den Schwerpunkt auf die Erfüllung spezifischer Ziele und Messgrößen innerhalb eines bestimmten Zeitraums legen. Pläne zur persönlichen Entwicklung lassen sich auf die Erreichung der WIGs ausrichten – zum Beispiel wenn ein WIG verlangt, dass Mitarbeiter sich bestimmte neue Fertigkeiten aneignen.

In einigen Fällen haben unsere Kunden ihre Jahresgespräche durch WIG-Sessions ersetzt, die ihrer Meinung nach einen unmittelbaren Überblick über die Leistung geben und daher hilfreicher für die Leistungsbewertung sind. Andere haben ihre Bewertungsgespräche umgestellt, sodass sie vor allem den individuellen Beitrag zur Zielerreichung messen. Wieder andere halten neben dem 4DX-System der regelmäßigen Rechenschaftslegung an traditionellen Jahresgesprächen fest.

Ich bin mir nicht sicher, ob die Verpflichtungen, die wir jede Woche eingehen, wirklich von hoher Qualität sind. Was macht eine qualitativ hochwertige Verpflichtung aus?

Eine qualitativ hochwertige Verpflichtung zeichnet sich durch drei Merkmale aus:

- **Zielgerichtet.** Sorgen Sie dafür, dass *jede* eingegangene Verpflichtung auf das WIG ausgerichtet ist. Akzeptieren Sie keine Zusagen, die sich auf das Tagesgeschäft beziehen. In jeder wöchentlichen WIG-Session beantwortet jedes einzelne Teammitglied folgende Frage: Was kann ich persönlich diese Woche tun, das die größte Wirkung auf die Zielerreichung hat? Diese Frage sollte einen wöchentlichen Strom an neuen und qualitativ immer hochwertigeren Verpflichtungen erzeugen, die an die veränderten Prioritäten des Teams angepasst sind.

- **Spezifisch.** Geben Sie sich nicht mit vagen Zusagen zufrieden wie etwa: »Ich werde mich verstärkt auf Upselling fokussieren.« Bestehen Sie auf konkrete, messbare Zusagen wie: »Ich werde diese Woche drei Teammitglieder zu der Frage coachen, wie wir unsere Premiumweine am besten verkaufen.«

- **Zeitnah.** Stellen Sie sicher, dass die eingegangene Verpflichtung in der folgenden Woche erfüllt werden kann. Vorsicht vor Verpflichtungen, zu deren Erfüllung mehrere Wochen nötig sind, und misstrauen Sie Rechenschaftsberichten, die sich auf folgende Aussage beschränken: »Ich mache Fortschritte.«

Was können wir tun, um den Leistungsstandard weiter zu verbessern, bevor wir neue Frühindikatoren bestimmen?

Erstens sollte Ihnen klar sein, dass das Leistungsniveau, das Ihre anfänglichen Ergebnisse treibt, nicht ewig auf diesem hohen Niveau verharren wird. Hier liegt der Schlüssel darin, vorsichtige Feinjustierungen vorzunehmen, damit das Leistungsniveau kontinuierlich weiter ansteigt. Betrachten Sie folgende Ideen zur Feinjustierung der Frühindikatoren:

- **Steigern Sie die Anforderungen.** Wenn der Frühindikator bisher eine Erfüllungsquote von 90 Prozent beinhaltete, erhöhen Sie sie auf 95 Prozent. Oft erzeugen kleine Anpassungen überproportionale Ergebnisse. Das sorgt dafür, dass das Team kontinuierlich seine Leistung steigert.

- **Steigern Sie die Qualität.** Wenn das Team den vom Frühindikator vorgegebenen Leistungsstandard erfüllt – zum Beispiel zehn Upselling-Gespräche pro Mitarbeiter –, dann nehmen Sie anschließend die *Qualität* dieser Gespräche in den Fokus. Erstellen Sie Best-Practice-Verkaufsskripte und lassen Sie die Teammitglieder diese in einem Meeting üben, oder sprechen Sie Mitarbeitern, die erstklassige Verkaufsgespräche führen, Ihre Anerkennung aus und laden Sie sie dazu ein, andere zu coachen.

- **Stellen Sie eine Verbindung zu einer bestimmten ergänzenden Verhaltensweise her.** Wenn ein Frühindikator vollständig umgesetzt wurde, können Sie zusätzliche Ergebnisse erzielen, indem Sie ihn an eine ergänzende Verhaltensweise knüpfen, die in einem engen Zusammenhang mit dem Frühindikator steht. In einem Einzelhandelsgeschäft könnte das zum Beispiel heißen, dass jeder Mitarbeiter einen neuen Kunden innerhalb von zehn Sekunden begrüßen und ihn, falls er ein Produkt nicht finden kann, zu dem Produkt begleiten muss. Diese kleine Erweiterung des angestrebten Verhaltens kann bemerkenswerte Ergebnisse erzielen und ist weitaus weniger disruptiv als die Formulierung und Einführung eines völlig neuen Frühindikators.

Was tun, wenn eine WIG-verantwortliche Führungskraft im Urlaub ist? Sollten wir die WIG-Session oder das WIG-Huddle absagen?

Nein! Konsistenz und Verantwortlichkeit sind die effektivsten Treiber für Spitzenleistungen. Wenn der Rhythmus der WIG-Sessions unterbrochen wird, geht die Teamdynamik verloren. Selbst bei Abwesenheit der Führungskraft muss das Team beständig weiter Leistung zeigen. Wenn Sie als verantwortliche Führungskraft nicht teilnehmen können:

1. **Wählen Sie eine Person aus, die Sie zum Sitzungsleiter bestimmen,** etwa einen Mitarbeiter mit Aufsichtsfunktion oder ein erfahrenes Teammitglied. Einige Teams rotieren die Leitungsrolle jede Woche.

2. **Bereiten Sie den Sitzungsleiter auf eine erfolgreiche WIG-Session in Ihrer Abwesenheit vor.** Nehmen Sie sich die Zeit, ihm die Bedeutung dieser Verantwortung zu vermitteln, und gehen Sie mit ihm die Tagesordnung der WIG-Session durch.

3. **Lassen Sie sich nach Ihrer Rückkehr berichten.** Bitten Sie gleich nach Ihrer Rückkehr um einen Bericht über die WIG-Session. Danken Sie der Person, welche die Sitzungsleitung übernommen hat, und beglückwünschen Sie sie zur erfolgreichen Bewältigung dieser wichtigen und verantwortungsvollen Aufgabe.

Ist es ratsam, mehr als einen Coach zu haben?

Auf alle Fälle! Wenn Sie zwei oder mehr Coaches haben, können diese sich das Führungskräftecoaching teilen. Und wenn ein Coach eine andere Funktion oder Verantwortung übernimmt, ist gewährleistet, dass der Prozess nicht unterbrochen wird.

Wenn Sie einen zweiten Coach einsetzen, achten Sie darauf, dass beide Coaches einheitlich arbeiten.

Fertigungsteams

Lassen sich mit dem 4DX-Prozess Methoden wie Lean Management oder Six Sigma unterstützen?

Ja. Einer der größten Teppichhersteller der Welt verwendete eine maßgeschneiderte Version des 4DX-Prozesses, um bestimmte Green- und Black-Belt-Teams zu führen, denen es daraufhin gelang, ihre Projektumsetzungszeit um fast 50 Prozent zu verkürzen.

Es stellte sich heraus, dass Projektverzögerungen auf eine mangelnde Involvierung von Teammitgliedern zurückzuführen waren, die im Tagesgeschäft gefangen waren. Die Six-Sigma-Arbeit wurde an die Black-Belt-Träger zurückgedrängt und die Projekte gerieten ins Stocken. Als die Teams ihre Six-Sigma-Projekte mithilfe von sichtbaren

4DX-Scoreboards managten und wöchentliche WIG-Sessions abhielten, um die Projekte in Teilschritte zu zerlegen, anstatt alles auf einmal verbessern zu wollen, gelang es ihnen nicht nur, die Projektzeit um die Hälfte zu verkürzen, die Teammitglieder hatten außerdem das gute Gefühl, zu einem Erfolgsteam zu gehören.

Der 4DX-Prozess kann auch zur Gewährleistung der nachhaltigen Übernahme von Prozessveränderungen dienen, die aus einem Six-Sigma-Projekt resultieren. In diesem Fall dient der 4DX-Prozess als Motor für die angestrebte Verhaltensänderung, und genau dafür wurde er entwickelt.

Hightech- und wissenschaftliche Teams

Gibt es wichtige Lektionen oder Warnhinweise für die Begleitung von Hochtechnologie-Teams (die oft zu Skepsis neigen) durch den 4DX-Prozess?

Die meisten Menschen, die in der Hochtechnologie arbeiten, sind auf Risikobewertung, Gap-Analyse und Innovierung zur Entwicklung praktikabler Lösungen programmiert. Sie stehen ständig unter dem Druck, im Rahmen des vorhandenen Budgets pünktlich Ergebnisse abliefern, die veränderlichen Kundenerwartungen und veränderliche Anforderungen übertreffen und zukünftige Bedürfnisse antizipieren zu müssen – und all das unter der ständigen Bedrohung des Outsourcings. Diese Menschen lieben Herausforderungen und haben ihre Karriere auf der Problemanalyse und der Entwicklung kreativer Lösungen aufgebaut.

Wenn Sie versuchen, ihnen den 4DX-Prozess aufzuzwängen, ohne sie wirklich dafür gewonnen zu haben, werden sie sich verweigern. Anders als andere Teams fällt ihnen die Anwendung der 1. Disziplin eher schwer und sie brauchen dafür auch länger. Die Vorstellung, sich vorab festlegen zu müssen, das heißt, konkrete WIGs zu bestimmen und die entsprechenden Frühindikatoren zu formulieren, ist für sie oft sehr frustrierend, weil sie sofort alles sehen, was eventuell schieflaufen könnte. Wir haben festgestellt, dass solche Teams in der 1. Disziplin erfolgreich sind, wenn man ihnen Zeit lässt, sich intensiv damit auseinanderzusetzen, während wir sie ständig an die Gesamtzusammenhänge und das übergeordnete Gesamtziel erinnern.

Wenn sie die 1. Disziplin einmal bewältigt haben, ist der Vorteil, dass diese Teams in der Anwendung der 2. und 3. Disziplin ganz hervorragend sind. Sie empfinden es als Mosaik – und viele verschiedene Mosaiksteinchen zu einem sinnvollen Ganzen zusammenzulegen ist nun einmal ihre Stärke.

Wie wenden wir den 4DX-Prozess auf kreative oder intuitive Prozesse wie Forschung und Entwicklung an?

Wir haben die Anwendung des 4DX-Prozesses auf viele solcher Teams erlebt, von der F&E-Abteilung eines Pharmakonzerns bis zu Redaktionsteams. Zu Beginn gibt es immer leichte Skepsis: »Was wir machen, lässt sich nicht mit so etwas wie einem Frühindikator messen.« Das hat sich jedoch nie bewahrheitet. Der 4DX-Prozess stellt die Kreativität der Teammitglieder auf die Probe und fordert sie dazu heraus, sich zu überlegen, welche ihrer Aktivitäten sowohl beeinflussbar sind als auch Vorhersagekraft über die Zielerreichung besitzen. Sie können kreativen Menschen nicht vorgeben, welche Frühindikatoren sie verfolgen sollen, aber Sie können durchaus eine Überraschung erleben, auf welche Ideen sie selbst kommen.

Welche Art von Frühindikatoren erzielt bei diesen Teams die besten Ergebnisse?

Wir haben festgestellt, dass sich die besten Frühindikatoren aus den Berührungspunkten beziehungsweise Schnittstellen innerhalb einer technischen oder kreativen Umgebung ergeben. Zum Beispiel:

- Verbesserter Austausch und eine bessere Kommunikation in einem frühen Stadium des Entwicklungsprozesses,
- gegenseitiger Wissensaustausch,
- Überprüfung von Midstream-Prozessen,
- Diskussionen unter Beteiligung der zentralen Interessengruppen, um veränderte Anforderungen während der laufenden Entwicklung zu bewerten.

Verkaufsteams

Wie hilft uns der 4DX-Prozess bei der Umsetzung unseres neuen Verkaufsprozesses?

Der 4DX-Prozess ist äußerst effektiv, was die Unterstützung neuer Verkaufsprozesse betrifft, weil er es den Verkäufern ermöglicht, sich auf spezifische Aspekte mit großer Hebelwirkung zu konzentrieren und diese fest zu verankern, bevor sie sich anderen Dingen widmen. Das Diagramm auf Seite 232 ist ein gutes Beispiel.

Verkauf ist für die meisten Verkaufsprofis ein derart intuitiver Prozess, dass es ihnen fast immer Unbehagen bereitet, wenn er ein starres Korsett in Form einer festgelegten Struktur erhalten soll. Wenn der neue Prozess nicht auf Anhieb funktioniert, ignorieren die Verkäufer ihn in der Regel und machen die Dinge wieder so, wie sie es für richtig halten. Das Problem ist, dass sie dann üblicherweise versuchen, alles auf einmal umzusetzen. Der 4DX-Prozess bietet nicht nur ein Vehikel für Coaching und Rechenschaftslegung, sondern hilft Verkäufern auch, sich den Prozess Stück für Stück anzueignen.

Wie bringe ich ein Verkaufsteam dazu, sich dauerhaft auf ein wöchentliches Meeting zu verpflichten?

Solange das Verkaufsteam nicht kontinuierlich zur Rechenschaft verpflichtet wird, werden mittelmäßige Verkäufer ihre Leistungen nicht steigern. Verkäufer brauchen vor allem die Struktur, die der 4DX-Prozess bietet. Dieser Prozess bringt sie dazu, Wissen und Erkenntnisse über erfolgreiche Praktiken auszutauschen, und das ist in einem Beruf, in dem alle glauben, sie machten sowieso schon alles richtig, besonders wichtig.

Regierungsbehörden

Wie formuliert man WIGs in einer Regierungsbehörde, an der ständig zahlreiche externe Interessensgruppen zerren, und zwar in unterschiedliche Richtungen?

Regierungsbehörden sind nicht immer auf Ergebnismaximierung ausgerichtet. Zudem zeichnen sie sich durch eine ausgeprägte Risikoaversion aus. Einer unserer Kunden merkte vor Kurzem an: »Unser öffentlicher Sektor ist so angelegt, dass Veränderungen nur sehr schwer zu erzielen sind und mittelmäßige Leistungen und eine sogenannte ›Beamtenmentalität‹ gefördert werden.« Die Statuten und gesetzlichen Vorgaben, die für staatliche Behörden gelten, machen die Formulierung echter WIGs beinahe unmöglich. Engagierte Führungspersönlichkeiten mögen visionäre strategische Pläne haben und sie in Rathäusern verkünden, aber ein nachhaltiger Verhaltenswandel erweist sich als unglaublich schwierig, sobald die Mitarbeiter wieder an ihren Arbeitsplatz und zu ihrem Tagesgeschäft zurückkehren.

Führungskräfte im öffentlichen Dienst müssen viel mehr Zeit damit verbringen, alle Interessengruppen auf das WIG einzuschwören, vor allem die Mitarbeiter. Wenn das gelingt, sorgt die Beteiligung an der Zielformulierung dafür, dass die Mitarbeiter mit Herz und Hirn dabei sind. Sobald Sie das Engagement der Mitarbeiter gewonnen haben und die Mitarbeiter die Gelegenheit hatten, die Ziele der Führung zu konturieren und zu validieren, müssen die WIGs den Kunden – also in diesem Fall die Bürger und Organisationen, die diese Dienste in Anspruch nehmen – mitgeteilt werden. Das ist mühselig und aufwendig, und ein derartiger Wagemut ist nicht ohne Risiko. Wie wir aber am Beispiel der staatlichen Gesundheitsbehörde des US-Bundesstaates Georgia gesehen haben, ist es eine Formel, mit der sich dramatische Veränderungen erzielen lassen.

Auf welche Weise fördert die Implementierung des 4DX-Prozesses das Mitarbeiterengagement?

Der 4DX-Prozess ist ein System, mit dem sich nicht nur anspruchsvolle Ziele erreichen lassen, sondern das gleichzeitig das Engagement und die Zufriedenheit der Mitarbeiter steigert. Üblicherweise wird Mitarbeiterengagement mithilfe von Umfragen über den Arbeitsplatz, die Unternehmensführung und die Unternehmenskultur gemessen. Nachfolgend ein Überblick, wie die 4DX-Prinzipien diese typischen Messgrößen des Mitarbeiterengagements beeinflussen:

Umfrage-kategorie	Fragenkatalog	4DX-Prinzip
Messbare Ziele	Ich weiß, was in meiner Arbeit von mir erwartet wird.	WIGs und Frühindikatoren sorgen für klare Erwartungen über messbare Ergebnisse.
	Ich verstehe, auf welche Weise meine Anstrengungen zum Gesamterfolg beitragen.	Wöchentliche Verpflichtungen stellen eine direkte Verbindung zwischen der individuellen Leistung und den Unternehmenszielen her.
Mentoring und Coaching	Die Organisation fördert meine persönliche und berufliche Entwicklung.	Die Rechenschaftslegung im Rahmen der WIG-Sessions bietet ein häufiges und regelmäßiges Feedback auf meine Leistung.
	Ich erhalte zeitnahes und konstruktives Feedback.	
Kommunikation	Die Führungskräfte kommunizieren und erklären Schlüsselentscheidungen.	Bei der Auswahl und Kommunikation der WIGs erklären die Führungskräfte, was der Organisation am wichtigsten ist.
	Die Organisation wertschätzt meine Meinung.	Durch die Beteiligung des Teams an der Zielsetzung sowie die wöchentliche Rechenschaftslegung wird jede Stimme regelmäßig gehört.
	Ich weiß, was in der Organisation geschieht, weil die Führung mich auf dem Laufenden hält.	Die WIG-Sessions und die Führungskonferenzen kommunizieren die Leistung des Teams und feiern diese gebührend.

Positives Arbeits-umfeld	Ich gehe gerne zur Arbeit.	Die Zugehörigkeit zu einem Team, das eine Gewinnermentalität und eine Kultur der Verantwortlichkeit pflegt, hebt die Arbeitsmoral und steigert die Jobzufriedenheit.
	Ich erhalte regelmäßig Anerkennung oder Lob für meine Beiträge.	Die WIG-Sessions und die Rechenschaftsberichte bieten vielfältige Gelegenheiten für eine Anerkennung individueller Leistungen sowie der Teamleistung.
	Ich werde gerecht behandelt.	Jeder Mitarbeiter kann sehen, dass alle auf gleiche und faire Weise Rechenschaft über die Erfüllung ihrer Verpflichtungen ablegen müssen.
Individuelle Verantwortlichkeit und Teamverantwortlichkeit	Alle Mitglieder meines Teams müssen sich für die Ergebnisse verantworten.	Die wöchentlichen Verpflichtungen, die in den WIG-Sessions eingegangen werden, gelten für alle Teammitglieder.
	Die Führung verfolgt die Erfüllung der Verpflichtungen, die jedes Teammitglied eingeht.	Die Teamleiter legen in den WIG-Sessions stets zuerst Rechenschaft über ihre eigenen Verpflichtungen ab. Sie müssen sich genauso verantworten wie alle anderen.

Chancen und Fortschritte	Mir stehen alle Ressourcen zur Verfügung, die ich für eine herausragende Leistung benötige.	In den wöchentlichen WIG-Sessions können die Teammitglieder ihre Kollegen und den Teamleiter bitten, Hindernisse für sie aus dem Weg zu räumen, sodass jedes Teammitglied erfolgreich sein kann.
		Durch die einheitliche Ausrichtung des Teams auf ein WIG und die Erfüllung der Frühindikatoren in geteilter Verantwortung werden die Synergie und Zusammenarbeit maximiert.
Vertrauen	Ich vertraue den Führungskräften unserer Organisation.	Eine geteilte Verantwortung, gemeinsame Verpflichtungen und eine offene Kommunikation schaffen ein Klima des Vertrauens.

Was nun?

Nun, da Sie die Lektüre dieses Buchs beendet haben, brummt Ihnen womöglich der Kopf. Wenn Sie so beschaffen sind wie die meisten Menschen, liegt Ihnen der 4DX-Prozess nicht unbedingt in den Genen. Den meisten Menschen erschließt er sich nicht auf natürliche Weise. Einigen erscheint er zu komplex, anderen zu simpel. Wir glauben jedoch, dass Sie von dem Experimentieren mit dem 4DX-Prozess auf eindrucksvolle Weise profitieren können. In der Tat glauben wir, dass Sie anschließend nie wieder auf herkömmliche Weise führen werden. Jahrelange Erfahrung hat uns davon überzeugt, dass sich die Kunst der Umsetzung letztlich auf eine Handvoll Prinzipien und Praktiken reduzieren lässt, die in diesem Buch vorgestellt wurden. Daher hoffen wir sogar, dass Ihnen der Kopf schwirrt – vor Möglichkeiten!

Die Frage ist: Was nun? Wir laden Sie ein, einige einfache Gedankenexperimente durchzuführen. Sie dauern nicht lange.

1. Disziplin: Auf das absolut Wichtige fokussieren

Wenn Sie es bisher noch nicht gemacht haben, versuchen Sie, ein WIG und entsprechende Frühindikatoren für Ihr Team zu formulieren. Fragen Sie sich: Wenn wir dieses Ziel erreichen würden, was würde das für mein Team/für meine Organisation/für mich bedeuten?

2. Disziplin: Arbeiten Sie an den Frühindikatoren

Versuchen Sie, Frühindikatoren zu bestimmen, die zur Zielerreichung führen. Fragen Sie sich: Wie würde dieses neue Verständnis der Frühindikatoren unsere Arbeitsweise verändern?

3. Disziplin: Pflegen Sie ein motivierendes Scoreboard

Entwerfen Sie ein Scoreboard, auf dem Sie das WIG, die Frühindikatoren und die Ergebniskennzahl darstellen. Fragen Sie sich: Welchen Unterschied würde es machen, wenn wir unsere gesamte Kraft und Energie darauf konzentrieren würden, die Zahlen auf dem Scoreboard zu verändern? Welche Auswirkungen hätte das auf das Team? Und auf unsere Geschäftsergebnisse?

4. Disziplin: Halten Sie sich regelmäßig gegenseitig verantwortlich

Stellen Sie sich vor, Ihr Team würde vor dem Scoreboard eine WIG-Session durchführen. Fragen Sie sich: Auf welche Weise würden häufige und regelmäßige WIG-Sessions die Art und Weise verändern, wie wir arbeiten und unser Geschäft betreiben? Wir würden sich unser Fokus und unser Engagement verändern?

Und schließlich ...

Stellen Sie sich den Tag vor, an dem Sie Ihren Vorgesetzten über die erfolgreiche Zielerreichung berichten. Wie wäre dieser Tag für Ihr Team? Und für Sie?

Nun stellen Sie sich vor, dieser Tag würde nie kommen. Stellen Sie sich vor, Sie würden alles vergessen, was Sie in diesem Buch gelesen haben. Stellen Sie sich vor, Sie würden den Rest Ihres Lebens ausschließlich mit den aufreibenden Anforderungen des unerbittlichen Tagesgeschäfts verbringen, in dem alles ständig dringend ist, aber die wirklich wichtigen Prioritäten stets auf unbestimmte Zeit verschoben werden?

Der große Managementguru Peter Drucker sagte einst: »Ich habe viele Leute erlebt, die wirklich großartig darin sind, völlig unwichtige Dinge zu erledigen. Sie können eine beeindruckende Erfolgsbilanz in vollkommen trivialen Dingen vorweisen.«[28] Sie wollen aber nicht großartig trivial sein, oder? Sie wollen etwas bewirken und Dinge bewegen. Sie wollen wertvolle Beiträge mit großer Wirkung leisten. Die 4 Disziplinen der Umsetzung unterstützen Sie dabei. Wenn wir Ihnen irgendwie dabei behilflich sein können, stehen wir gerne zur Verfügung. Denken Sie aber daran, dass die Erreichung Ihrer WIGs nicht das einzige Ziel ist. Der 4DX-Prozess vermittelt Ihnen das Wissen und die Fertigkeiten, etwas zu bewirken, was auf lange Sicht eine noch größere Bedeutung hat: die Leidenschaft Ihres Teams zu wecken, dessen Anstrengungen zu fokussieren und zu disziplinieren und Ihren Teammitgliedern letztlich zu der Erkenntnis zu verhelfen, dass sie die Gewinner sind.

In Ihrer gesamten Karriere werden Sie kein größeres Vermächtnis hinterlassen. Den Menschen, mit denen Sie arbeiten, eine Gewinnermentalität einzuprägen, wird nicht nur das allgemeine Leistungsniveau in Ihrem Unternehmen anheben, sondern Ihre Mitarbeiter für alle Lebenslagen wachsen zu lassen – als Arbeitnehmer, Eltern oder Führungsfiguren in ihrer persönlichen Gemeinde. Das ist ein wirklich *unermessliches* Vermächtnis.

Was ist jetzt ein sinnvoller erster Schritt für die Umsetzung in Ihrem Unternehmen? Ein »Executive Overview« in Ihrem Hause!

Im zweistündigen »Executive Overview« , moderiert durch unseren Execution Practice Leader von FranklinCovey, erhalten Sie und Ihre Führungsmannschaft eine ganz konkrete Vorstellung davon, wie die 4 Disziplinen der Umsetzung speziell in Ihrem Unternehmen eingesetzt werden können.

Sofern schon Vorkenntnisse in Ihrer Führungsmannschaft über die Methodik existieren, kann man alternativ diese Session gleich in einen konkreten Zielfindungsworkshop mit dazugehöriger Umsetzungsarchitektur erweitern.

Anmerkungen

Das wahre Problem der Umsetzung

[1] Patrick Litre, Alan Bird, Gib Carey, Paul Meehan, »Results Delivery: Busting Three Common Myths of Change Management«, *Insights*, Bain & Company, 12. Januar 2011. http://www.bain.com/publications/articles/results-delivery-busting-3-common-Change-management-myths.aspx.

[2] Siehe Rafael Aguayo, *Dr. Deming: The American Who Taught the Japanese About Quality* (New York: Simon & Schuster, 1991), S. 57–63.

[3] Tim Harford, »Trial, Error, and the God Complex«, TED.com, 20. Juli 2011. http://www.ted.com/talks/tim_harford.html.

1. Disziplin

[4] Zitiert in John Naish, »Is Multitasking Bad for Your Brain?«, *Mail Online*, 11. August 2009. http://www.dailymail.co.uk/health/article-1205669/Is-multi-tasking-bad-brain-Experts-reveal-hidden-perils-juggling-jobs.html.

[5] Zitiert in Don Tapscott, *Grown Up Digital* (New York: McGraw-Hill, 2009), 108f.

[6] »Brand of the Decade: Apple«, *AdWeek Media*, 2010. http://www.bestofthe2000s.com/brand-of-the-decade.html; »Marketer of the Decade: Apple«, *Advertising Age*, 18. Oktober 2010; Adam Lashinsky, »The Decade of Steve«, *Fortune*, 23. November 2009. http://money.cnn.com/magazines/fortune/fortune_archive/2009/11/23toc.html.

[7] Dan Frommer, »Apple COO Tim Cook«, *Business Insider*, 23. Februar 2010. http://www.businessinsider.com/live-apple-coo-tim-cook-at-the-goldman-tech-conference-2010-2.

[8] Eine Art Secondhand-Kaufhäuser, deren Einnahmen sozialen Zwecken zugute kommen. (Anm. d. Ü.)

[9] Zitiert in Steven J. Dick, »Why We Explore«. http://www.nasa.gov/exploration/whyweexplore/Why_We_29.html.

[10] »Text of President John F. Kennedy's Rice Moon Speech«, 12. September 1962. http://er.jsc.nasa.gov/seh/ricetalk.htm.

[11] Zitiert in »Steve Jobs´ Magic Kingdom«, *Bloomberg Businessweek*, 6. Februar 2006. http://businessweek.com/magazine/content/06_06/b3970001.htm.

2. Disziplin

[12] John Schamel, »How the Pilot's Checklist Came About«, 31. Januar 2011. http://www.atchistory.org/History/checklst.htm.

3. Disziplin

[13] Auf Deutsch: »*Noch einmal: Wie motivieren Sie Mitarbeiter?*« (Anm. d. Ü.)

[14] Teresa M. Amabile, Steven J. Kramer, »The Power of Small Wins«, *Harvard Business Review*, Mai 2011.

4. Disziplin

[15] Siehe Jon Krakauer, *Into Thin Air: A Personal Account of the Mt. Everest Disaster* (New York: Anchor Books, 1998), S. 333–344.

[16] Siehe »Everest«, FranklinCovey, Video, 2008.

[17] Jack Welch, Suzy Welch, *Winning* (New York: Harper Collins, 2005), 67, und Stephen Covey, *Management: Essentials für die Unternehmensführung* (Offenbach a. M.: Gabal, 2014).

[18] Aus Atul Gawande, *Better: A Surgeon's Notes on Performance* (New York: Metropolitan Books, 2007).

[19] Patrick Lencioni, *The Three Signs of a Miserable Job* (San Francisco: Jossey-Bass, 2007), S. 136f.

[20] Edward M. Hallowell, *Crazy Busy* (New York: Random House Digital, 2007), S. 183.

[21] Suszanne Robins, »Effectiveness of Weight Watchers Diet«, Livestrong.com, 23. Dezember 2010. http://www.livestrong.com/article/341703-effectiveness-of-weight-watchers-diet.

Die Anwendung der 1. Disziplin

[22] Zitiert in Clayton M. Christensen, »What Customers Want from Your Products«, *Working Knowledge*, Harvard Business School, 16. Januar 2006. http://hbswk.hbs.edu/items/5170.html.

Die Anwendung der 2. Disziplin

[23] Jim Collins, »Turning Goals into Results: The Power of Catalytic Mechanisms«, *Harvard Business Review*, Juli–August 1999, S. 73.

Die Anwendung der 3. Disziplin

[24] John Case, »Keeping Score«, *Inc. Magazine*, 1. Juni 1998. http://www.inc.com/magazine/19980601/945.html.

[25] Anm. d. Ü.: in Anlehnung an die kurzen Versammlungen der Spieler eines Footballteams auf dem Spielfeld, bei denen der folgende Spielzug besprochen wird

[26] Eric Matson, »The Discipline of High-Tech Leaders«, *Fast Company*, 1997.

Die Anwendung der 4. Disziplin

[27] Atul Gawande, *The Checklist Manifesto: How to Get Things Right* (New York: Metropolitan Books, 2009), S. 183.

Was nun?

[28] Zitiert in Rich Karlgaard, »Peter Drucker on Leadership«, *Forbes*, 19. November 2004. http://www.forbes.com/2004/11/19/cz_rk_1119drucker.html.

Glossar

4DX Abkürzung für die 4 Disziplinen der Umsetzung

BHAG (Big Hairy Audacious Goal) Langfristige strategische und höchst wagemutige Ziele, zum Beispiel eine umfassende strategische Neuausrichtung eines Unternehmens. Diesen Begriff prägten James Collins und Jerry Porras in ihrem 1994 erschienenen Buch *Immer erfolgreich: Die Strategien der Top-Unternehmen.*

Behavioral-Change-Strategie Eine Strategie, die Mitarbeitern – individuellen Teams, großen Gruppen oder ganzen Belegschaften – eine grundlegende Verhaltensänderung abverlangt. Da sich menschliches Verhalten nur sehr schwer ändern lässt, ist die Umsetzung dieser Strategie wesentlich anspruchsvoller als die Umsetzung einer Strategie per Beschluss.

Champion Der »Unternehmenspate« des 4DX-Prozesses

Coach Ein 4DX-Experte, der Managern zur Seite steht, die den 4DX-Prozess in ihren Teams einführen.

Commitment Im Kontext der 4 Disziplinen: das Bekenntnis der Mitarbeiter zum 4DX-Prozess und die persönliche wöchentliche Verpflichtung, die sie gegenüber ihrem Team eingehen

Dashboard Eine Sammlung von Scoreboards, anhand derer das Topmanagement die Fortschritte im Hinblick auf zentrale Messgrößen des Unternehmens sowie die Einhaltung der 4 Disziplinen erkennen können. Beispiel: my4dx.com

Erfolgsinseln/Lagerfeuer Isolierte Unternehmensbereiche (Teams, Abteilungen oder andere Gruppen), die im Vergleich zum übrigen Unternehmen exzellente Ergebnisse erzielen

Ergebniskennzahl (engl. *lag measure*) Messgröße für die Zielerreichung; rückblickende Ergebnismessgrößen, zum Beispiel Jahresumsatz, Qualitätsbewertung, Kundenzufriedenheitsrate. Ergebniskennzahlen sind üblicherweise leicht zu messen, lassen sich aber kaum direkt beeinflussen. Eine Ergebniskennzahl drückt sich immer in der Von-auf-bis-Formel aus.

Frühindikatoren (engl. *lead measure*) Aktivitäten mit großer Hebelwirkung, die garantiert zur Zielerreichung führen. Anders als Ergebniskennzahlen sind sie direkt beeinflussbar und besitzen Prognosecharakter. Anhand der Frühindikatoren lässt sich die Wahrscheinlichkeit der Zielerreichung bestimmen. Sie sind Teil des Scoreboards und werden sorgfältig und regelmäßig nachverfolgt. Die Frühindikatoren sind eine strategische Wette des Teams: Wenn das Team sie erfüllt, wird es das Ziel mit Exzellenz erreichen. Ein Zweck des Umsetzungsprozesses besteht darin, die Frühindikatoren zu testen, um schnellstmöglich zu bestimmen, ob die Wette aufgehen wird.

Mission Der übergeordnete Unternehmenszweck, der oft die Orientierung für die Auswahl von Unternehmens-WIGs darstellt.

Motivierendes Scoreboard Ein Mechanismus zur Verfolgung der Fortschritte in der Realisierung von Frühindikatoren und Ergebniskennzahlen. Es sollte einfach gestaltet und für das ganze Team sichtbar sein sowie regelmäßig aktualisiert werden. Ein Scoreboard ist motivierend, wenn es auf einen Blick Aufschluss darüber gibt, ob sich das Team auf Erfolgskurs befindet oder nicht, und somit zur Handlung motiviert.

my4dx.com Ein Online-Tool zum Management der Einhaltung der 4 Disziplinen in der gesamten Organisation und zur Erreichung von Teil- und Gesamtzielen.

Rechenschaftspflicht/Verantwortlichkeit Individuelle Berichterstattung über die Erfüllung der Verpflichtungen, die jedes Teammitglied und der Teamleiter im Rahmen der wöchentlichen WIG-Sessions eingegangen sind.

Scoreboard-Werkzeug Instrument, das Managern und ihren Teams bei der Erstellung eines motivierenden Scoreboards unterstützt

Strategie Ein Plan zur Umsetzung der Unternehmensmission oder der Mission eines Teams, die sich in einem WIG ausdrückt

Strategie per Beschluss Eine Strategie, die sich durch reine Anordnung beziehungsweise Genehmigung der Führungsetage umsetzen lässt. Im Allgemeinen ist damit keine nennenswerte Verhaltensänderung der Mitarbeiter verbunden.

Strategische Wette Die Hypothese, dass bestimmte Aktivitäten mit großer Hebelwirkung die Zielerreichung garantieren. Diese Hypothese muss durch Umsetzung bewiesen werden (siehe Frühindikatoren).

Team-Launch-Session Rund zweistündiges Auftaktmeeting mit dem Team, in dem der Manager in einer Präsentation einen Überblick über den 4DX-Prozess gibt, und gemeinsam die Entscheidung über das Teilziel und die Frühindikatoren fällt. Außerdem entwirft das Team das Team-Scoreboard. Am Ende gibt es eine WIG-Session-Simulation als Vorbereitung auf die echten WIG-Sessions, die in der folgenden Woche beginnen.

Teilziel/Team-WIG WIG auf Teamebene; das übergeordnete Gesamtziel auf Unternehmensebene wird auf Teilziele auf der Teamebene heruntergebrochen. Die Erreichung der Teilziele garantiert die Erreichung des übergeordneten Gesamtziels.

Umsetzungslücke Die Lücke zwischen der formulierten Strategie oder einem Ziel und der tatsächlichen Umsetzung. Diese Lücke wird unter Anwendung der Von-auf-bis-Formel ausgedrückt.

Von-auf-bis-Formel Formel für Ergebniskennzahlen. »Von« steht für den Istzustand, »auf« für das angestrebte Ziel und »bis« für das Ende der dafür vorgesehenen Frist. Diese Formel verwandelt ein Ziel in ein messbares Vorhaben und vermittelt ein klares Erfolgsgefühl.

WIG (Wildly Important Goal) Absolut vorrangiges Ziel; dabei kann es sich um ein übergeordnetes strategisches Unternehmensziel handeln oder um das wichtigste Teilziel auf Teamebene, das zur Erreichung des Gesamtziels beiträgt.

WIG-Huddle Kurzes, fünf- bis siebenminütiges Treffen eines Teams vor dem Scoreboard zur schnellen Berichterstattung, in Anlehnung an die kurzen Versammlungen der Spieler eines Footballteams auf dem Spielfeld, bei denen der nächste Spielzug besprochen wird. Ein WIG-Huddle eignet sich besonders für Teams, die ständig unter großem Zeitdruck arbeiten.

WIG-Session Ein Teammeeting, das mindestens einmal pro Woche stattfindet. Es hat eine feste Struktur, die aus folgenden Punkten besteht: Rechenschaftsberichte, Überprüfung des Scoreboards und neue Verpflichtungen. Regelmäßige WIG-Sessions sind unverzichtbar, um eine regelmäßige Rechenschaftslegung zu garantieren, die wiederum entscheidend für die Zielerreichung ist.

WIG-Session-Werkzeug Sitzungsprotokoll für die WIG-Session. Idealerweise enthält sie neben Ort und Datum der WIG-Session das WIG, die

Frühindikatoren, die individuellen Rechenschaftsberichte und die Verpflichtungen, die jedes Teammitglied in der protokollierten WIG-Session eingegangen ist.

Wirbelwind Metapher für das Tagesgeschäft, das dafür sorgt, dass sich das Unternehmen am Markt behauptet, und die enorme Menge an Zeit und Energie, die es verschlingt. Das Tagesgeschäft ist die größte Bedrohung für eine konsistente Zielumsetzung. Eine der Hauptaufgaben des Teams besteht daher darin, sich trotz der kräftezehrenden Anforderungen des Tagesgeschäfts gegenseitig Hindernisse aus dem Weg zu räumen, die eine Zielerreichung verhindern.

Danksagung

Dieses Buch ist das Ergebnis der Beiträge unzähliger Mitarbeiter des Unternehmens FranklinCovey. Zwar stehen unsere Namen auf dem Buch, aber wir erkennen bereitwillig an, dass es viele andere gibt, die gleichermaßen eine Erwähnung verdienen. Dieses Buch war im buchstäblichen Sinne eine unternehmensweite Initiative und verkörpert alles, was wir über Synergie vermitteln. Auch für dieses Buch gilt, dass das Ganze mehr als die Summe seiner Bestandteile ist. Viele Menschen haben auf ganz unterschiedliche Weise zu seiner Entstehung beigetragen. Einige trugen maßgeblich zur Entwicklung und Gestaltung des Inhalts der 4 Disziplinen bei; andere verfeinerten die Methode durch kontinuierliche praktische Anwendung im Rahmen von Kundenprojekten. Wieder andere ergänzten das Konzept durch Ideen oder Erkenntnisse oder eine neue Betrachtungsweise eines alten Problems. Es schien, als ob jedes Mal, wenn uns ein Mosaiksteinchen für die Umsetzung fehlte, irgendjemand auftauchte, der eine Lösung für das Problem hatte. In unserem Bestreben, das Umsetzungskonzept weltweit zu vertreiben, wurde der Staffelstab immer wieder weitergegeben. Unser von Herzen empfundener Dank geht an jeden, der zu diesem Erfolg beigetragen hat, und ganz besonders an folgende Personen:

Jim Stuart dafür, dass er über viele Jahre als Senior Consultant einen außergewöhnlichen Beitrag zu FranklinCovey geleistet hat, sowie dafür, dass er uns die Prinzipien der Umsetzung vermittelt hat. Ohne Sie, Jim, gäbe es die 4 Disziplinen nicht. Danke für Ihre großartigen Einzeiler und die Prägung der Begriffe »Wildly important«, »Eins nach dem anderen sicher landen« und »motivierendes Scoreboard« – neben anderen. Wir stehen für immer in Ihrer Schuld;

Jim Huling, dem heutigen »Mastermind« hinter der Methode und vor allem hinter dem heutigen Implementierungsprozess. Sein Beitrag ist durch nichts aufzuwiegen;

Bob Whitman, unseren CEO, der schon vor Jahren erkannte, dass Umsetzung das große Thema ist, und uns in diese Richtung gelenkt hat. Ihre Sprache, Ihre Ideen und Ihr Einfluss sind in diesem Buch allgegenwärtig. Wir sind überaus dankbar für Ihre visionäre Führung und Unterstützung;

an das ursprüngliche Design- und Entwicklungsteam (das aus Andy Cindrich, Don Tanner, Jim Stuart und Scott Larson bestand), das die ursprünglichen Inhalte der 4 Disziplinen entwickelte. Wir möchten auch den nachfolgenden Entwicklungsteams danken, zu denen Todd Davis, Breck England, Catherine Nelson, Blaine Lee und Lynne Snead gehörten;

Mark Josie für die Entwicklung der ersten Execution Practice und seine Hilfestellung bei der Enträtselung der Herausforderungen, die mit Umsetzung verbunden sind, sowie die Entwicklung der Vision und Strategie, die der Software my4dx.com zugrunde liegen. Wir danken Ihnen für Ihren großen Einfluss auf die Inhalte und Ihre Pionierleistung in der praktischen Anwendung dieser Konzepte;

Breck England, unseren Chief Writing Officer, für seine großartigen Beiträge zur Entwicklung der 4 Disziplinen und sein beeindruckendes Talent, den Autoren bei der Erstellung und Redaktion des Buchmanuskripts zu helfen. Ihr Beitrag hat die Qualität dieses Buchs deutlich gesteigert;

Andy Cindrich, zentrales Mitglied des ursprünglichen Design- und Entwicklungsteams, für Ihren Beitrag zu den Inhalten der 4 Disziplinen und die wirklich exzellente Arbeit, die Sie geleistet haben und mit Ihren Projektkunden weiterhin leisten;

Doug Puzey für seine Hilfe bei der Enträtselung der Herausforderungen, die mit der Umsetzung verbunden sind, und die Gründung unserer ersten 4DX-Practice;

Jeff Wadsworth für Ihre Arbeit als Vordenker und die Entwicklung von Inhalten;

Michael Simpson für Ihren Beitrag zur Anwendung des 4DX-Prozesses auf das Projektmanagement und Fertigungsprozesse;

Michele Condon für Ihre kontinuierliche Unterstützung des Managements, Ihren leidenschaftlichen Ansporn und dafür, dass Sie dafür sorgen, dass wir alle normal bleiben;

Catherine Nelson für die führende Rolle, die Sie bei der Entwicklung der ersten Versionen des 4DX-Prozesses, einschließlich der Managerzertifizierung, übernommen haben;

Todd Davis für die Führung des 2.0 Entwicklungsteams und den Hinweis, dass »Menschen sich anders verhalten, wenn sie den Spielstand verfolgen und ihre Treffer zählen«;

Sam Bracken, unseren General Manager für Bücher und Medien bei FranklinCovey, für die Wiederaufnahme unserer Beziehungen zum Verlagshaus Simon & Schuster, die Verhandlung der Buchrechte und Ihre kontinuierliche Unterstützung in jeder Phase der Entstehung dieses Buchs;

unser Verlagsteam von Simon & Schuster, Carolyn Reidy, Martha Levin und unseren Lektor Dominick Anfuso für Ihren Enthusiasmus und Ihren Glauben an unsere Arbeit sowie für Ihre unermüdlichen Vertriebsanstrengungen;

Jody Karr, Cassidy Back und das Team von Creative Services von FranklinCovey für Ihre Hilfe bei den zahlreichen Abbildungen in diesem Buch;

Don Tanner, Mitglied des ursprünglichen Designteams und einer unserer besten Berater, für Ihre frühen Beiträge zu den Inhalten;

Richard Garrison für Ihre Arbeit im Zusammenhang mit 4DX-Coaching sowie die Verbesserung des Implementierungsprozesses und die Exzellenz, mit der Sie unsere Kunden beraten;

Rebecca Hession für Ihren Client-Leadership-Ansatz und Ihre außergewöhnlichen Innovationen;

David Covey für Ihre großartige Unterstützung und Ihr langjähriges Engagement für unser Team;

Shawn Moon für Ihre Führung und Anleitung im Zusammenhang mit der Execution Practice;

Scott Larson für seine herausragende Arbeit als Projektleiter des ursprünglichen Entwicklungsteams;

Bill Bennett, den ehemaligen Präsidenten unserer Sparte, für die Herausforderung, vor die er uns anfangs stellte, als er uns auftrug, »die beste Umsetzungslösung der Welt zu erschaffen. Es ist mir egal, ob Sie sie kaufen oder selbst entwickeln, aber machen Sie es!«;

Doug Faber für Ihre Hilfe bei der Erweiterung der Practice und für Ihre zahlreichen innovativen Beiträge;

Tom Watson, Jeff Downs, Rick Wooden und Lance Hilton für Ihre Führungsrolle in der Execution Practice;

Paul Walker, Marianne Phillips und Elise Roma für Ihre langjährige organisationelle Unterstützung;

Stephen M. R. Covey für seine Unterstützung während unserer Anfangszeit, die Feststellung, dass Umsetzung das heiße Thema unserer Zeit war, sowie an Greg Link, der uns weise Ratschläge zur Präsentation und Vermarktung dieses Buchs gab;

Scott Miller und Curtis Morley für Ihre Anleitung und Unterstützung bei der Entwicklung und Umsetzung eines herausragenden Präsentationsplans für dieses Buch;

Debra Lund für Ihren Ansporn und Ihre Freundschaft sowie die unglaubliche Art und Weise, in der es Ihnen wieder einmal gelungen ist, so viele positive Rezensionen zusammenzutragen.

Les Kaschner, James Western, Chris Parker, Harvey Young, De'Verl Austin, Coral Rice, Wayne Harrison, Kelly Smith, Craig Wennerholm, Garry Jewkes, Rick Spencer, Bryan Ritchie und Pepe Miralles für Ihre Innovationen und Ihr Engagement zur Erzielung von echten Ergebnissen für unsere Kunden.

Über die Autoren

Chris McChesney

© FranklinCovey

Chris McChesney ist Global Practice Leader of Execution bei FranklinCovey und hat die 4 Disziplinen der Umsetzung maßgeblich mitentwickelt. Seit über einem Jahrzehnt hat er das fortlaufende Design und die Entwicklung dieser Prinzipien sowie das Beratungsunternehmen geleitet, das in zahlreichen Ländern der Welt überdurchschnittliches Wachstum erzielt und viele Hundert Organisationen beeinflusst hat. Chris hat zahlreiche der wichtigsten Implementierungen der 4 Disziplinen persönlich geleitet und begleitet, darunter Projekte für den US-Bundesstaat Georgia, Marriott International, Shaw Industries, Ritz Carlton, Kroger, Coca-Cola,

Comcast, Frito-Lay, Lockheed Martin und Gaylord Entertainment. Diese praktische Erfahrung hat ihn in die Lage versetzt, die in den 4 Disziplinen der Umsetzung enthaltenen Prinzipien zu testen und zu verfeinern, und zwar auf allen Ebenen dieser und vieler anderer Unternehmen.

Chris' Karriere bei FranklinCovey begann im Rahmen seiner Zusammenarbeit mit Dr. Stephen R. Covey und hat sich über zwei Jahrzehnte fortgesetzt, in denen er Berater, Managing Director und Geschäftsführer des Unternehmens gewesen ist. Chris initiierte die erste Practice Group über die 4 Disziplinen der Umsetzung in der Region Southeast von FranklinCovey und ist seitdem Zeuge ihrer weltweiten Ausdehnung geworden. Im Verlauf dieser Periode des signifikanten Wachstums und der Expansion hat Chris einen einzigartigen Fokus bewahrt: Organisationen dabei zu helfen, durch eine optimierte Umsetzung ihre Ziele zu erreichen.

Chris, der nur so vor Energie strotzt und für seine fesselnden Botschaften bekannt ist, ist ein gefragter Vortragsredner, Consultant und Berater in strategischer Umsetzung, der regelmäßig Grundsatzreden und Topmanagement-Präsentationen vor einem Publikum hält, das von einigen Hundert bis zu mehreren Tausend Teilnehmern reicht.

Chris und seine Frau sind die stolzen Eltern von fünf Töchtern und zwei Söhnen. Die Liebe zu seiner Familie wird ergänzt durch seine Leidenschaft für Wassersport, Boote, Coaching und den Versuch, mit seinen Kindern mitzuhalten.

Weitere Informationen über Chris finden Sie auf der Website www.chris-mcchesney.com.

Sean Covey

© FranklinCovey

Sean Covey ist Executive Vice President von Global Solutions and Partnerships für FranklinCovey und steuert die internationalen Niederlassungen von FranklinCovey in 141 Ländern weltweit. Sean ist zudem als Education Practice Leader von FranklinCovey tätig, einer Practice Group, die sich der weltweiten Veränderung der Aus- und Weiterbildung durch die Anwendung einer prinzipienorientierten Führung widmet.

Als Chief Product Architect für FranklinCovey hat Sean die ursprünglichen Teams organisiert und geleitet, die die 4 Disziplinen der Umsetzung entwickelt haben, und ist seitdem ein überzeugter Anwender und Förderer dieser Methode. Sean hat daneben auch das Design und die Entwicklung der meisten anderen Lösungen von FranklinCovey überwacht, darunter *The 7 Habits of Highly Effective People, Leadership Greatness, Focus, The 5 Choices to Extraordinary Productivity* und *The Leader in Me.*

Sean ist *New York Times*-Bestsellerautor und hat mehrere Bücher geschrieben, darunter *The 6 Most Important Decisions You'll Ever Make, The 7 Habits of Happy Kids* und *The 7 Habits of Highly Effective Teens,* die in 20 Sprachen übersetzt und mehr als vier Millionen Mal verkauft wurden. Er ist ein nachgefragter und vielseitiger Vortragsredner, der in Schulen und Unternehmen regelmäßig zu Kindern und Erwachsenen spricht und in zahlreichen Radio- und Fernsehsendungen aufgetreten ist.

Sean hält einen Bachelor-Abschluss cum laude in Englisch der Brigham Young University (BYU) und erwarb später einen MBA-Abschluss an der Harvard Business School. Als Starting Quarterback für BYU führte er sein Footballteam zu zwei Bowl-Games (NCAA-Teams der Division I Football Bowl Subdivision im Rahmen des College Football) und wurde zweimal zum ESPN Most Valuable Player of the Game gewählt.

Sean, der in Belfast, Irland, geboren wurde, geht in seiner Freizeit ins Kino, treibt Sport, verbringt Zeit mit seinen Kindern, fährt Motorrad und schreibt Bücher. Sean und seine Frau Rebecca leben mit ihren Kindern in den Rocky Mountains.

Weitere Informationen über Sean finden Sie auf seiner Website www.seancovey.com.

Jim Huling

© FranklinCovey

Jim Huling ist der Senior Managing Consultant für FranklinCoveys 4 Disziplinen der Umsetzung. In dieser Rolle ist er für die Entwicklung der Methodik, die Implementierungsmethoden und die Qualitätsstandards der 4DX-Berater weltweit verantwortlich. Außerdem ist er zuständig für 4DX-Großprojekte wie zum Beispiel bei Marriott Hotels, Kroger, Ritz-Carlton und einiger Hospitälern. Zudem ist er gefragter Redner für Executive-Großveranstaltungen.

Jims Karriere umfasst über 30 Jahre Führungsverantwortung von FORTUNE 500 Unternehmen bis hin zu privat geführten Mittelstandsbetrieben. Eines der Unternehmen, das er leitete, gehörte zu den »25 Best Companies to Work for in America«. Vor seiner Zeit bei FranklinCovey war er einer der ersten Unternehmer, die die 4 Disziplinen der Umsetzung selbst in seinem Unternehmen erfolgreich ein- und umgesetzt haben. Diese Erfahrung prädestiniert ihn dazu, diese Methode profund weiterzuentwickeln.

Jims Teams haben zahlreiche nationale Preise für Kundenzufriedenheit, Businessethik, herausragende Kultur und Mitarbeiterzufriedenheit gewonnen. Jim Huling wurde unter anderem mit dem Turknett Leadership Character Award ausgezeichnet, der Führungskräfte für ihre besonders hohen Standards in Ethik und Integrität ehrt.

Er ist diplomierter Informatiker der Universität Alabama. Außerdem hat er einen Abschluss des Birmingham-Southern College in Musik und ist im Vorstand zahlreicher lokaler Organisationen sowie des Siegel Instituts für Führung, Ethik und Charakter.

Besonders stolz ist er auf seine 30-jährige Ehe mit seiner Frau Donna und auf seine erwachsenen Kinder Scott und Sarah sowie seine drei Enkel. Er besitzt einen schwarzen Gürtel dritten Grades in Taekwondo und ist ein begeisterter Läufer, Rucksackwanderer und Wildwasserkanute.

Mehr zu ihm finden Sie unter www.jimhuling.com.

Andreas Maron

© **Andreas Maron**

Andreas Maron ist Business Coach mit über 20-jährigen Berufserfahrung in Führungspositionen der freien Wirtschaft, mit einem starken Background im operativen und strategischen Management.

Seit über 15 Jahren begleitet er Führungskräfte bei der Steigerung der Effektivität ihrer Organisationen, insbesondere bei der Umsetzung von wichtigen Geschäftszielen mit notwendigen Verhaltensänderungen, Mergers-&-Aquisitions-Projekten und Umstrukturierungen – vorzugsweise in den Branchen Automotive, Maschinenbau, Engineering, Banking und IT.

Vor seiner Arbeit als Business Coach war Andreas Maron über vier Jahre Prokurist und Mitglied der Geschäftsleitung der international tätigen AVL List GmbH in Graz und zuständig für Organisationsentwicklung und Informationsmanagement.

Davor arbeitete Andreas Maron über zehn Jahre bei EDS (Electronic Data Systems), dem vormals weltweit größten IT-Service- und Outsourcing-Anbieter, als operativer Geschäftsführer von Kundenaccounts, Sales Manager sowie Projektmanager großer Systemimplementierungsprojekten im Automotive- und Bankenumfeld.

Andreas über seine Rolle als Regional Execution Practice Leader bei FranklinCovey Deutschland, Schweiz und Österreich:

»Ich werde oft gefragt, warum ich mich so intensiv mit diesem Unternehmen identifiziere. Die Antwort liegt in der einfachen Mission von FranklinCovey: *To enable greatness in people and organizations everywhere.* Das deckt sich vollständig mit dem, was ich unter einer sinnvollen Arbeit verstehe. Ich kenne bis heute kein Unternehmen, welches es versteht, die Potenziale, die in uns Menschen und damit in den Organisationen stecken, mit solch wirklich pragmatischen Ansätzen zu wecken und zu fördern wie FranklinCovey. Als gelernter Maschinenbauer bin ich weniger an hochgeistigen Theorien, sondern mehr an funktionierenden Lösungen interessiert.

Und eine solche pragmatische Lösung, welche das Potenzial der Menschen und der Organisation zutage fördert, sind unter anderem die 4 Disziplinen der Umsetzung. Es macht riesige Freude, als Practice Leader für das Thema Umsetzungsstärke zusammen mit meinem hochkompetenten Team von Beratern unseren Kunden zu helfen, im Wirbelwind des Tagesgeschäfts den Blick für das Wesentliche nicht zu verlieren.«

Andreas ist Vater von drei Töchtern. In seiner Freizeit spielt er mit Leidenschaft Tennis und Golf und nutzt stetig seine Sammlung an Musikinstrumenten.

Das **FranklinCovey Leadership Institut** ist auf die Entwicklung von Unternehmens- und Führungskultur spezialisiert und trainiert Führungskräfte, Bereichsleiter und Teamleader. FranklinCovey unterstützt Organisationen dabei, ihre Unternehmenskultur nachhaltig weiterzuentwickeln und Mitarbeiter auf allen Ebenen schrittweise und langfristig in Bereichen wie Leadership, persönliche Produktivität, Vertrauen, Strategieumsetzung sowie Vertrieb zu qualifizieren.

In den deutschsprachigen Ländern ist das FranklinCovey Leadership Institut mit Niederlassungen in München, Wien und Zürich vertreten.

Weitere Werke von FranklinCovey Co.

The 3rd Alternative (deutsch: *Die 3. Alternative*)

The 7 Habits of Highly Effective People (deutsch: *Die 7 Wege zu Effektivität*)

The Leader in Me

First Things First (deutsch: *Der Weg zum Wesentlichen*)

Principle-Centered Leadership

The 8th Habit (deutsch: *Der 8. Weg*)

Predictable Results in Unpredictable Times (deutsch: *Führen unter neuen Bedingungen*)

Great Work, Great Career (deutsch: *Vom Beruf zur Berufung*)

Weitere Werke von Sean Covey

The 7 Habits of Highly Effective Teens (deutsch: *Die 7 Wege zu Effektivität für Jugendliche*)

The 6 Most Important Decision You'll Ever Make

The 7 Habits of Happy Kids

FranklinCoveys 4DX-Ressourcen

4DX-Implementierungsprojekt

FranklinCovey hilft Ihnen mit einem ausgefeilten und erprobten Implementierungsprozess die 4DX-Methode in Ihrer Struktur zu verankern.

Execution-Design-Sessions

Execution-Design-Sessions sind Arbeitssitzungen mit dem Topmanagement, in denen die vorrangigsten Unternehmensziele sowie die maßgeblichen Schlüsselziele definiert werden, die zur Zielerreichung führen. Diese Sitzungen dauern üblicherweise ein bis zwei Tage und beinhalten die Entwicklung eines vollständigen taktischen Plans zur Implementierung der 4 Disziplinen.

my4dx.com

my4dx.com ist ein Software-Tool, das speziell zur Automatisierung und Unterstützung der vollständigen Übernahme des 4DX-Prozesses entwickelt wurde. Mit My4dx.com können Sie Ergebnisse erfassen, die Verantwortlichkeit stärken und für ein nachhaltiges Engagement sorgen. Zudem bietet es wichtige Instrumente zur Berichterstattung und Analyse.

4DX-Keynote/Überblick

Die Autoren sind nachgefragte Vortragsredner, die regelmäßig wichtige Vorträge im Rahmen von Topmanagementkonferenzen und großen Kongressen mit mehreren Tausend Teilnehmern halten. Bei den Vorträgen handelt es sich um energiegeladene, fesselnde Präsentationen über die 4 Disziplinen, die von Fallbeispielen über erfolgreiche Unternehmen weltweit ergänzt werden, die den 4DX-Prozess in ihrer Organisation eingeführt haben.

Für weitere Informationen zu den 4DX-Ressourcen wenden Sie sich an:

FranklinCovey Leadership Institut GmbH
Bavariafilmplatz 3
82031 Grünwald

info@franklincovey.de
www.franklincovey.de

Stichwortverzeichnis

N

P

Q

R

S

Z